高等学校数字媒体专业系列教材

Digital Media Technologies: Classroom Book

数字媒体技术概论
创新实践十二课

李四达　编著

清华大学出版社
北　京

内 容 简 介

本书是国内第一部以课程和案例形式深入论述数字媒体技术理论、方法、类型和发展趋势的专业基础教材。本书根据《动画、数字媒体艺术、数字媒体技术专业教学质量国家标准》的要求，重点关注媒体技术与文化、当代科技前沿、数字媒体技术分析、数据压缩技术等内容，同时以数字媒体创意设计为重点，侧重于解析数字技术，特别是软件技术在文化创意领域的应用，如网络游戏、交互设计、数字影像、三维动画、虚拟与增强现实等领域的实践方法。本书12课的内容为媒体技术与文化，当代数字媒体前沿，数字媒体技术基础，数据压缩技术，文字、图形与图像，声音、视频与特效，数字动画技术与设计，数字游戏设计，交互产品设计，用户界面设计，虚拟现实技术，数字媒体设计师。

本书内容简洁，结构清晰，讲解循序渐进，图文并茂，每一课都有学习重点、讨论与实践、练习与思考。本书提供了超过16GB的电子资源，包括电子课件、作业范例、练习素材和相关教学视频等。

本书可作为高等院校数字媒体等相关专业的教材或参考书，也可供艺术类、新媒体类专业的本科生、研究生学习。

本书封面贴有清华大学出版社防伪标签，无标签者不得销售。

版权所有，侵权必究。举报：010-62782989，beiqinquan@tup.tsinghua.edu.cn。

图书在版编目（CIP）数据

数字媒体技术概论：创新实践十二课 / 李四达编著．—北京：清华大学出版社，2024.2
高等学校数字媒体专业系列教材
ISBN 978-7-302-65643-2

Ⅰ.①数… Ⅱ.①李… Ⅲ.①数字技术–多媒体技术–高等学校–教材 Ⅳ.①TP37

中国版本图书馆CIP数据核字（2024）第048747号

责任编辑： 袁勤勇　战晓雷
封面设计： 李四达
责任校对： 胡伟民
责任印制： 宋　林

出版发行： 清华大学出版社
　　　　网　址： https://www.tup.com.cn，https://www.wqxuetang.com
　　　　地　址： 北京清华大学学研大厦A座　　　**邮　编：** 100084
　　　　社 总 机： 010-08470000　　　　　　　　　**邮　购：** 010-62786544
　　　　投稿与读者服务： 010-62776969，c-service@tup.tsinghua.edu.cn
　　　　质量反馈： 010-62772015，zhiliang@tup.tsinghua.edu.cn
　　　　课件下载： https://www.tup.com.cn，010-83470236
印 装 者： 涿州汇美亿浓印刷有限公司
经　　销： 全国新华书店
开　　本： 210mm×260mm　　　**印　张：** 20.5　　　**字　数：** 606千字
版　　次： 2024年4月第1版　　　　　　　　　　　**印　次：** 2024年4月第1次印刷
定　　价： 79.80元

产品编号：100479-01

前　言

我们处在一个艺术与科技高度融合的时代。科技推动艺术，艺术启发科技，成为社会创新的驱动力。当前智能科技革命的步伐正在加快，AIGC、机器学习、虚拟数字人、拓展现实与基于5G的网络服务正在改变着人们的生产和生活方式。"沉舟侧畔千帆过，枯树前头万木春。"数字媒体专业站在当代媒体的前沿，也是与当代科技联系最为紧密的艺术／技术型专业，其专业建设与教材建设应该摈弃旧的课程体系框架，增强专业的针对性与实践性，通过实用型、跨界型与创新型的专业教育推进教学改革。本书正是作者对这一命题思考与探索的结晶。

2017年，教育部正式颁布了《普通高等学校本科专业类教学质量国家标准》(以下简称《国标》)明确了高校人才培养目标、培养规格、课程体系等各方面要求，是设置本科专业、指导专业建设、评价专业教学质量的基本依据。其中，《动画、数字媒体艺术、数字媒体技术专业教学质量国家标准》明确指出：数字媒体技术专业"培养掌握数字内容创作、制作及相关软硬件工具研发、应用的基础知识、基本理论和方法，能在传媒及文化产业相关领域进行技术应用及开发、制作、传播、运营或管理的创新型专门人才"。根据《国标》的要求，本书通过当下数字媒体技术与艺术的具体案例，深入探索AIGC、元宇宙、虚拟现实、展示科技、交互设计、游戏设计、博物馆艺术、动画及数字影视设计等领域的技术与方法，为读者展示了当代科技推动社会创新的宏伟蓝图。本书立足于当代科技前沿，注重职业技能培养。与市场上的同类教材相比，本书具有以下几方面的创新特色：

一、删减了传统教材中的部分计算机基础理论，如数字学习、Web技术、计算机图形学、通信与网络技术、数字出版印刷等内容，做到难度适中、重点突出、简洁清晰、实践性强。

二、强化了数字内容设计的部分，如文本、图形与图像（第5课）、声音、视频与特效（第6课）、数字动画技术与设计（第7课）、数字游戏设计（第8课）、交互产品设计（第9课）和用户界面设计（第10课）。

三、简明扼要地介绍了数字媒体技术的基本理论知识，如计算机软硬件基础知识（第3课）、数据压缩原理与技术（第4课）和虚拟现实技术（第11课）等。

四、增加了媒体技术文化与科技前沿（第1、2课）、媒体设计师的能力与作品创作的标准（第12课）等内容，其核心是强化素质教育，拓展读者的知识与视野。

五、为了帮助读者掌握课程内容，每一课后面都有本课学习重点、讨论与实践、练习与思考，并通过本课学习思维导图强化读者对课程内容的理解。

传统教育强调传道、授业与解惑；而现代教育更鼓励探索、发现、分析和解决问题并激发创造力，这也是本书所强调的理念与方法。数字媒体教育需要新观念、新理论、新技术与新课程，这也激励着作者笔耕不辍，在探索的道路上前行。本书的完成还要感谢吉林动画学院的郑立国董事长、校长和罗江林副校长，正是他们的支持和鼓励，本书才得以按时脱稿。

作　者

2023年10月

目 录

第1课 媒体技术与文化 1
1.1 媒体与媒介 2
1.1.1 什么是媒体 2
1.1.2 媒体的分类 4
1.1.3 传统媒体与新媒体 5
1.2 数字媒体的特征 6
1.2.1 数字媒体的定义 6
1.2.2 当代数据库文化 9
1.2.3 数据媒体的进化 10
1.3 数字媒体技术 11
1.4 媒体进化论 15
1.5 数字媒体艺术 17
1.6 数字媒体传播模式 20
1.7 数字内容产业 22
本课学习重点 24
讨论与实践 26
练习与思考 26

第2课 当代数字媒体前沿 28
2.1 数字智能化技术 29
2.1.1 AIGC设计时代 29
2.1.2 ChatGPT新潮流 31
2.2 虚拟人技术 32
2.2.1 虚拟员工与虚拟网红 32
2.2.2 虚拟偶像产业 33
2.3 裸眼3D技术 35
2.4 拓展现实技术 37
2.5 艺术展陈技术 39
2.6 建筑与投影艺术 42
2.7 科技与艺术的盛会 43
2.8 当代科技艺术发展趋势 45
本课学习重点 47
讨论与实践 48
练习与思考 49

第3课 数字媒体技术基础 51
3.1 数字媒体与计算机 52

  3.1.1 计算机形式的多样性 52
  3.1.2 计算机与数字媒体 53
3.2 **电子计算机的诞生** 55
3.3 **电子计算机的发展** 56
3.4 **信息论与控制论** 58
3.5 **计算机硬件系统** 59
3.6 **计算机软件系统** 60
3.7 **计算机输入设备** 62
  3.7.1 字符输入 62
  3.7.2 音频输入 63
  3.7.3 图像输入 63
  3.7.4 视频输入 65
3.8 **计算机输出设备** 66
  3.8.1 显示器 66
  3.8.2 可触摸显示屏 66
  3.8.3 投影仪 67
本课学习重点 68
讨论与实践 69
练习与思考 70

第4课　数据压缩技术 72

4.1 **数据压缩的必要性** 73
4.2 **信息冗余与数据压缩** 74
4.3 **数据压缩编码类型** 76
  4.3.1 有损压缩和无损压缩 77
  4.3.2 帧内压缩和帧间压缩 77
  4.3.3 对称压缩和不对称压缩 78
4.4 **音频压缩与数字格式** 78
  4.4.1 数字音频压缩 78
  4.4.2 音频文件格式 78
4.5 **数字图像压缩** 80
  4.5.1 有损压缩和无损压缩 80
  4.5.2 图像及图形格式 81
4.6 **数字视频压缩** 81
4.7 **数字视频格式** 83
  4.7.1 AVI格式 83
  4.7.2 MPEG/MPG格式 84
  4.7.3 流视频格式 85
  4.7.4 MOV格式 85
本课学习重点 86
讨论与实践 87

练习与思考 88

第5课　文字、图形与图像 90

　　5.1　文字的意义 91
　　5.2　字体与版式设计 93
　　　　5.2.1　字体设计基础 93
　　　　5.2.2　电脑字库设计 93
　　　　5.2.3　创意字体设计 95
　　　　5.2.4　版式设计 95
　　5.3　超文本与超媒体 97
　　5.4　计算机图形学简介 98
　　　　5.4.1　位图与矢量图 99
　　　　5.4.2　CGI技术和目标 101
　　5.5　数字色彩与设计 102
　　　　5.5.1　色彩与色域图 102
　　　　5.5.2　数字色彩模型 103
　　　　5.5.3　色彩心理学 105
　　　　5.5.4　数字色彩设计 106
　　5.6　数字绘画 109
　　5.7　Photoshop与数字图像处理 112
　　5.8　插画与图表设计 116
　　本课学习重点 118
　　讨论与实践 119
　　练习与思考 120

第6课　声音、视频与特效 122

　　6.1　数字音频基础 123
　　6.2　数字音频工作站 124
　　6.3　数字视频技术 127
　　　　6.3.1　数字视频及其特征 127
　　　　6.3.2　视频技术参数 128
　　6.4　流媒体技术及产业 130
　　6.5　数字视频编辑 132
　　　　6.5.1　影视剪辑的意义 132
　　　　6.5.2　非线性编辑系统 132
　　6.6　非线性编辑软件 134
　　　　6.6.1　Adobe Premiere Pro 2023 134
　　　　6.6.2　Apple Final Cut Pro X 134
　　　　6.6.3　iMovie 10 135
　　　　6.6.4　DaVinci Resolve 18 136
　　　　6.6.5　Vegas Pro 19 137

- 6.7 数字后期特效 138
  - 6.7.1 电影特效及分类 138
  - 6.7.2 数字影像处理 139
  - 6.7.3 数字后期特效软件 140
- 本课学习重点 142
- 讨论与实践 143
- 练习与思考 144

第7课 数字动画技术与设计 146

- 7.1 动画定义及分类 147
  - 7.1.1 动画的定义 147
  - 7.1.2 动画的分类 147
- 7.2 计算机动画概述 148
  - 7.2.1 关键帧动画 148
  - 7.2.2 变形动画 149
  - 7.2.3 过程动画 150
  - 7.2.4 人体动画 151
- 7.3 数字动画的算法 153
- 7.4 数字动画软件 155
- 7.5 数字动画设计原则 159
- 7.6 数字动画制作流程 162
- 7.7 动画的起源与发展 165
  - 7.7.1 魔术灯与诡盘 165
  - 7.7.2 动画的诞生 166
  - 7.7.3 传统动画发展历程 168
- 7.8 数字动画简史 171
  - 7.8.1 CG技术革命 171
  - 7.8.2 数字动画时代 173
- 7.9 数字动画发展趋势 176
- 本课学习重点 177
- 讨论与实践 178
- 练习与思考 179

第8课 数字游戏设计 181

- 8.1 电子游戏概述 182
  - 8.1.1 电子游戏的定义 182
  - 8.1.2 电子游戏产业 182
  - 8.1.3 电子游戏的意义 184
- 8.2 游戏与电子竞技 186
- 8.3 数字游戏的类型 188
  - 8.3.1 角色扮演类游戏 189

8.3.2	即时战略类游戏	189
8.3.3	动作类和格斗类游戏	190
8.3.4	第一人称射击类游戏	190
8.3.5	冒险类游戏	191
8.3.6	模拟类游戏	191
8.3.7	运动类游戏	192
8.3.8	桌面类游戏	192
8.3.9	其他类型的游戏	193

8.4 游戏设计工作室 **193**

8.5 游戏原型设计 **196**

    8.5.1 游戏设计流程 196

    8.5.2 游戏设计思维 197

    8.5.3 原型设计方法 200

8.6 游戏引擎软件 **200**

    8.6.1 游戏引擎技术简介 200

    8.6.2 Unity引擎 203

    8.6.3 Unreal引擎 203

8.7 电子游戏的起源 **204**

8.8 游戏产业的发展 **206**

    8.8.1 电子游戏机的诞生 206

    8.8.2 计算机游戏的发展 208

    8.8.3 手机游戏时代 210

本课学习重点 212

讨论与实践 213

练习与思考 214

第9课　交互产品设计 216

9.1 交互设计基础 **217**

9.2 交互设计的发展 **218**

9.3 用户体验设计 **220**

9.4 交互设计流程 **222**

9.5 问题导向设计 **225**

9.6 用户研究与画像 **226**

9.7 思维导图工具 **228**

9.8 产品需求报告书 **231**

本课学习重点 235

讨论与实践 236

练习与思考 237

第10课　用户界面设计 239

10.1 理解用户界面设计 **240**

10.2	界面风格简史	242
	10.2.1 设计风格概述	242
	10.2.2 拟物化界面风格	243
	10.2.3 扁平化界面风格	244
	10.2.4 新拟态界面设计	247
10.3	界面设计原则	249
	10.3.1 可用性十大原则	249
	10.3.2 界面设计的基本规律	250
	10.3.3 界面体验设计要点	251
10.4	界面原型工具	253
	10.4.1 流程图与线框图	253
	10.4.2 原型设计工具	257
	10.4.3 Adobe XD界面设计	258
10.5	列表与宫格设计	261
10.6	侧栏与标签设计	264
10.7	平移或滚动设计	265
10.8	图文要素的设计	266
本课学习重点		269
讨论与实践		270
练习与思考		271

第11课 虚拟现实技术 273

11.1	虚拟现实的基本概念	273
11.2	虚拟现实的技术特征	276
11.3	虚拟现实系统的组成	277
11.4	虚拟现实系统的分类	278
	11.4.1 桌面式虚拟现实系统	278
	11.4.2 沉浸式虚拟现实系统	279
11.5	增强现实技术	280
11.6	虚拟现实职业标准	282
11.7	虚拟现实课程体系	283
本课学习重点		287
讨论与实践		288
练习与思考		289

第12课 数字媒体设计师 291

12.1	通用型人才标准	292
12.2	互联网新兴设计	293
12.3	素质与能力培养	295
	12.3.1 双脑协同,综合实践	295
	12.3.2 见微知著,关注细节	296

	12.3.3 软件编程，数据挖掘	298
12.4	**观察、倾听与移情**	**300**
12.5	**团队协作和交流**	**301**
12.6	**概念设计与可视化**	**302**
12.7	**趋势洞察与设计**	**303**
12.8	**数字媒体作品的标准**	**305**
	12.8.1 艺术与技术的统一	305
	12.8.2 新媒体与文化传承	307

本课学习重点 309
讨论与实践 310
练习与思考 311

参考文献 313

第 1 课 媒体技术与文化

1.1 媒体与媒介
1.2 数字媒体的特征
1.3 数字媒体技术
1.4 媒体进化论
1.5 数字媒体艺术
1.6 数字媒体传播模式
1.7 数字内容产业
本课学习重点
讨论与实践
练习与思考

1.1 媒体与媒介

1.1.1 什么是媒体

数字媒体离不开数字与媒体这两个重要概念。要了解数字媒体技术,首先要知道什么是媒体。在拉丁语中,medium(媒体)意为"两者之间",被现代借用来说明信息传播的一切中介。除了直接用身体和口头进行的传播之外,人类总是需要用某种物质载体或技术手段承载和传播信息,这种物质载体或技术手段就是媒体。媒体又被称为媒介、传媒或传播媒介,英文为 medium(复数形式为 media)。它具有两个含义:第一个含义是具备承载和传播信息功能的物质或实体;第二个含义是从事信息采集、加工制作和传播的社会组织,即传媒机构。媒体和媒介两个词在实际应用中存在着细微的差别:媒介属于传播学的范畴,侧重于语言、符号等抽象概念;而媒体有着更广泛的含义和实体性的内容,如技术和机构等。随着计算机技术、通信技术的发展,特别是智能手机的普及(图 1-1),人类获得信息的途径越来越多,信息形式越来越丰富,信息获取也越来越方便、快捷。因此,人们对媒体这个名词也越来越熟悉,如社交媒体(social media)、自媒体、融媒体等。媒体与传播密不可分。"现代大众传播学之父"威尔伯·施拉姆(Wilbur Schramm)认为:"媒介就是在传播过程中,用以扩大并延伸信息传送的工具。"

图 1-1　智能手机媒体是当代信息社会的重要标志

人类文明向来与媒体的发展有着密不可分的关系。从远古时代的结绳记事,到后来的鸿雁传书和烽火狼烟,再到印刷术的发明与现代大众媒介的兴起,人类文明一直与媒体的变革紧密交织、相互促进。因此,没有媒体的进步,就没有人类文明的传承与加速发展。媒体一般是指信息的承载物,包括语言文字、图形、影像、动画、声音等多种形态。从古代苏美尔人划有记号的泥板或古埃及人刻在金字塔墓道中的石板壁画,到当代城市生活中常见的智能手机和 iPad,从最私密的情书、信物到最具公共性的影视节目,都属于媒体的范畴。从传播学的角度看,媒体是人与人之间相互交流所依赖的信息载体,是被主体感知或描述的客观事物的运动状态及其变化方式。媒体是信息传播过程不可或缺的承载物,是信息传播活动的必要构成因素之一。信息论创始人、数学家克劳德·香农(Claude Shannon)指出:所谓信息不过是对一些不确定性的度量。而信息的意义就在于,使用它能够消除一个藏在黑盒子里的未知世界的不确定性,从而达到认识这个未知世界的目的。用这种方式认识世界,是信息时代最根本的世界观和方法论。信息论的意义在于:不确定性是世界固有的特性。而要消除不确定性,或者说要预测事物的发展趋势,不能靠套用一两个经典理论,而需要大量的信息。正是在这样的方法论的指导下,人类才迈入信息时代,我们今天才会想到利用包含了大量信息的大数据来解决问题。在第二次世界大战之前,衡量经济发展和科技进步最简单、最直接的指标是物质和能量的总量;而今天,这一指标则进化成了信息。因此,媒体作为信息的载体,就是一个帮助人们认识世界与改造世界的工具。更进一步理解，媒体的本质就是人类生存的技术环境。例如，人们现在随身携带的智能手机就把整个社会中的人与人、人与物、人与服务联系在一起。人们正是通过各种媒体（如支付宝、抖音、微信、QQ、淘宝和滴滴出行等）来实现彼此的沟通和交流（图 1-2）。

图 1-2　支付宝和抖音等 App 已经成为生活的一部分

媒体是当代技术与艺术表现的舞台。新潮设计、创意产业和数字娱乐都和媒体与传播有着密切的联系，媒体艺术就是当代社会基于数字化形式的视觉化传播与交流的工具。同样，媒体也是各种技术展示的舞台，手机界面、交互影像、装置艺术、虚拟现实或者三维动画都依赖数字技术的支撑和表现。这些新媒体通过新颖的表现力成为吸引大众的艺术形式。

加拿大著名媒介学者马歇尔·麦克卢汉（Marshall McLuhan，图 1-3，上）对媒介的作用和地位做了深刻的总结。他指出："任何新技术都逐渐创造出一种全新的环境，该环境并非消极地包装用品，而是积极地参与进程。""媒介……不仅是容器，它们还是使内容全新改变的过程。"麦克卢汉认为，媒介是人体和人脑的延伸，衣服是肌肤的延伸，住房是体温调节机制的延伸，自行车和汽车是腿脚的延伸，而计算机是智慧（人脑）的延伸。每一种新的媒介的产生都开创了人类交往和社会生活的新方式。此外，媒体还是艺术表现、展示和与观众交流与互动不可或缺的"智能助手"。依赖当代媒体技术的数字艺术作品不仅形式有了变化，而且能带给观众或受众不一样的体验。例如，在 2018 年清华大学美术学院举办的"万物有灵"文化遗产保护与体验展览上，作品《重返海晏堂》就是一个全沉浸 360°虚拟交互体验空间（图 1-3，下）。该作品通过互动影像、激光雷达动作捕捉、沉浸式数字音效等技术手段的结合，展现了圆明园海晏堂从遗址废墟中重现盛景的全过程，打破了时间与空间的局限，不仅带给观众前所未有的亲历感、沉浸感和参与感，也使得人们对当年这座"万园之园"的辉煌历史与文化有了新的感悟。

1.1.2　媒体的分类

国际电信联盟（International Telecommunication Union, ITU）是电信行业的技术标准化国际组织，它从技术的角度给媒体下了一个定义并进行了分类：媒体是感知、表示、存储和传输信息的手段和方法，如文字、声音、图形、图像、动画和视频等。这一定义可以帮助我们深入理解数字媒体技术所涉及的设备与相关标准。国际电信联盟将媒体划分为感觉媒体、表示媒体、显示媒体、存储媒体和传输媒体。这 5 种媒体的定义如下：

- 感觉媒体。是指直接作用于人的感觉器官，使人产生直接感觉的媒体，如引起听觉反应的声音、引起视觉反应的图像等，也就是指用户（人）能接收到的各种自然信息，如听觉方面的语音、

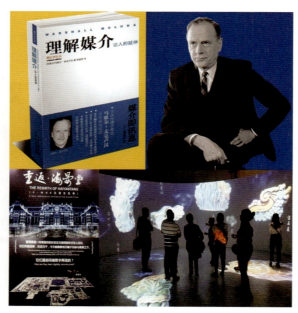

图 1-3　麦克卢汉和《理解媒介》（上），新媒体装置作品《重返海晏堂》（下）

噪声、音乐，视觉方面的文本、图画和活动画面等。感觉媒体以各种人体感官接收的物理信号的形式（非数字信号）存在，例如，可见光波段（波长为 380~780nm）的电磁波所承载的信息是视觉媒体，声波（20Hz~20kHz）所承载的信息是听觉媒体。

- 表示媒体。是指为传播和表达某种感觉媒体而制定的信息编码，其本质上就是数家媒体。图像采用 JPEG、TIFF 编码，文本采用 ASCII、GB2312 编码，音频采用 G.711、MIDI 和 MPEG 编码（MP3），视频常用的压缩编码包括 MPEG、AVI、MOV 等。这些编码都是表示媒体。表示媒体属于机器识别的信息符号，也是现代通信及信息化社会的基础。

- 显示媒体。包括人们所熟知的诸如显示屏、打印机、扬声器等输出设备，是指将各种形式的编码信号转换为感觉媒体的设备、器件和材料等。如液晶显示器、投影仪、音响设备、耳机、胶片、纸张等。显示媒体也可以理解为数家信息的显示与呈现。

- 存储媒体。是指用于记录或存储表示媒体编码的物理介质，如硬盘、网盘等。

- 传输媒体。是指以表示媒体形式存在的编码信号从一处传送到另一处时使用的物理材料或手段，如同轴电缆、光缆、无线电波等。

上述这些媒体除了感觉媒体外，都是技术媒体，也就是基于电信或信息产业的技术标准对数字媒体的一种描述方式。表 1-1 是这 5 种媒体的总结。

表 1-1　国际电信联盟定义的 5 种媒体的总结

媒体类型	媒体示例	媒体描述
感觉媒体	声音、语言、音乐、图像、视频、动画等	直接作用于人的感官（视觉、听觉、触觉等）并使人产生感觉
表示媒体	JPEG、GB2312、MOV、MP3、MPEG、ASCII 等	为传播和表达某种感觉媒体而制定的信息编码
显示媒体	音箱、显示器、打印机等	数字信息的显示与呈现

续表

媒体类型	媒 体 示 例	媒 体 描 述
存储媒体	磁带、光盘、硬盘、U盘等	存储数字信息的物理载体
传输媒体	电缆、光缆、微波、数据线等	传送数据信息的物理材料或手段

我们可以根据人机关系和信息传播的过程理解上述5种媒体，如图1-4所示。其中，感觉媒体主要是针对人的，而人机交互的结果则必须通过显示媒体（打印机、显示器等输出设备，广义上也包括输入设备）完成，由此形成了数字信息的编码（输入、采样和压缩）或解码（译码或输出）。而这些数字信息的表示或编码就是表示媒体。数字信息的传输和广泛传播依赖于传输媒体，对于数字媒体设计而言，表示媒体就是设计师需要处理的信息，或媒体设计和交互设计所关注的对象。

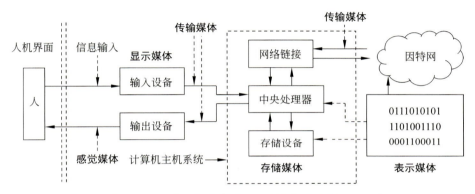

图1-4 通过人机关系和信息传播的过程表示各种媒体之间的关系

1.1.3 传统媒体与新媒体

媒体理论家马丁·里斯特（Martin Lister）等人在《新媒体批判导论》中指出：新媒体是广义的概念，通常它与旧媒体相对。因此，新媒体概念的内涵与外延都是非常宽泛的。新媒体预示着媒体在内容与形式上的历史性变革，同时也暗示那些在现有体制中尚未确定的、具有试验性和不为多数人所熟知的媒体。新媒体指的是一种全新的沟通模式或者沟通媒介。而旧媒体则指那些已经从当代社会生活中消失了的，或者逐渐成为非主流形式的媒体。例如，很多人们曾经熟悉的媒体——便携式随身听、照相机、收音机、唱片机、组合音响、录像机等都完成了它们的历史使命，而移动媒体与社交媒体则成为发展的趋势（图1-5）。

图1-5 逐渐边缘化的旧媒体和越来越普及的新媒体

美国纽约城市大学教授,《新媒体的语言》一书的作者,著名新媒体理论家列夫·曼诺维奇(Lev Manovich)将新媒体定义为数字媒体。他指出:"一个新媒体对象是可以用特定的形式(数字形式)来描述的。比如,一幅图像或者一个图形都可以用数学函数来描述。同时,新媒体对象受算法操控。简言之,媒体变得可以被编程了。"在《软件掌管一切》一书中,曼诺维奇进一步将当代媒体定义为软件媒体:"为什么新媒体和软件特别值得关注?因为事实上,今天在几乎所有的文化领域,软件早已取代了传统媒体,成为创建、存储、传播和生产文化产品的手段。"软件已经成为我们与世界和他人,与记忆、知识和想象力发生联系的接口。正如20世纪初推动世界的是电力和内燃机一样,软件是今天推动全球经济与文化的引擎。因此,"软件为王,这正是当代新媒体语言或者当代文化语言的基础。"曼诺维奇认为,当代文化与软件有着不可分割的联系。包括建筑、时尚、设计、艺术理论、社会学、人文学、自然科学和科技研究等,都必须思考软件的角色及其影响。

按照传媒出现时间的不同,可以把传媒的发展划分为不同的阶段——以纸为媒介的传统报纸、以电波为媒介的广播和模拟图像信号为媒介的电视,它们分别被称为第一传媒、第二传媒和第三传媒。通常它们被定义为传统媒体。1998年5月,联合国秘书长安南提出了第四传媒的概念。第四传媒可以分为两部分:一是传统传媒的数字化,如《人民日报》旗下的电子版、新华网、人民网等;二是网络原创的新型传媒,如搜狐、新浪、腾讯等。而智能手机等可联网的移动数字终端可称为第五传媒。这些媒体的总结如表1-2所示。从中可以看出,新型传媒从形式上与数字媒体、交互媒体等概念相互交叉,但属于第四传媒与第五传媒的范畴。

表 1-2 传统传媒和新型传媒的总结

媒体类型	媒体示例	媒体特征		媒体分类
第一传媒	报纸、杂志、图书、宣传单、海报、手册	以纸为媒介		传统传媒
第二传媒	广播、收音机、电台	模拟音频信号		
第三传媒	电视、高清电视	基于模拟图像信号		
第四传媒	数字电视、数字主播、数字电影、数字动画	传统传媒的数字化延伸,传统传媒生产流程的数字化,依靠传统传媒终端进行传播		新型传媒 4G+5G 软件媒体 社交媒体 智能交互 ……
	互联网、网络电子书、电子杂志、光盘、网络视频、宽带网站、博客	以计算机为终端,基于数字化网络的传媒进行传播,以交互性为主要特征	交互媒体	
第五传媒	智能手机、平板计算机、VR、AR、手机App	移动、便携,基于无线网络		

1.2 数字媒体的特征

1.2.1 数字媒体的定义

我们把通过计算机存储、处理和传播的信息媒体称为数字媒体(digital media)。信息的最小单位是比特(bit)。任何信息在计算机中存储和传播时都可分解为一系列0和1的组合。从技术上看,数字媒体就是基于数字信息的媒体表示形式,或者说是计算机对上述媒体的编码。数字媒体是当代信息社会媒体的主要形式,是当代信息社会的技术延伸或者数字化生活方式(如微信、微博、快手和抖音),是社交媒体、互动媒体、推送媒体和流行媒体的总称(图1-6,左)。数字媒体的基本属性可以从两方面定义（图1-6，右）：从技术角度看，作为软件形式的数字媒体具有模块化、数字化、可编程、超链接、智能响应和分布式等特征（冷色系）；从用户角度看，数字媒体具有高黏性、虚拟性、沉浸感、参与性和交互性等特征（暖色系）。

图1-6　数字媒体的表现形式（左）与基本属性（右）

由计算机创建的媒体对象在本质上是以数字的形式呈现的。但是，很多新媒体对象实际上是由各种旧媒体形式通过数字化（digitization）转化而来的，例如，通过扫描照片或图书就可以把它们转换为数字图像或数字文本。在这个过程中，媒体数据从连续的变为离散的。首先，人们要对图像进行采样，最常用的方法是等距采样，例如用像素点阵代表一个数字影像，采样频率被称作分辨率。这种采样将连续的图像信息转化为离散的数据（如像素）。其次，对每一个样本进行量化，即赋予其一个特定范围内的数值（例如在一个8位的灰阶图像中，数值的范围为0~255）。数字化是数字媒体的核心特征，数字化使得媒体对象（文本、声音、图像、视频等）成为离散的数据，由此可以通过软件或编程进行解构、重组、打散或融合，成为算法可以处理的对象。

相对于传统媒体（模拟媒体）来说，数字媒体最明显的特征就是离散性、可变性与技术/文化的双重性。数字媒体就是数字化的传统媒体。传统媒体具有连续性、固定性。所有的数字媒体（文本、图像、音频、图形、动画、视频或三维空间）都是数字编码。因此，无论声音还是视频都可以通过计算机或数字设备（手机、触摸信息屏、平板电脑）呈现或编辑，同时这些设备也是信息输入的交互设备。数字媒体允许随机获取数据（非线性）。传统胶片电影或录像带是按顺序存储数据的；而计算机存储设备可以打乱数据顺序，以同样的速度读取或存储不同位置的数据，这使得信息检索、编程、重组成为可能，也使得当代文化带有数字属性。

曼诺维奇指出，数字媒体的重要特征就是文化转码（cultural transcoding），即当代文化形式已经变成了程序代码——无论是电影、直播还是数字插画，这使得数字媒体具有通用性、可变性、即时性和交互性。而"数据库作为一种文化形式而起作用"。可以说，从抖音到交互式电影都是数据库的外化形式。数字媒体总体上由两个层面组成，即文化层面和计算机层面。文化的特征是叙事结构，如长篇与短篇故事、电影、戏剧与舞蹈；而计算机层面则涉及进程与数据包（通过网络传输）、分类与匹配、函数与变量、计算机语言与数据结构。由于数字媒体由计算机创建、传播和存储，由此影响了媒体的文化呈现形式。例如，由新媒体艺术团体Playmodes推出的交互视频作品*VJYourself!*就通过数字技术采集舞蹈演员的动作，再借助计算机数据处理产生了叠放、变形、重构与拖尾等同步视幻觉效果（图1-7），这个作品就代表了数据库对传统文化叙事（舞蹈）的影响。使得发生在现实中的进程通过虚拟空间产生了新的视觉效果，这就是新媒体的表现形式、组织形式、互动形式和新的体验。

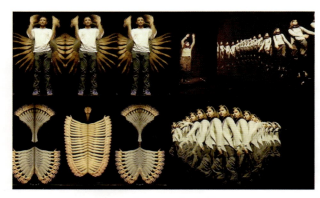

图1-7　交互视频作品 *VJYourself !*

按照曼诺维奇的理论，数字媒体有5个基本原则：数值化再现、模块化、自动化、可变性和文化转码性。数字媒体可以描述成函数，可以用数值计算或编程。而数值化使现实世界分散、重组与合成成为可能。在艺术创作中，前期的实体创作（绘画、雕塑、速写或产品纸模型等）经过虚拟化（扫描、上色、生成动画）和编程化（角色绑定、数据编码、动作调试）后，就成为可互动的新媒体艺术。《故宫互动珍禽图》就提供了一个可互动的角色（禽鸟）的产生过程（图1-8）。其中，角色的虚拟化是该过程的核心。数字珍禽不仅可以成为电影、游戏、装置艺术的角色，而且可以经过打印或3D打印等流程"再实体化"，成为纸媒衍生产品或数字雕塑。

图1-8　新媒体作品《故宫互动珍禽图》

从用户的实际体验角度看，数字媒体至少应该具有以下4个特征：一是带来全新的体验，即由网络媒体、电子游戏和电影特效而产生的虚拟性、沉浸感；二是建立超越现实世界的呈现方式，如虚拟现实中的沉浸感和交互性；三是建立受众与新技术之间的新型关系，如在线购物、刷脸交费；四是使传统媒体边缘化，如传统书信的消失。数字媒体可以启发人类对自身和世界的新感受。这种新媒体带来了全新的体验方式，交互性和社会性是数字媒体特征最集中的体现，因此数字媒体也往往被称为交互媒体（*interactive media*）。交互媒体是指用户能够主动、积极参与的媒体形式。随着互联网、宽带网络和移动互联网的普及，使得相距遥远的人们之间的交互性大大增强，也使得"交互媒体"一词被越来越多的人所熟悉。以虚拟现实和装置艺术为例，数字媒体艺术的魅力正是来自新的技术环境与感知方式带给人们的快乐、陶醉、思考或震撼的体验。这些新的媒体体验方式成为数字媒体的特点，即它的数字化、交互性、超链接、可检索与可推送、病毒式传播、分布式结构、虚拟现实与网络化的生存模式。

1.2.2 当代数据库文化

数据库是当代文化的象征，它从幕后走入用户的视野，占据了网站和手机 App 的界面，并通过交互类作品成为一种有意义的文化形式。早在计算机出现之前，数据库就广泛存在于各类文化形态（如百科全书、历史年鉴等）之中。随着计算机的普及和艺术形式的发展，对艺术片段的截取与重新整合成为后现代艺术的标志之一。例如，20 世纪达达主义与拼贴艺术的出现与流行就与现代媒体（报纸、画报、杂志）密切相关，由此呈现出了数据库的表现形式，即通过收集、分类、排序和呈现，实现对世界的解构与重构。数据库还涉及另一个重要的概念——界面，计算机、手机屏幕都是现代化界面的重要体现。在传统媒体中，艺术家是在某种单一媒介中创作，界面等同于作品；而在新媒体中，往往一个媒体数据库拥有多个界面。作品的内容和界面分离，为同一数据库创建不同的界面（用户定制）或交互作品提供了舞台。例如，网络游戏就是数据库的展开与生成过程。网络游戏的体验就是数据库的外部呈现结果。曾经被传统媒体（电影）否决的剧情、剪掉的片段和舍弃的角色都成为了游戏的选项，选择与交互都是以数据库为基础的。

曼诺维奇指出："媒体的软件化根本改变了媒体原有的物理属性。由于媒体软件代码的通用性，其结果是每种媒体类型独特身份的丧失。"如果说传统媒体 = 媒体材料 + 处理工具，那么就可以说数字媒体 = 算法 + 数据结构。传统媒体的特点是材料与工具（如胶卷和相机）必须是相互对应的，而且其作用结果也是不可逆的或无法更改的。在数字媒体中，材料成为数据结构；而工具则是对这些数据结构进行操作的算法，这二者都是可修改、可编辑的。相同的数据结构（如位图）可以 PS 处理成许多效果，如水彩风格、雕刻风格、油画风格等，而造成这种差异的原因就是软件算法的作用。软件算法甚至可以以假乱真，通过数据合成并模拟出超越一般画家的艺术作品。2022 年，人工智能算法 Midjourney 的绘画作品《剧院空间》（图 1-9）赢得了美国科罗拉多州艺术博览会的年度艺术比赛金奖。这个案例就是自然语言"驱动"算法通过数据库生成文化产品的范例。

图 1-9　人工智能算法生成的绘画《剧院空间》

数字媒体的软件化造成了可变性。例如，同一张数字照片采用不同的软件处理，就会产生完全不同的效果。人们熟悉的美颜相机拍摄的照片或者"美图秀秀"处理的照片可以实现"美妆"和各种滤镜效果（图1-10，上）。数码相机拍摄的照片有JPEG和RAW两种格式，当采用JPEG格式后图像被压缩，这就限制了以后使用软件提取附加信息的可能性。而RAW格式则存储了照相机图像传感器的原始数据（如ISO值的设置、快门速度、光圈值、白平衡等）。因此，可以把RAW比喻为"数字底片"并可以对其进行后期处理，这就给予摄影师很大的自由度（图1-12，下）。正是由于图像的格式或者算法的差异，使得同一个景物拍摄的不同数字照片带有不同的信息结构，这正是数字媒体超越传统媒体的关键之处。

图1-10 美颜相机和"美图秀秀"特效（上），JPEG和RAW格式的对比（下）

1.2.3 数据媒体的进化

自从人类进入文明社会以来，能量和信息就是衡量我们这个世界文明程度的硬性标准。一种文明能够开发和利用的能量越多，其文明水平就越高；同样，一种文明能够创造、使用和传输的信息越多，手段越有效，其文明水平就越高。中国古代文明能够在长达上千年的时间里处于世界先进水平，和便宜的纸张、普及的印刷术等信息材料、技术水平有很大关系。进入19世纪之后，电的使用催生了近代的信息产业，而广为人知的对人类影响最大的那些发明创造一大半都和信息有关，包括电报、电话、电影、无线电、大众传媒、计算机、移动通信、卫星技术和互联网等。2022年7月，美国可视化媒体网站"视觉资本家"主编杰夫·德斯贾丁斯（Jeff Desjardins）在《媒体的演变：可视化数据驱动的未来》一文中指出：在高速网络和社交媒体的世界中，我们可以触手可及地访问大量信息，人类开始进入媒体的第三次浪潮——数据媒体时代（图1-11）。2015—2025年，全球捕获、创建和复制的数据量将增加16倍。有史以来第一次，大量数据变得开源并可供任何人使用。在存储和验证数据方面也取得了巨大进步，现在甚至可以在区块链上跟踪信息的所有权。媒体和民众都在变得更加具有数据素养，他们也开始意识到当代媒体的一些弊端，如网络上的信息良莠不齐，各种诈骗诱饵或耸人听闻的事件层出不穷；少数互联网巨头如谷歌、Meta、微软等垄断了数据资源，并利用算法控制的假新闻诱导和欺骗公共舆论。因此，在数据媒体时代，网络透明度、信息的可验证性和信任度、开放式网络生态系统、去中心化（民主化）和 Web 3.0 成为新的推动力。

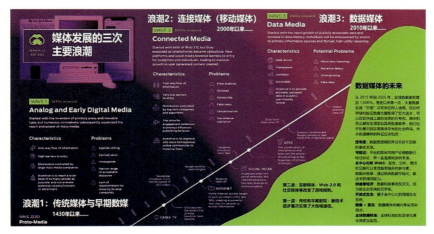

图 1-11　媒体发展的三次浪潮

德斯贾丁斯指出：媒体发展经历了 3 次浪潮，第一次浪潮是 1430—2000 年的模拟和早期数字媒体时代。这次浪潮代表了新技术进步在历史上首次实现了大规模通信。报纸、图书、杂志、收音机、电视、电影和早期网站都属于该范畴，但该时期信息仍然无法实现双向交流，用户的影响力有限。第二次浪潮以 Web 2.0 和社交媒体为代表，特别是智能手机与移动媒体的出现成为里程碑。从 21 世纪初开始，社交媒体大爆发，线上 + 线下成为当代人的生活方式。尽管互联媒体有许多好处，但网络上的两极分化、极端言论并未减少。2021 年以来，去中心化和区块链技术成为数据媒体时代的曙光。Web 3.0 和去中心化技术将使人们能够获得内容的版权、信任、归属，这些新技术与方法可以让更多的用户直接通过内容创作而获利。

虽然人们仍然无法准确预测媒体的发展方向，但麦克卢汉的弟子，媒介环境学代表人物保罗·莱文森（Paul Levinson）从人性视角出发推演出媒介进化规律及趋势，认为媒介进化的终极目标即服务和满足人类的需求。莱文森的"人性化媒介"理论有助于人们判断数字媒体的发展趋势。

1.3　数字媒体技术

数字媒体技术是一项应用广泛的综合技术，也是当代文化创意产业的核心支撑技术之一。数字媒体技术主要研究文字、图形、图像、音频、视频以及动画等媒体的捕获、加工、存储、传播与再现等技术，具有附加值高、应用范围广、能耗低、就业广泛和市场前景好等优势。从信息处理的视角，数字媒体技术可以分为七大领域，即信息获取与输出技术、媒体数据存储技术、信息处理与生成技术、数字媒体传输技术、数据库管理技术、信息安全技术、虚拟与增强现实技术（图 1-12）。这些领域还可以被进一步划分。例如，信息获取与输出技术就包括图像获取与输出技术、声音获取与输出技术和人机交互技术；媒体数据存储技术包括光存储技术、磁存储技术和半导体存储技术；信息处理与生成技术包括数字音频处理技术、数字图形图像技术以及数据压缩编码技术，而数字图形图像技术包括图形处理与输出技术和图形建模技术；数字媒体传输技术、数据库管理技术、信息安全技术也都各自包含两个分支技术；虚拟与增强现实技术则包含 4 个分支技术。图 1-12 的虚线表示不同技术之间存在彼此关联的关系。图 1-12 体现了数字媒体技术的基本轮廓。

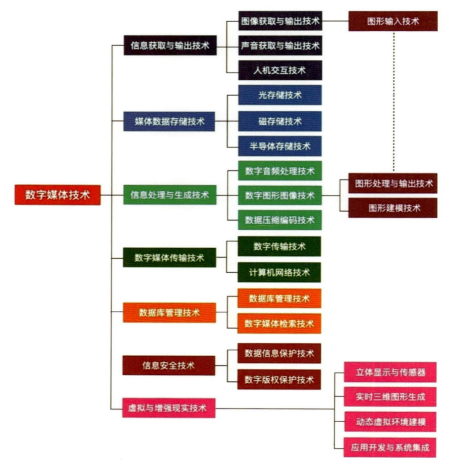

图 1-12　数字媒体技术体系

如果按照应用方向划分，数字媒体技术可以划分为三维动画技术、网络及数字游戏技术、数字出版技术以及信息/数据可视化技术等领域。数字媒体技术还是许多重大应用需求的关键，例如在军事模拟仿真与决策等领域的数字媒体技术有强大的需求。数字媒体涉及的技术范围很广，技术很新，研究内容很深，是多种学科和多种技术交叉的领域。就目前发展来看，数字媒体技术与艺术设计交叉的领域有以下 5 个：

（1）数字图像处理及平面设计。这些技术主要包括数字图像的获取与输出技术、图像编辑、数字合成、图形设计以及人机交互技术等，可应用于家庭娱乐、数字排版、数字绘画、工业设计、视觉设计及动漫设计领域。常用的图像处理软件有奥多比（Adobe）公司的 Photoshop、Illustrator 等。Photoshop 可分为视觉设计、图像编辑、图像合成、校色调色及特效制作几部分。该软件可以对图像做各种变换，如放大、缩小、旋转、3D 变换、倾斜、镜像和透视等变形处理，也可进行复制、去除斑点、修补、修饰图像的残损等，利用图层与蒙版进行数字合成是其主要应用之一（图 1-13）。Illustrator 则是针对矢量图形设计、海报插画、视觉传达等领域的绘图软件，在数字排版、广告、数字绘画、视觉设计及动漫领域有着广泛的应用。

图 1-13 Photoshop 的图像处理示例

（2）数字视频处理。数字视频编辑和后期特效处理是该类软件的主要用途。常用的数字视频处理软件有奥多比公司的 Premiere Pro 等。数字视频处理技术可应用于家庭影像、微电影、电视节目制作和网络新闻（图 1-14）。Premiere Pro 主要用于数字视频剪辑、音画处理、字幕、视频特效等。同属于奥多比公司旗下的 After Effects CC 则是专业级的特效合成软件，After Effects CC 不仅可以无缝导入 Premiere Pro、Photoshop、Illustrator 等软件的图层文件或视频文件进行合成，还可以制作海洋、天空、火焰、飞花等自然特效以及各种抽象图形的动态特效。Premiere Pro 与 After Effects CC 在动态可视化设计、图形动画、舞台美术设计、在线直播、后期特效、手机 UI 动画、影视包装等领域应用广泛，可以充分表现出设计师的创造性。

图 1-14　After Effects CC 与 Premiere Pro 是计算机视频剪辑与影视后期特效处理的利器

（3）数字动画设计。该领域的技术核心是建模、渲染与动画，包括数字二维动画技术和数字三维动画技术。目前常用的三维造型与动画软件主要是 SketchUp（草图大师）、Rhino（犀牛）、3ds Max 2019、Maya 2019、Cinema 4D（C4D）、Blender 等，而 VUE、Poser II（人物造型大师，图 1-15）、SpeedTree、Lumion 6 与虚幻引擎 5(UE5)等则是虚拟人物造型和三维自然景观的设计工具。Unity3D 除了可以实现动画外，还可以提供交互、游戏、动态媒介、展示等多种用途。数字动画设计可应用于少儿电视节目制作、动画电影制作、电视节目后期特效包装、建筑和装潢设计、工业计算机辅助设计、教学课件制作等。

图 1-15　Poser 11 的人物建模与场景合成

（4）数字游戏设计。数字游戏设计除了创意策划外，主要包括数字游戏开发软件（如 Unity3D 和虚幻引擎）、相关渲染技术（如 DirectX、OpenGL、Director 等）以及 3D 游戏建模技术（如 Maya、Cinema4D、Blender）、Java 游戏编程、图形 API 编程及 Shader 语言、虚拟游戏引擎、智能手机游戏开发技术等（图 1-16）。

图 1-16　游戏设计软件与技术

（5）虚拟现实/增强现实技术。虚拟现实主要以 Java、C++、OpenGL、VRML 等语言为核心，再结合人体运动跟踪、模式识别等手段，由此实现人机互动和沉浸式体验的效果。虚拟现实是利用计算机产生一个 3D 虚拟世界，为用户创造视觉、听觉、触觉等感官体验的模拟，让使用者身临其境，实时同步地体验与观察三维空间内的事物（图 1-17）。虚拟现实不仅是现实世界的高度仿真，而且

图 1-17　虚拟现实技术依靠一系列设备打造出虚拟空间并让使用者产生临境体验

日益成为人类交流信息、思想和情感的新时空与"元宇宙"。增强现实则是现实环境的增强交互式版本，是指透过摄影机影像的位置及角度精算并加上图像分析技术，让屏幕上的虚拟世界能够与现实世界场景进行结合与互动的技术。增强现实采用全息技术并通过数字视觉元素、声音和其他感官刺激实现的。

数字媒体技术的上述领域集中体现了科技与艺术设计的结合，其应用方向为数字内容创作，同时它也是数字媒体技术从业人员较为集中的就业领域。此外，数字媒体技术在工程实践领域同样有大量的专业岗位，如相关软硬件工具研发及媒体数据管理等领域。因此，信息和数据的获取、存储、处理、传播和输出技术与数据库管理技术、信息安全技术等知识同样重要。声音处理技术包括音频及其传统技术（记录、编辑）、音频的数字化技术（采样、量化、编码）、数字音频编辑技术、语音编码技术（如 PCM、DA、ADM 等）。数字音频技术可应用于数字娱乐、专业制作和数字广播等。数字压缩技术包括通用的数据压缩编码、数字媒体压缩标准及格式（MP3、MP4、JPEG、MPEG）等。数字媒体存储技术涉及内存储器、外存储器和网盘、光盘存储器等。数字媒体管理与保护技术包括媒体数据管理，媒体存储模型及应用等。数字媒体版权保护技术包括加密技术、数字水印技术和权利描述语言等。数字媒体传输技术有流媒体传输技术、P2P 技术、IPTV 技术等。后续内容会详细介绍相关领域的基础知识与实践技能。

1.4　媒体进化论

1859 年，英国博物学家查尔斯·达尔文在大量动植物标本和地质观察的研究基础上，出版了震动世界的《物种起源》。书中用大量资料证明了形形色色的生物都不是上帝创造的，而是在遗传、变异、生存斗争和自然选择中，由简单到复杂，由低等到高等，不断发展变化的。达尔文据此提出了生物进化论，并成为一幅宏大的"生物系统谱系图"（图 1-18）的理论基础。达尔文提出的自然选择与性选择，不仅为人类认识自然世界打开了一扇大门，而且对人类学、心理学、社会学和哲学影响巨大。例如，1861 年 1 月，马克思在给费迪南·拉萨尔的信中说："达尔文的著作非常有意义，这本书我可以用来当作历史上的阶级斗争的自然科学根据。"理论出自于实践。正是由于达尔文通过长达 5 年的航海科考、化石收集和田野调查，以及他对地理、地质、生态和历史的综合研究和分析，才能超越世俗的观念和时代的局限提出生物进化论。这种对现象、历史和发展趋势进行分析研究的方法也为后人研究媒介的演化规律提供了思路。

同样，加拿大媒介学者麦克卢汉在 20 世纪 50 年代通过大量的调查研究，细致地考察和分析了多种媒介（电话、电报、图书、杂志、漫画、电视）等在人类社会发展中的作用并寻找其中的规律性。他在 1964 年出版的《理解媒介》中深刻地指出："任何新媒介都是一个进化的过程，一个生物裂变的过程。它为人类打开通向感知和新型活动领域的大门。"麦克卢汉提出了"媒介即信息"的重要思想，并将媒介与人类文明史联系起来，由此可以看出达尔文的生物进化论对他的深刻影响。麦克卢汉将几千年人类传播历史中的环境、媒体、社会形态、文化特征和人格特征等集合起来得到一个历史演变图景：由于使用的媒体不同，人类社会经历了"部落化—脱部落化—再度部落化"这样 3 个阶段。前文字阶段是人类原始的"部落化"时期。随着生产力的发展，特别是印刷技术和图书的出现，导致了个人能够超越他所处的部落或群体，也导致了个人主义、英雄主义和私有意识的流行。而电子媒介则会"使人们重新体验部落化社会中村庄式的接触交流"。

麦克卢汉的理论启发人们将媒体置于人类文明发展史的大背景中进行考察，探索其带给人类文

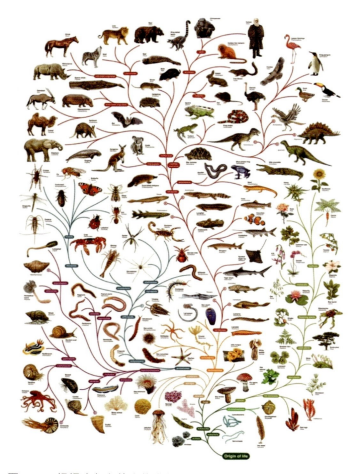

图 1-18 根据达尔文的生物进化论绘制的"生物系统进化谱系图"

化和文明的影响。今天的数字媒体已经完全渗透到人们的衣食住行和各种活动中,这种变化无疑是翻天覆地的。而面对未来,随着智能植入、虚拟现实与混合现实、元宇宙、量子计算、神经网络、脑机接口等技术的飞跃,麦克卢汉的人类社会"三部曲"理论很可能会延伸成为"四部曲"。按照著名未来学家、谷歌公司技术顾问雷·库兹韦尔(Ray Kurzweil)的观点,2045 年前后,人类将站在新的高度,信息社会将进化为超媒体社会,脑机交流和量子通信会成为未来媒体的主要特征。社会形态将可能从目前的民族国家、全球化走向"后人类文明部落"。一个跨越地域、国家和种族的命运共同体将会形成。人类目前以综合感官为基础的交流方式将会进化为电子感官 + 神经网络 + 生物感官的多元情感与信息交流(表 1-3)。

表 1-3 根据麦克卢汉理论归纳的人类社会"四部曲"

历史阶段	游牧 - 农业社会	工业社会	电子 - 信息社会(时代)	超媒体社会(未来)
文明进程	部落化	脱部落化	再度部落化	后人类文明,元宇宙
环境特征	语言主导(口语)	视觉主导(文字)	视听主导(多媒体)	虚拟 - 混合现实
文化特征	直觉、丰富、同时、整体	分析性、线性、理性	感性、媒体语言、丰富	灵境、智能、超媒体
媒体特征	口语、图像、身体语言	文字、印刷术	电子媒体(电视、广播)	脑机交流、量子化
社会形态	部落社会、游牧社会	城邦、帝国、民族国家	地球村、全球化	后人类文明部落

续表

人格特征	集体潜意识、魔法	专业化、单一化	综合化、多元化	智能潜意识、超人类
感觉器官	听觉主导	视觉主导	视觉、听觉、触觉多感官交互	电子感官、神经网络

1.5 数字媒体艺术

数字媒体艺术的核心是艺术和科技的结合。这里包括艺术家和设计师为丰富数字生活与体验所创作的作品、产品与服务。从目前我国的学科划分来看，艺术学、设计学、电影学和广播电视艺术学是数字媒体艺术学科的理论依据。同时，符号学、传播学也是研究媒体、社交、技术与人性的工具。而作为创意工具和传播载体，计算机科学与技术、计算机软件与理论、计算机应用技术等则是它存在和表达的基础。因此，上述国家一级和二级学科是构建数字媒体艺术学科的理论依托（图1-19）。在教育部于2012年颁布的高校本科专业目录中也明确标示了数字媒体艺术与数字媒体技术两个学科范畴。数字媒体艺术（130508）属于设计学类（1305），而数字媒体技术（080906）则归口于计算机类（0809）。在今天媒体融合交叉的大环境下，艺术（设计）与技术的区别日益模糊，数字媒体艺术既是艺术表现形式，也是技术形式，二者不可分离。

图1-19 数字媒体艺术的学科体系、研究领域和研究方向

2017年，教育部正式颁布了《普通高等学校本科专业类教学质量国家标准》（以下简称《国标》），明确了培养目标、培养规格、课程体系等各方面要求，是各专业类所有专业应该达到的质量标准，是设置本科专业、指导专业建设、评价专业教学质量的基本依据。其中，《动画、数字媒体艺术、数字媒体技术专业教学质量国家标准》明确要求：数字媒体技术专业需要培养掌握数字内容创作、制作及相关软硬件工具研发、应用的基础知识、基本理论和方法，能在传媒及文化产业相关领域进行技术应用及开发、制作、传播、运营或管理的创新型专门人才。数字媒体技术正是属于跨界的"两栖型"技术与艺术人才。

数字媒体艺术可以分为四大领域：时间媒体设计、交互产品设计、互动娱乐设计和视觉设计延伸。第一个领域为时间或者叙事的艺术形式，如电影、动画、数字影像等。第二个领域主要是与数据库或者交互有关的应用或艺术形式。第三个领域是强调娱乐体验的艺术形式，也就是以游戏为核心的艺术形式。第四个领域为传统媒体的数字形式，如广告与平面设计、装帧设计、数字摄影与创作、插图和漫画等。这四大领域互有重叠，例如交互漫画、交互影像、游戏等就包含互动与叙事的属性。数字媒体艺术研究包括5个方向：①本体研究，包括该学科的界定、分类、特征、美学、交叉领域、表现规律等的研究；②历史研究，包括研究媒体艺术史的阶段、事件、人物、作品与发展趋势，探索媒体艺术的演化规律；③创意方法学研究，即对数字媒体艺术创意规律（如创意思维、作品分析、技术分析、受众分析和心理分析等）的研究；④应用领域研究，其重点在于创意产业研究；⑤中国新媒体艺术特色研究。

数字媒体艺术的四大领域可以通过4个相互叠加的圆表示（图1-20）。时间媒体设计领域与故事、戏剧、角色、造型、场景、表演和剪辑等课程有关且侧重观赏性。在时间媒体中，控制权在讲故事的人手里。交互产品设计领域主要指与手机、计算机、互联网或互动环境（装置）相关的设计领域。这个领域的特点是数据库媒体，其控制权在信息接收者手中，所以是用户控制导向的。因此，该领域更侧重用户需求以及交互性的研究，如可用性、信息架构、认知心理学、原型设计、人机工程学、用户体验和社会学等。其中，外圆为侧重于产品与服务的设计领域，内圆为侧重于信息与媒体设计的新媒体设计领域。互动娱乐设计领域主要指电子游戏、网络游戏、装置艺术、增强现实、交互动画、虚拟漫游、虚拟表演和交互墙面等。该领域既有时间媒体又有交互性，更关注观众或玩家的体验。视觉设计延伸领域主要指基于纸媒或户外展示的平面设计、摄影、广告、插图、漫画和信息图表设计等。图1-20中叠加的区域说明这些领域之间的交叉与融合的关系。

图1-20 数字媒体艺术分类的可视化模型

数字媒体艺术的理论体系是理解数字媒体艺术当代价值、符号、语言和观念的基础。参照艺术学的研究方法，数字媒体艺术研究体系可以通过8个维度表示（图1-21）。该模型横向为时间（历史与未来），纵向为思想体系（上）和媒体环境（下），两个对角方向分别为工业与智能、创新与传统。横向的艺术史研究涉及媒体艺术与当代艺术的谱系学，同时还需要借鉴科技史与媒体发展史，由此可以追溯数字媒体艺术的思想、观念与实验的文脉与发展历程，并判断未来媒体的发展趋势。纵向则立足于当代，分析研究数字媒体理论基础与生态环境，这部分主要包括对该学科的界定、分类、范式、特征、美学、媒体环境、表现规律等的研究，特别是对交互性和跨媒体等艺术概念的研究。

图1-21　数字媒体艺术研究体系

美国数字艺术家克里斯蒂安·保罗（Christiane Paul）在《数字艺术》一书中将数字技术按照功能分为3类：艺术媒介、创意手段和生产工具。在云服务与大数据时代，数字技术还有一种功能：交流媒介。因此，可以将数字媒体技术按照功能分为4类（图1-22）：艺术媒介、创意手段、生产工具与交流媒介。

图1-22　数字媒体技术的分类

作为艺术媒介，数字技术带给观众的是交互性、大众性、沉浸性，相关产品或者服务都必须关注市场和用户，提升创意的质量。该领域涉及交互装置、电影视频和动画、游戏艺术、VR艺术、机器人艺术、网络艺术等，是数字媒体技术在艺术创作领域的集中体现。

以数字技术作为创意手段的领域包括数字绘画和插画、数字摄影、数字雕塑、数字音乐。作为创意手段的数字技术具有认知性和多变性的特征，例如，编程语言的改变和软件版本的更新会对艺术创作的结果产生重要的影响。这也提示数字媒体艺术创作者必须具有不断学习、跨界思维和一专多能的职业素质。

以数字技术作为生产工具的领域包括交互产品设计、服务设计和整合设计、游戏设计、数字影视和动画、数字娱乐设计、数字广告设计、信息可视化设计。设计行业的软件化已经成为当今的大趋势，因此，作为生产工具的数字技术更注重效率和实用性。

数字技术作为交流媒介不仅提供了设计师相互交流的资源，也成为数字媒体艺术作品传播与分享的渠道。由于当代艺术设计越来越趋向编程化、软件化与模板化，越来越多的艺术家需要和程序员、工程师一起组成团队，取长补短、各司其职地共同完成艺术设计项目。因此，许多在线设计师的网络社区都成为艺术与技术相互衔接的桥梁，许多网络资源，如 GitHub、CSDN 及手机公众号等，都会提供培训、软件教学和资源库等服务。

1.6　数字媒体传播模式

媒体传播的核心就是信息传播。虽然人类早就有了电报、电话、无线电、电视机以及机械计算机等信息技术的成就，但是早期人们并不了解信息的本质和规律。直到 1949 年，信息论创始人香农提出了一个被称为熵的概念和信息传播的数学模型，由此阐明了信息传播的本质。早在 1948 年，传播学的创始人哈罗德·拉斯韦尔（Harold Lasswells）发表了《传播在社会中的结构与功能》一文并提出传播构成的"5W 模式"（图 1-23），即传播过程必须包括传播者或者信源（Who）、传播内容（What）、传播对象（To Whom，接收者、信宿）、传播渠道或媒体（Which Channel）以及传播效果（What Effect）这 5 个要素。对于数字媒体技术的研究也就是对于信息传播渠道进行的媒介分析，而对于数字媒体内容的研究则应该涵盖"说了什么"（内容分析）、"产生了什么效果"（效果分析）和"对谁说"（受众分析）的内容。拉斯韦尔的"5W 模式"虽然意义显著，但是问题也是非常明显的：它将信息传播过程看成一种单向非循环的过程，忽略了信息反馈的要素以及信息传播过程中噪声的影响。数字媒体的显著特点就是它的互动和开放的流动媒体特征，因此现代信息传播过程可以看成一个多要素互动的动态过程。

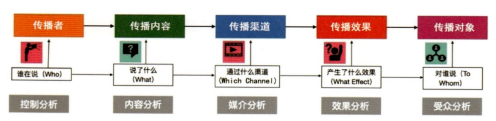

图 1-23　拉斯韦尔提出的"五 W 模式"

1949 年，信息论创始人、贝尔实验室的数学家香农与瓦伦·韦弗（Warren Weaver）一起基于拉斯韦尔的传播模式理论提出了传播的数学模型（图 1-24）。这一模型首先在通信系统领域得以应用。香农和韦弗认为，一个完整的信息传播过程应包括信息来源（source）、编码器（encoder）、信息（message）、信道（channel）、译码器（decoder）和接收器（reciver）这 6 个要素。其中，"信道"就是香农对媒体的定义，技术上表现为铜线、同轴电缆等。香农和韦弗认为，信号是信息的载体，信息总是以某种具体信号的形式表示的，并且通过信号在实际的传输系统中进行传输，信息传播过程也会受到噪声的干扰。香农借鉴了热力学中熵（entropy）的概念，把信息中排除了冗余后的平均信息量称为信息熵，并给出了计算信息熵的数学表达式，由此解决了信息的度量问题。

香农指出：所谓信息，不过是对一些不确定性的度量。一个信息源，例如我们的大脑，会以不

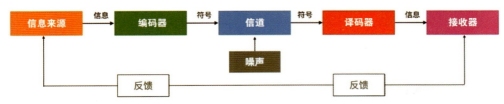

图 1-24 香农和韦弗提出的传播的数学模型

同的概率产生信息。因此，如果我们想要了解一个人大脑里有什么样的想法，可以向他提出猜测性的问题。例如你问他："今晚是否想去海底捞吃饭？"他可以给出肯定或者否定的答复。你还可以继续提问："我们要去哪一家海底捞吃饭？"在这个过程中，你每提出一个问题并且得到答案，就获得了相关的信息。当你获得了足够的信息后，你就清楚了他大脑里的想法，也就因此消除了所有的不确定性。这样一个通过不断地提问得到答案的实验后来被称为香农实验。在这个实验的过程中，当我们知道了前几个答案后，越往后提问数量就越少。香农解释说，这是因为在语言中总是或多或少地有一些信息冗余，也就是说，前面的信息在一定程度上包含了后面的信息。当然，最后所问问题的总数不可能小于某一个特定的值，这个值就是语言内在的熵。

数字媒体传播模式基本遵循香农信息论的通信模式。从通信技术上看，它主要由计算机和网络构成，但具有同步双向通信的特征。在该传播模式中，信源和受众都依赖于计算机，因此信源（传播者）和信宿（接收者）的位置是可以随时互换的。这与传统的报纸、广播、电视等单向传播相比，可以说是一场深刻的革命。网络可以由电话线、光缆、无线微波或卫星通信构成。图 1-25 描述的是两点之间的交互媒体传播过程，实际上交互媒体可以在多点之间传播。数字媒体改变了以往传统媒体受众必须与播放同步的限制，可以借助数字媒体随时收听收看，从而实现了异步性（回放）。随着 4G/5G 高速网络的出现，数字媒体也改变了以往媒体地域性传播的特点，使传播范围可以拓展至全球（图 1-26），从而实现了麦克卢汉提出的"地球村"。

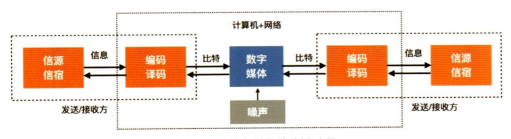

图 1-25 数字媒体的传播过程

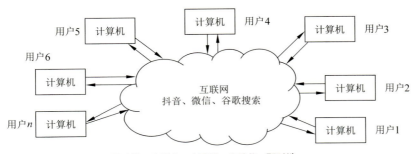

异步性、全球化、主动性、个性化、即时性

图 1-26 数字媒体传播的特点和范围特征

1.7 数字内容产业

数字内容（digital content）产业是指将数据、图像、文字、声音、影像等内容运用数字化高新技术手段和信息技术进行整合运用的产品或服务。数字内容产业由以下9个大类构成：数字视听类、动漫游戏类、数字学习类、数字广告类、数字出版类、文博旅游类、衍生产品类、虚拟体验类与网络服务类，这9个大类再细分为23个小类（图1-27）。2016年由国务院公布的《"十三五"国家战略性新兴产业发展规划》明确指出：数字创意产业由两大部分构成。第一部分是依附于装备制造、建筑、现代物流、商业、金融、教育、信息等第二三产业的智力产品，是为制造业、人居环境、营销、沟通、教学等服务的中间服务环节，其核心是提供智力创意，而不是进行物质或非物质的文化生产。第二部分是将图像、文字、影音等内容通过数字技术进行整合应用的产品。数字文化创意包括艺术品、文物、非物质文化遗产等数字化转化和开发以及影视制作、演艺娱乐、艺术品、文化会展、动漫游戏、数字音乐、网络文学、网络视频等数字内容创意。创新产品设计主要涵盖工业设计（服务设计、广告和品牌设计）、人居环境设计（城市规划、建筑设计、景观设计、室内设计）等，其核心是数字服务业。相关产业的融合包括电子商务、文化教育、旅游服务、新农村建设、地理标志农产品、乡村文化地理信息、公共管理等。上述领域均与数字技术有着密切的联系。数字内容产业涉及移动内容、网络服务、游戏、动画、数字影音、数字出版、工业互联网和数字化教育等多个领域。

数字媒体研究学者、北师大教授肖永亮指出："创意产业立足于'内容'和'渠道'两个方面：以丰富的数字艺术为表现形态的数字内容是数字媒体的血液，渠道主要有电影、电视、音像、出版、网络等媒体和娱乐、服装、玩具、文具、包装等衍生行业。"可以看出，数字媒体在数字创意产业中占据着重要的地位，可以说是数字创意产业的发动机（图1-28）。可以预见，未来基于数字技术的内容产业将会越来越扩大，如基于虚拟现实技术的新媒体会为教育、建筑、智能制造、广告和数字营销等领域带来更多的创新服务（图1-29），艺术家或设计师利用3D打印技术或者生物材料可以创作出更复杂的艺术设计作品与服务产品，如智能珠宝配饰、智能服装、智能头显等更多形态和功能的产品。并在首饰设计、家用工业品设计、工艺美术用品设计等领域有着广阔的发展前景。

在数字内容产业中，网络游戏异军突起，成为近年来特别引人关注的一个新兴行业。根据中国文化娱乐行业协会发布的《2017年中国游戏行业发展报告》，2017年，中国游戏行业整体营业收入约为2189.6亿元。其中，网络游戏全年营业收入约为2011亿元，同比增长23.1%。这些数据充分说明我国网络游戏的重要地位。对于数字媒体技术工程师来说，网络游戏设计是其重要的就业领域。例如，3D游戏引擎为游戏设计师提供了编写游戏所需的各种工具，通常需要游戏设计师具备一定的编程基础。虚幻引擎5在数据生成和程序编写方面有较高的易用性，有视频教程和大量免费的社区资源。这些不仅要求游戏设计师具备一定的外语能力，同时也需要熟悉各种资源包的整合与效果。

目前数字内容产业主要表现在影视制作、动漫创作、广告制作、多媒体开发与信息服务、游戏研发、建筑设计、工业设计、服装设计、系统仿真、图像分析、虚拟现实等领域，并涉及科技、艺术、文化、教育、营销、经营管理等诸多层面。当前，媒体融合早已打破文化艺术固有的边界，横跨通信、网络、娱乐、媒体及传统文化艺术的各个行业，而微信公众号、微博、轻博客、App网络视频、手机游戏、虚拟体验等一大批新型的数字媒体与创新娱乐则展示了强大的生命力。2016年，淘宝网举办了第一次超大型线下活动"淘宝造物节"（图1-30），将创意、创客、造物与购物相结合，并喊出了"淘宝造物节，每个人都是造物者"的口号。造物节就把电商的产品或服务特色作为"神店"予以推广。一些原创项目，如"唐代仕女""瓷胎竹编""闪光剧场""喜鹊造字招牌体"等，也获得

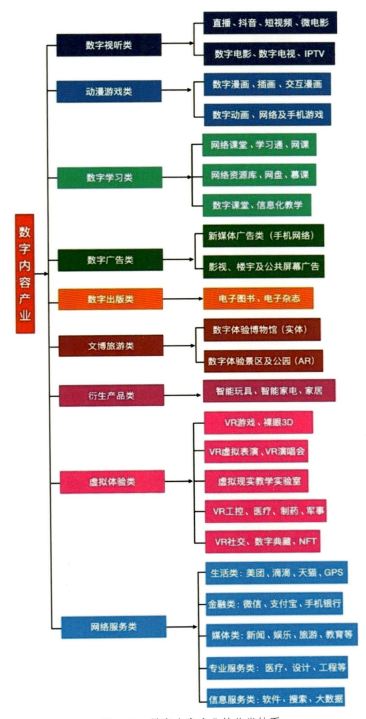

图 1-27　数字内容产业的分类体系

图 1-28　数字媒体与数字创意产业的关系越来越密切

图 1-29　虚拟现实技术带来更多的创新服务

了风险投资人的青睐。当下的创客已经不限于技术宅，包括艺术家、科技粉丝、潮流达人、音乐发烧友、黑客、手艺人和发明家等纷纷加入了这个"大家庭"。创新、创意、创业是这个时代的主旋律。

图 1-30　淘宝网 2016 年超大型线下活动"淘宝造物节"的海报

本课学习重点

　　学习数字媒体离不开对媒体技术与文化的理解。什么是媒体？什么是数字媒体？为什么要学习数字媒体技术？数字媒体技术有哪些类型？媒体的来龙去脉是什么？媒体技术与艺术的关系是什么？媒体发展的未来趋势是什么？这些问题都是读者应该掌握的理论知识（参见本章学习思维导图）。读者在学习时应该关注以下几点：

（1）什么是媒体？什么是数字媒体？

（2）什么是传统媒体与新媒体？如何进行媒体分类？

（3）什么是数字媒体的特征？什么是数字媒体的双重属性？

（4）数字媒体的五个基本原则和四个基本特征是什么？

（5）什么是数据库及数据库文化？曼诺维奇如何论述数据库文化？

（6）数字媒体技术的范畴是什么？数字媒体技术如何分类？

（7）什么是数字媒体的传播模式？它与传统媒体有何区别？

（8）数字内容产业是如何分类的？它与文化创意产业有何联系？

（9）媒体未来的发展趋势是什么？什么是数据媒体？

（10）数字媒体艺术的四大领域是什么？

（11）信息是如何传播的？什么是信息熵？

（12）媒体与信息的关系是什么？信息如何度量？

（13）数字媒体技术与数字媒体艺术的关系是什么？

本章学习思维导图

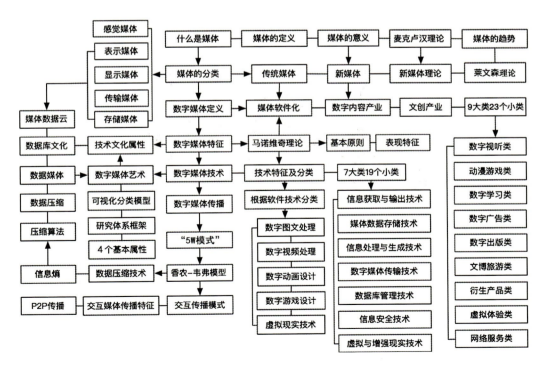

讨论与实践

思考以下问题

（1）什么是媒体和媒体文化？当代媒体文化的特征是什么？

（2）数字媒体技术是如何分类的？其标准是什么？

（3）如何从艺术与科技的范畴归纳和总结当代媒体艺术？

（4）数字媒体的5个基本原则和4个基本特征是什么？

（5）智能手机为艺术提供了新的契机，请调研基于手机的艺术形式。

（6）什么是数据库及数据库文化？曼诺维奇如何论述数据库文化？

（7）什么是数字内容产业？如何划分数字内容产业？

小组讨论与实践

现象透视：作为具有悠久历史及文化多样性的大国，我国各地都有自己独特的地方文化艺术和非物质文化遗产，如皮影（图1-31）、京剧、昆曲、评书、剪纸、泥塑、年画、雕漆、木刻、绢花、毛猴等。但是，随着手机文化的流行，传统技艺与文化逐渐被边缘化，难以吸引年轻人的关注。

头脑风暴：如何将独特的地方文化艺术和非物质文化遗产通过软件化与程序化的过程转换为流行的移动媒体节目（如抖音）或者互动的装置艺术？如何借助数字媒体艺术所具有的寓教于乐的属性向儿童普及传统民俗及故事？

方案设计：数字媒体技术可以帮助实现传统非物质文化遗产的大众化和时尚化。请各小组针对上述问题，扮演不同的角色（消费者、商家、设计师），并给出相关的设计方案（PPT）或设计草图（产品或者服务系统），需要提供详细的技术解决方案。

图1-31 皮影

练习与思考

一、名词解释

1. 数字媒体技术

2. 马歇尔·麦克卢汉

3. 表示媒体

4. 第四传媒

5. 离散性

6. 数字媒体艺术

7. 数字内容产业

8. 香农 - 韦弗传播模型

9. 列夫·曼诺维奇

10. 媒体进化论

二、简答题

1. 媒体、信息、物质与能量之间有何联系？

2. 为什么数字媒体技术是文化创意产业的重要支撑？

3. 数字媒体技术研究的主要内容是什么？

4. 请以皮克斯动画公司为例，说明艺术、技术与市场是如何结合的。

5. 通过什么标准界定数字媒体技术的范畴和分类？

6. 麦克卢汉是如何论述媒体的？媒体是如何进化的？

7. 数字内容产业的核心是什么？该产业和艺术设计相关的领域有哪些？

8. 数字媒体技术专业应该包含哪些课程内容？该专业有哪些就业方向？

9. 什么是数据媒体？它对网络的进一步发展有何意义？

三、思考题

1. 什么是奇点？库兹韦尔的《奇点临近》如何预测未来？

2. 为什么曼诺维奇说数据库与交互是"21世纪的文化语言"？

3. 分析数字媒体与传统媒体的辩证关系。

4. 体验 VR 视频或 VR 微电影，说明其在媒体进化中的意义。

5. 比较数字媒体传播模型与香农 - 韦弗传播模型，二者有何异同？

6. 分类归纳数字媒体技术并绘制一幅"数字媒体技术信息图表"。

7. 为什么说信息是对不确定性的度量？

8. 什么是媒介考古学？如何借助历史预测未来媒体？

9. 为什么说数据媒体、数据库对当代文化有着重要意义？

第 2 课
当代数字媒体前沿

2.1　数字智能化技术
2.2　虚拟人技术
2.3　裸眼 3D 技术
2.4　拓展现实技术
2.5　艺术展陈技术
2.6　建筑与投影艺术
2.7　科技与艺术的盛会
2.8　当代科技艺术发展趋势
本课学习重点
讨论与实践
练习与思考

2.1 数字智能化技术

2.1.1 AIGC 设计时代

技术借助工业生产以机器、产品和服务的形式推动了社会进步,而艺术则通过思想和情感表达则使得社会能够不断保持和谐与对话。艺术和技术一直是联系在一起的,正如马歇尔·麦克卢汉所说的那样:"媒介就是信息。"我们生活的技术框架影响着我们的创造力。特别是智能艺术出现以后,艺术界的游戏规则被打破,艺术家的身份与观念也发生了动摇。例如,笔者通过输入关键词"清朝服饰、宫廷、女装"在人工智能绘画网站 MidJourney 上就生成了不同风格的古代服饰(图 2-1,上)。用同样的方法,通过输入墨西哥超现实女画家弗里达·卡罗(Frida Kahlo)的风格,该网站也给出了更具有创意的服装概念设计(图 2-1,下中)。该网站的其他服装设计风格也令人眼前一亮,可以说超过了很多人类设计师的想象力(图 2-1,下左、下右)。从深层上讲,人工智能和机器学习进入创意领域会将艺术实践的民主化推向高潮。那些没有受过艺术训练甚至没有计算机编程知识的业余爱好者能够利用庞大的数据库生成图像、声音和文本并与专业艺术家抗衡。人工智能会成为新一轮艺术创新的催化剂,并由此改变人们对艺术的认识。

图 2-1 通过人工智能绘画网站生成不同风格的服饰

与人工智能下棋与写诗相比,人工智能绘画给人们带来更深一层的冲击感。它不仅宣告机器向着人类艺术创造的顶峰再进了一步,似乎更加拿捏住了人类引以为傲的审美,同时对一些设计职业造成了现实的威胁。例如游戏制图、影视美术、工业设计等领域,人工智能看上去稍加训练便可以替代,想象力甚至可以超越人类。在网络上关于人工智能绘画讨论得最热烈的一类问题就是:"人工智能绘画是否会让画师失业?""游戏美术正在被人工智能'杀死'吗?"目前,一些策略游戏开发者已经用上了人工智能智能程序 Stable Diffusion 辅助创作概念效果图、界面图标以及乱石堆之类的素材。原本需要美术师来做的大量工作,现在简化到只需要一个人来选图。例如游戏中常用的勋章道具,只要输入关键字就会得到上千个机器创意,而大部分可以直接投入使用,而人工一天最多只能画十几个。

游戏行业里还有一个让人头疼的问题:制作人与美工人员之间的沟通障碍。灵游坊创始人兼 CEO、《影之刃》系列游戏制作人梁其伟说,制作人往往无法明确表达需求,美工人员只能自行琢磨,导致大量反复乃至返工，最大的成本和时间损耗往往来源于此。人工智能将带来巨大改变。在设计初始阶段，人工智能可以根据气氛、光照、风格、质感等设定生成大量草图，在此基础上，制作人与美工人员能够迅速领会彼此的需求。梁其伟认为，人工智能对美术需求方（制作人）的意义超过了对美术执行方（美工人员）的意义。换句话说，如何用人工智能作画还是其次，更重要的是，人工智能将告诉我们"画什么"。在立项之前，制作人可以把拍脑袋想出来的主意交给人工智能，加上一些关键词并反复测试，看看能生成什么，是否符合"感觉"。"这些要求往往是美术师的噩梦，但人工智能显然可以不知疲倦地满足任何无理的要求。"基于这些思考，梁其伟编写了一个完整的背景故事，并用人工智能生成了一系列图片，然后由两位美术师继续处理。有一些图结合了多张人工智能生成的结果，也有一些图对结构进行了手工补绘，最终拼贴成一组具有叙事意义的概念设计图（图2-2）。这组结合了中国武侠和北欧风格的图片一经发布，就收获了数千次网络转发。梁其伟最后总结说："不用人工智能绘画，可能是老板太傲慢。"人工智能绘画将会深刻影响传统游戏美术师的职业地位。

图2-2　由人工智能关键词生成及美术师加工的游戏概念设计图

2022年被许多专家认为是AIGC发展速度惊人的一年，很可能会改变人类未来的生产和生活方式。AIGC即人工智能技术生成内容（Artificial Intelligence Generated Content），包括人工智能绘画、人工智能动画、人工智能表演、人工智能作曲、人工智能写作等都属于AIGC的分支。从古至今，艺术都是人类独有的能力，人工智能这种前所未有的人类超级模仿者创作的作品能称为艺术吗？人工智能会改变艺术的定义吗？尽管人工智能可以模仿艺术风格并"创作"出复杂的绘画作品，但原创性、敏感性、社会性和艺术视野等问题的争论仍然存在。针对人工智能绘画最犀利的怀疑和不屑来自对其独创性的质疑。换句话说，人工智能缺少人性化的幽默感与丰富的生活体验，制造的只能是赝品。人工智能绘图技术与擅长围棋的AlphaGo是相通的，都是让系统深度学习人类的作品从而产生模仿行为。很多人相信绘画是一种只有人类拥有的能力，而这些能力是从生活与学习经验中培养出来的，而机器学习无法模仿这种能力。

但另一种观点认为，人工智能的学习能力和速度远远超过普通人，再加上有经验的艺术家的"调教"，将比大多数普通从业者画得好。数字艺术家田晓磊认为，艺术作品其实就是艺术家的一套算法：筛选风格，寻找语言，探索构图，不断试验……如今这套算法已经在计算机层面解决了，而剩下的问题可能就是借助语义识别与情感计算,让计算机"更懂人性"。但从目前的人工智能绘画作品来看，计算机生成艺术创作还远远谈不上"随心所欲"。人工智能绘画更擅长的是基于大数据的场景合成、超现实风格以及奇幻、魔幻及科幻领域的创作（图2-3），这些往往与电影、动画、游戏设计相重合。

因此，美术师不仅不会被淘汰，还会因为拥有一个前所未有的工具而所向披靡。当资深美术师能够亲自指挥人工智能创作时，人机结合将会创造出更有创意的作品。在普通人手里的人工智能常常会不受控制；但到了资深美术师手里，它们就会成为被驯化的"超级战马"。

图 2-3　通过"光笔控制器"画家可以进行虚拟 3D 绘画

2.1.2　ChatGPT 新潮流

2022 年 12 月，微软公司投资的人工智能实验室 Open 人工智能发布了一款智能聊天机器人模型 ChatGPT，它能够模拟人类的语言行为并与用户进行自然的交互（图 2-4）。该软件一经问世就火爆网络，有人用其写小作文，有人拿高考题来考验它，还有人让它写代码。ChatGPT 能够快速走红是因其高度模仿人类的回答能力。该智能聊天机器人拥有强大的语言组织能力，它就像一个全能选手，常常能够给人出乎意料的答案。这款智能聊天机器人令人惊喜的一个表现在于能够进行文学创作。例如给 ChatGPT 一个话题，它就可以写出小说框架并能清晰地给出故事背景、主人公、故事情节和结局等段落。甚至当它没有写完时，经过用户提示后，它还能在人类的"调教"之下"改变思路"并补充完整。因此，ChatGPT 已经具备一定记忆能力，能够进行连续对话。科技狂人埃隆·马斯克（Elon Musk）高度评价了该软件，认为其语言组织能力、文本水平、逻辑能力等"厉害得吓人"。

图 2-4　由 Open 人工智能实验室发布的智能聊天机器人 ChatGPT 火爆网络

ChatGPT 是目前第一款已经达到人类交流级别的智能聊天机器人。有人将 ChatGPT 比喻为"搜索引擎 + 社交软件"的结合体。它或许会改变我们获取信息、输出内容的方式，有望成为数字经济时代驱动需求爆发的杀手级应用。ChatGPT 能够实现当前水平的交互，离不开 OpenAI 在人工智能预训练大模型领域的积累。OpenAI 是全球人工智能领域最为领先的实验室之一。ChatGPT 采用的模型使用了"利用人类反馈强化学习"（Reinforcement Learning from Human Feedback RLHF）的训练方式，包括人类提问机器回答和机器提问人类回答，并且不断迭代，让模型逐渐有了对生成答案的评判能力。相比 GPT-3，ChatGPT 的主要提升点在于记忆能力，可实现连续对话，极大地提升了对话交互模式下的用户体验。智能绘画、智能作曲、智能动画，还有已经接近人类的智能聊天机器人 ChatGPT，这些都证明从经验中学习以及创意并非人类所独有的能力。艺术并非科学，但艺术形式背后都有相应的科学思想，貌似毫无逻辑的天才创意同样遵循着自然的法则。由此，艺术与科学在经历了百年分离之后，终于殊途同归。目前，以语音、动作、姿势、图像识别和体感技术为代表的拓展现实技术的出现将会使虚拟与现实的世界对接，从而为艺术的呈现打开一扇新的大门。

2.2 虚拟人技术

2.2.1 虚拟员工与虚拟网红

今天，高质量训练数据资源正成为雄心勃勃的人工智能企业解锁更强智能的关键燃料，人工智能虚拟主播、虚拟网红、虚拟员工轮番上岗，成为元宇宙与人工智能两大领域最热门的技术赛道之一。万科集团首位虚拟员工崔筱盼获得万科总部优秀新人奖（图2-5，左上、中上）。有些虚拟人已经表现得灵性十足，不仅发音标准、自然，身体动作流畅，就连眨眼频率、口型与声音的匹配等细节都惟妙惟肖。以日语单词"现在"发音命名的女孩 imma 是亚洲第一位虚拟人（图2-5，左下、中下），东京即是她的诞生地。她出道3年来已经有几百万的粉丝，她不仅当代言人、拍广告大片、上杂志封面，也创造性地设计时装、策展、为杂志担任记者并推出 NFT 艺术品，甚至还出席了2021年东京残奥会闭幕式，其火爆程度相比大多数真人网红来说可谓遥遥领先。同样，我国2021年新晋虚拟歌手柳夜熙（图2-5，右上）以其独特的东方传统造型在抖音上爆红，并被称为虚拟美妆达人，其视频获赞量达到300多万，同时涨粉上百万。在美国，也有这样的虚拟网红（图2-5，下右）这些火遍大江南北的特殊生命体通过越来越多元的形象定制、舒适的交互体验，逐渐转变为拥有更接近真实人类智商和情感的新型社会角色。

图 2-5　虚拟员工、虚拟美妆达人及国外虚拟偶像

2022年7月，百度人工智能虚拟偶像度晓晓在百度世界大会中亮相，并现场展示人工智能陪聊与智能服务功能（图2-6）。度晓晓是国内首个可交互虚拟偶像。度晓晓基于百度大脑7.0核心技术驱动，整合了多模态交互、3D数字人建模、机器翻译、语音识别、自然语言理解等多项技术，展现出强大的人工智能交互能力及AIGC能力，为用户提供了更加亲切、更具科技感和沉浸感的体验。2021年，超写实虚拟人AYAYI、国风虚拟偶像翎Ling、超写实数字女孩Reddi等先后入驻小红书。国内不仅有声库和人声合成技术的虚拟歌姬（如洛天依），还有依靠面部运动捕捉技术实现和真人形态同步的虚拟人偶像（如乐华娱乐的虚拟女团A-SOUL）。目前，AYAYI、翎Ling（图2-7）、琪拉、集原美等超写实虚拟偶像在小红书上都已经是粉丝破万的博主。2019年由哔哩哔哩策划了初音未来、洛天依与B站吉祥物的同台合唱，在线观看人数超过600万。虚拟演出已经扩展到包括真人在内的线上演出以及真人/虚拟混合演出。2020年4月，美国说唱歌手特拉维斯·斯科特（Travis Scott）在《堡垒之夜》游戏平台举办了虚拟音乐会，吸引了1230万个玩家在线观看。虚拟人与VR/AR等尖端技术的结合使其边界不断拓宽，与社交、游戏等其他内容领域的结合也为其发展提供了更多可能性，其未来前景更加广阔。

图2-6 百度虚拟偶像度晓晓

图2-7 国风虚拟偶像翎Ling

2.2.2 虚拟偶像产业

有数据显示，我国目前的虚拟人相关企业数量已超过57万家。虚拟偶像产业也存在着相对完整且复杂的产业链，涉及多方的利益。产业链上游为虚拟偶像打造企业，既包括技术类企业；也包括绘画建模和打造文本的文化企业；中游主要是内容投放渠道企业；下游则为各类衍生变现企业，既包括跨年晚会上的演出平台，也包括各类周边产品生产企业（图2-8）。之所以会出现如此庞大的产业链，是因为移动互联网时代与过去的电视时代相比，偶像打造模式已经大为不同，消费者更加多元化，接收信息的方式也更加多样化。过去打造一个偶像，在收视率较高的电视节目中高歌一曲就有可能实现；但当下则不然，一个虚拟偶像成为网红背后往往需要一个由多方人员构成、上下游产业链联动的庞大团队。而其中最为核心的竞争力则是虚拟偶像所具备的文化元素本身。毕竟，各类中游渠道和下游渠道往往是多个虚拟偶像共同使用的，并无太多区别；区别就在于上游，也就是说，要让虚拟偶像走红，光有数字影像技术和虚拟颜值是不够的。这方面，韩国元宇宙女团 aespa 主打虚拟与现实交融的未来虚拟偶像市场模式可以提供一个借鉴。

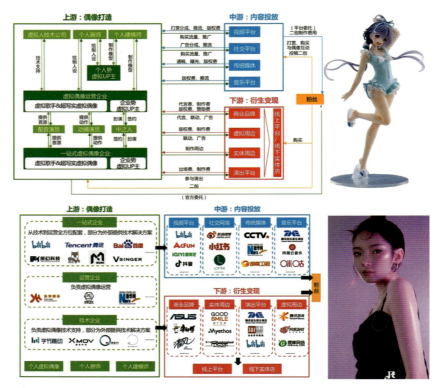

图 2-8 国内虚拟偶像产业的产业链和相关企业

韩国头部经纪公司 SM 打造的 aespa 女团是由来自中、日、韩的 4 名真人成员和 4 名根据真人成员 1:1 建模的虚拟成员共同组成的八人女子偶像团体。该女团出道以来的歌曲、舞蹈、造型都极具未来感（图 2-9），成为一场探索未来偶像形态的先锋实验。在 2021 年 Apple Music 韩国年榜中，aespa 的 *Next Level* 和 *Black Mamba* 两首歌曲名列前茅，在 2021 年度 MMA 颁奖典礼上同时获得四冠王。即使在偶像工业如此发达的韩国，出道一年的新人能斩获这样的好成绩也极为罕见。目前，人工智能从单模态走向多模态已是大势所趋。以前，Siri 等语音助手只有声音没有脸，搜索只能依靠输入文字，Siri 看不懂照片的深层含义。如今，借助多模态技术，人工智能实现了图像、视频、音频、语义文本的融合互补，不仅决策更加精准，还在行为和智商上更接近人类。多模态生物识别技术凭借更高的准确率和安全性，正取代基于指纹、人脸等单一生物特征的身份识别方法。当前火爆的虚拟网红、虚拟偶像和虚拟主播正是基于多模态技术的快速演进，成为感知智能迈向认知智能阶段的重要探索。它们精致的面容、流畅的表达、优美的体态离不开微表情追踪、语音识别、语音合成、自然语言理解、动作捕捉等丰富技术的支撑。

图 2-9　韩国女团 aespa 由 4 名真人歌手和 4 名虚拟人成员组成

随着智能科技的不断提升，虚拟人需要活灵活现地展示出一个有灵魂的形象。它们的肢体、形象、表情、动作、穿着打扮等必须让观众感觉到这些虚拟人偶像是一个有血有肉、有七情六欲的"真人"。此外，虚拟偶像还是一个文化产品，需要打造自己的人设和标签，以对应目标受众群体；而这一群体不仅要在喜好上与虚拟偶像的人设和标签契合，也要具有对应的消费能力，能够转换为偶像产业的目标消费群体。韩国元宇宙女团 aespa 的成功说明了未来虚拟偶像的巨大市场前景。实际上，早在 2016 年，SM 就提出了 CT（Culture Technology，文化科技）的运营战略：一是打造艺人和创造内容文化；二是将艺人和内容发展到产业；三是以核心资源和技术扩展到其他事业。aespa 女团的成功正是该战略的成果。SM 期望通过大数据支持的机器人角色推进科技艺术创新。因此，虚拟偶像是技术与文化的融合，这些虚拟偶像不仅需要智能多模态技术，而且还需要专业团队在文化上多做文章，包括构成虚拟偶像人设和标签的各种设定和故事，以及虚拟偶像对应的文化作品，如歌曲、动漫等，形成受消费者喜爱的 IP 等。

2.3　裸眼3D技术

"Alter Ego"是美国广播公司福克斯（Fox）电视频道推出的世界上第一档真人歌手全息虚拟形象唱歌比赛。拉丁语 Alter Ego 意为"另一个自我"，寓意虚拟形象是歌手的"数字孪生"或"数字分身"。该节目中的虚拟形象可以选择不同的肤色，如绿色、红色、紫色，对体型和性别也可以自由选择。参赛歌手可以选择最能代表自己或最能引起观众注意的形象。虚拟形象不仅给了歌手一个舞台新形象，同时也重新定义了歌唱比赛的形式，将千篇一律的歌唱比赛转化成引人入胜的视听体验，打破了大众对流行音乐的刻板印象，将关注点从歌手外貌和年龄转到了虚拟形象和独特嗓音上。

达沙拉·博瑞丝（Dasharra Bridges）是一位来自纽约州罗切斯特市的黑人歌手，她的"化身"是一位有着金黄色爆炸头发的时尚女郎（图 2-10）。博瑞丝曾经出版了《单身母亲之旅》一书，分享了她从 20 岁出头就开始独自抚养孩子的痛苦经历。虽然她自小就喜欢在教堂唱歌并期望成为一名歌手，但是工作的压力和生活的窘迫使得她不得不面对现实，而这个节目则使她能够重拾梦想。她说自己从小就是一个内向的人，个子不高，外貌也不出众。因此，如果有一个与自己完全不同的替身站在舞台上，她就不会怯场。"Alter Ego"使得她终于找到了信心和勇气，能够在后台一展歌喉。博瑞丝最后获得了评委的青睐，成为歌唱比赛的季度冠军，一举成名。

图 2-10　歌手博瑞丝与她的"化身"在 Alter Ego 舞台

博瑞丝的故事并非个案。加拿大多伦多 28 岁的歌手凯拉·特瑞萝（Kyara Tetreault）也有相似的经历。她的替身是一位有着蓝色皮肤和绿脸庞的超级朋克（图 2-11，右下）。凯拉在"Alter Ego"的舞台上倾诉心声："从小到大，人们常常对我的外貌和唱法指指点点。"由于她其貌不扬，还经常被认错性别，这使她非常自卑。从那时起，她走了很长一段时间的弯路，虽然她有着非常好的嗓音，但成长过程中的心灵创伤却一直影响着她，使得她不敢面对真实的自我。但幸运的是，"Alter Ego"是一场参赛者可以选择他们的梦想化身，重塑自我并超越表演的一场歌唱比赛。最终，特瑞萝用她天籁般的歌喉征服了评委和观众，顺利晋级并收获了掌声与鲜花。

图 2-11　歌手特瑞萝与她的"化身"在"Alter Ego"舞台上

"Alter Ego"第一季的赢家将会获得 10 万美元的现金奖励，并有机会得到评委的指导。参赛者还有机会将这些虚拟形象带入现实生活，他们也能够像其他的明星一样，在舞台上表演或接受采访。福克斯的这场新颖别致的歌唱比赛节目不仅使得素人歌手能够实现自己的梦想，而且也是对演播技术和创作过程的挑战，对未来的音乐产业具有开创性的示范作用。为了打造这场全新的舞台盛宴，福克斯聘请了实时动画和虚拟制作知名企业银勺动画工作室（Silver Spoon Animation）、VR 视觉制作专家鹿鹿合伙人（Lulu Partner）负责节目所有的技术环节。两家公司通力配合，为福克斯"Alter Ego"节目创造了实时互动视觉效果，成为全球首创的增强现实虚拟歌唱比赛。

银勺动画工作室主要负责真人歌手的动作、表情捕捉和虚拟角色制作。20 个不同风格的虚拟 3D 角色都要让观众在情感上产生共鸣，并且能够通过实时互动接受现场评委的评判。工作室的 50 名动画师与每位参赛者开展了深入的合作，为每位歌手订制了 4 套不同服装和个性风格的舞台动画角色。这些虚拟歌手的造型风格与演唱曲目相互匹配。节目中的每场表演都会通过 14 台摄像机实时捕捉，其中 8 台配备了 AR 和 VR 摄像机追踪技术。所有虚拟人的动作和特效等数据会与实时真人动作捕捉数据、光照数据和摄像机数据一起被传输到舞台幕后的虚幻引擎中心（图 2-12，右上）。由鹿鹿合伙人公司开发的 AR 合成系统能够将这些数据实时转换为虚拟歌手的舞台表演。这些虚拟歌手不仅能够与真人歌手实时对位、音画同步，而且可以准确地反映幕后真人歌手的细节（图 2-12.左上、下）。例如，当参赛者哭泣时，虚拟歌手也会哭泣；当歌手脸红、出汗或梳头时，虚拟歌手也会同步动作。从现场显示器中能直接看到所有最终表演效果。这些虚拟歌手动作流畅、表情丰富，现场观众与电视观众都产生了很强的代入感，并与舞台角色产生了共鸣，沉浸在这场特殊的虚实互动表演中。当代科技前沿的智能多模态技术成功打造了栩栩如生的虚拟歌手。

图 2-12　真人歌手与虚拟歌手同步互动和幕后的虚幻引擎中心

"Alter Ego"的成功预示着互动虚拟表演将成为一种新的现场娱乐形式。得益于数字仿真技术的进步，虚拟艺人将迎来一个黄金时代。虽然真人演出仍是无可替代的，但虚拟表演也为观众提供了新颖和令人兴奋的体验。虚拟艺人的巡演规模和效率也与真人大不相同。对于虚拟艺人来说，完全不会有车马劳顿、四处奔波的日子。一个虚拟艺人可以同时在 20 个不同的地方为数百万人表演，而虚拟表演只不过是科技艺术的冰山一角。AR、裸眼 3D 及 LED 等技术正在快速提升虚拟现场演出的体验，沉浸环境、游戏互动和电影故事等手法等也会融入音乐产业。加拿大著名电音歌手、全球首富埃隆·马斯克的前女友、"Alter Ego"评委之一的格莱姆斯（Grimes）认为：随着数字科技的发展，元宇宙会带来机遇，数字孪生会更快地成为现实，而这将给娱乐产业带来颠覆性的变化。虚拟演唱会品牌包装企业精神炸弹（Spirit Bomb）的联合创始人兼 CEO 兰·西蒙（Lan Simon）指出：我们或许将会见证一个更为民主与繁荣的创意产业的到来，并且目睹一次建立在此之上的由大众参与的实验艺术狂潮。

2.4　拓展现实技术

2021 年 2 月 11 日除夕夜，一年一度的春节联欢晚会如期而至。中央电视台通过首次直播的 8K 超高清影像带给全球观众一场视听盛宴（图 2-13）。本届春节联欢晚会的突出特色就是技术创新，展示了"5G+8K+人工智能+裸眼 3D"快速发展的最新成果，是艺术与科技融合、时尚与创新齐飞的经典数字娱乐体验的范例。例如，武术节目《天地英雄》将虚拟山水自然融入武术场景，AR 技术营造出清奇意境；时装走秀表演节目《山水霓裳》借助 MILO 技术、镜面虚拟技术使得歌手李宇春能够迅速变身模特，数字舞台效果更是美轮美奂……在全息投影技术的支持下，18 个不同造型的模特完美诠释了中国风；人工智能与 VR 裸眼 3D 演播室技术的结合，使得传统舞台空间突破物理形态，虚拟与现实的边界被重构为本届春节联欢晚会最大的亮点。

图 2-13　央视 8K 超高清影像的 2021 年春节联欢晚会带给全球观众一场视听盛宴

2021 年春节联欢晚会在舞台效果上充分运用了人工智能 +VR+ 裸眼 3D 技术等，其中扩展现实技术成为体验设计师关注的焦点。扩展现实（Extensible Reality，XR）技术是指通过计算机技术和可穿戴设备等产生的一个真实与虚拟组合的人机交互环境，是虚拟现实、增强现实和混合现实技术以及其他沉浸式技术的融合与统称。作为一种综合性的高新技术群，扩展现实技术离不开多种技术的支撑，包括输入技术、处理技术、输出技术和智能传感技术等。输入技术即对运动、环境做出感应和交互触发的技术；处理技术即输入信息识别、数字内容生成、虚实融合处理等技术，使真实和虚拟空间无缝融合；输出技术即依靠视觉、听觉、触觉、味觉及嗅觉五感反馈的技术，为用户提供情境化的真实感官体验；智能传感技术即依靠人工智能、物联网和高速传输网络等，保证数据从云端到边缘再到设备端的传输稳定性的技术。目前，扩展现实技术的应用不仅常见于文艺演出、影视制作、艺术展览、赛事直播等消费娱乐领域，还逐渐向医疗、教育、工业等垂直领域渗透。

2021 年春节联欢晚会采用的人工智能 +XR+ 裸眼 3D 技术，配合全景自由视角拍摄、交互式摄影控制、特种拍摄和实时虚拟渲染制作，构成了 XR 演播室，为电视机和手机观众带来了丰富的视听体验（图 2-14）。人工智能 +VR 裸眼 3D 拍摄技术通过 3 面 LED 显示屏构建可视的虚拟三维空间。摄像头跟踪系统提供演员的空间位置数据，并且通过 VR 渲染引擎将虚拟场景的动态实时呈现在 LED 屏幕上。通过这套系统，导演可以让现场表演者通过沉浸交互方式与周围的虚拟元素进行对位互动，从而突破了传统虚拟现实技术的局限性，并在虚拟空间与现实世界之间实现了无缝连接。这种方式不仅打破了传统的舞台空间呈现方式，而且画面新颖并充满科技感。本次晚会由 100 个 4K 摄像机进行现场 360° 沉浸式拍摄，可自由旋转三维视角，实现了流畅和连续的视频画面体验效果。

在舞台设计上，2021 年春节联欢晚会舞台观众席后方和上方用 154 块屏幕构成了超高清大屏幕，与采用 61.4m×12.4m 的 8K 超高清巨型舞台主屏以及地屏、装饰冰屏一同构成了一个穹顶演播空间，拓展了舞台视觉空间。工作室还部署了 6 套超高清虚拟现实摄像机，配备了专业的三维声音捕获技术设备，并使用 5G 技术将高质量的虚拟现实内容与现场表演融为一体。"VR 视频 + 3D 声音"实现了 3D 图像和 3D 音频的无缝集成。声场随虚拟现实视频的视角而变化，从而为电视观众提供了

图 2-14　XR 演播室为观众带来丰富的视听体验

最佳的身临其境的感受。2021 年春节联欢晚会为今后 XR 视频产业的发展树立了新的标杆。与此同时，这种 "5G+XR+ 人工智能" 的综合景观设计也对舞台设计师与新媒体设计师提出了更高的要求。

2.5　艺术展陈技术

传统博物馆的用户体验差是一个众所周知的事实。早在 1916 年，美国波士顿博物馆研究员本杰明·吉尔曼（Benjamin Gilman）就提出了博物馆疲劳症（museum fatigue）的概念，以说明观众在博物馆内常常会感受到头晕眼花、身心疲惫的现象。在博物馆中游览时，即使观众努力地集中精神参观展品，也很容易感到疲惫和无聊。博物馆疲劳症的发生与多种因素有关：信息过载，类似的艺术品太多，使得观众注意力下降；空间展位不合理，使得观众疲于奔命；等等。还有一个原因就是展品与观众缺乏互动，观众对与展品相关的背景知识储备不足或不熟悉。数字媒体技术，特别是交互技术，可以实现观众的深度体验。例如，观众可以在虚拟世界体验故宫的宏伟建筑与历史文化（图 2-15）。观众不仅可以通过 VR 头盔漫游紫禁城，还可以通过手机 App 进行 3D 场景深度解读，再进一步结合实景导航，观众就可以自助式完成故宫的旅游。VR/AR 技术成为博物馆吸引观众、创新观展体验并减少博物馆疲劳症的利器之一。

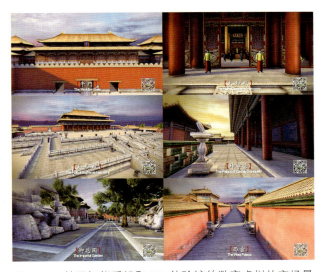

图 2-15　基于智能手机和 VR 体验馆的数字虚拟故宫场景

2018年9月，由清华大学美术学院设计团队打造的"重返·海晏堂"主题展览也是数字沉浸式体验装置的佳作（图2-16）。为了让这座百年前毁于战火的"万园之园"重现辉煌，该团队结合了近20年的复原研究成果，通过计算机动画重现了海晏堂的历史原貌。观众置身于360°环形空间内，巨大的环幕与地面屏幕无缝连接。该作品通过联动影像、雷达动作捕捉、沉浸式数字音效等手段，打破时间与空间的局限，展现圆明园海晏堂遗址重现盛景的全过程。在将近7分钟的沉浸式体验中，观众可以用自己的脚步"发现"封存在地下的海晏堂遗址，亲身参与圆明园的探索发掘。"重返·海晏堂"通过震撼人心的场景开启观众的穿越之旅，带领观众见证圆明园的数字重生。和VR、AR、MR以及XR一样，数字沉浸式体验拓展了观众的视角，调动了观众全身的感官，为观众打造了一场有温度、可感知、可分享的心灵之旅。

图2-16　由清华大学美术学院团队打造的"重返·海晏堂"主题展览

近年来，包括美国奥克兰博物馆、大都会博物馆、自然历史博物馆和法国卢浮宫等在内的许多博物馆都利用XR项目丰富观众的体验（图2-17）。2015年，大英博物馆首次采用了VR技术增强观众的体验，他们使用了三星Gear VR耳机、Galaxy平板计算机和沉浸式球形摄像机，让观众身临其境地体验了青铜时代的苏塞克斯环和古代村落建筑景观。同样，加拿大战争博物馆的VR体验项目让观众穿越时空，进入古罗马角斗场，近距离欣赏角斗士的风采。利用手机AR技术丰富观众对藏品信息的解读是常用的方法。例如，底特律艺术学院的一次艺术巡回展的体验项目就允许观众用手机对一具古代木乃伊进行"X光扫描"，从而能够看到木乃伊的内部骨骼等被隐藏起来的信息。我国四川三星堆博物馆也采用了类似的增强现实方式。博物馆还可以利用VR+AR设备建构出一个虚拟空间，让观众身临其境，"实地"感受展览所传达的文化风貌。这项体验可以通过XR设备和内容开发，与博物馆原本的展品相结合。例如，观众既可以在故宫博物院中穿越到江西景德镇，"亲临"瓷器考古现场；还可以跟随考古工作者的脚步，从博物馆直通河南安阳妇好墓挖掘现场，了解考古工作者扫开历史尘埃的过程；或是直接进入一幅画作之中，以全新的方式感受画家笔下的风光，并能够与画中人物面对面。

图 2-17　许多博物馆利用 XR 和 AR 项目丰富观众的体验

除了实体博物馆改造外，虚拟博物馆也成为当代典型的流行时尚与科技体验的创新。其中具有代表性的是谷歌公司名为"艺术和文化"的 App，它搭配了谷歌 VR 头盔（Google Cardboard），能瞬间将用户送到 70 个国家的上千座博物馆和美术馆中。用户只要拥有智能手机和特定类型的 VR 头盔就可以浏览 3D 数字仿真品，获得与线下无异的观展体验（图 2-18）。谷歌公司的"文化学院"项目还与伦敦自然历史博物馆合作，将其收藏的 30 万件标本全部"复活"，其中就包括第一具被发现的霸王龙化石、已经灭绝的猛犸象以及独角鲸的头骨等，观众可以不受玻璃挡板的限制，360°地尽情欣赏它。

图 2-18　谷歌公司虚拟博物馆项目结合 VR 头盔可以实现观众虚拟体验

2.6 建筑与投影艺术

媒体建筑是近年来城市灯光照明领域的焦点话题之一，已经成为城市夜景的一个重要因素。它在重新定义灯光与建筑的关系同时，也在影响着人们的生活。媒体建筑的英文是 media architecture。从字面意思上即可以了解到，这一新概念是媒体与建筑或者建筑表面的结合产物。它涉及新媒体、灯光照明和建筑等几个领域的知识和技术。奥地利学者卡拉·威尔金斯（Carla Wilkins）认为：媒体指的是传达信息的系统；当和建筑一起使用时，它指的就是一个传达视觉信息的系统。无论从技术还是从设计的角度说，媒体都应和建筑融为一体。媒体建筑的出现不是一个偶然的现象，它有其社会和技术背景。进入 21 世纪以来，除了数字媒体与互联网的推动外，新照明技术，特别是 LED 技术的完善和普及，是媒体建筑得以迅猛发展最直接的技术因素。

在科技与媒体高速发展的今天，媒体建筑已经成为文化传播和艺术表现的舞台。例如，澳大利亚著名的悉尼歌剧院作为世界标志性建筑带给人们很多意想不到的惊喜。每当夜幕降临，这时候的悉尼歌剧院美得会让人瞠目结舌。"活力悉尼灯光音乐节"每年在悉尼举行，光影装点了悉尼市的主要景点。其中，悉尼歌剧院作为"城市名片"，每每成为众多景点里的最亮点。悉尼歌剧院结合光影艺术，在自身独特的造型上进行设计，形成了别样的声光大戏。超过 56 台高功率的投影机把悉尼歌剧院当成了一块巨大的画布，将视频影像投射到歌剧院外墙上进行各种不同的组合，使整个建筑变幻出绚丽奇特的万千身姿，产生了一种视觉迷幻的效果（图 2-19）。"活力悉尼灯光音乐节"自 2009 年以来已成功举办 8 届，也是全球最大规模的灯光、音乐和创意盛会。

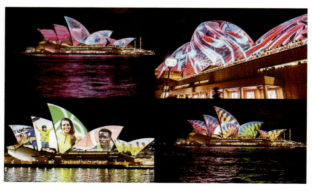

图 2-19 "活力悉尼灯光音乐节"中的悉尼歌剧院外墙投影

媒体建筑出现至今不过 10 年，但科技与艺术的融合已使之成为推动城市夜晚换装的重要因素。建筑投影艺术不仅改变了城市的景观，更重要的是，其未来发展将改变人们对于建筑、景观乃至城市的观念。媒体建筑既是建筑发展的产物，又是审美观念变革的结果，更是商业文化深刻影响的对象，它把城市规划、建筑景观、视觉艺术、商业文化通过新型科技有机地结合起来，必将成为各领域跨界合作的聚集地。媒体建筑也改变了中国一线、二线城市的夜晚景观面貌：从杭州（图 2-20，上）到武汉（图 2-20，中左），沿岸的建筑在夜晚构成了一幅幅璀璨的画卷；上海的东方明珠（图 2-20，中右）、珠海歌剧院（图 2-20，下左）和桂林万达旅游展示中心（图 2-20，右下）等媒体建筑的投影设计更是独具匠心，为城市的夜色增添了妩媚。建筑投影艺术以艺术审美为主要目的，同时兼具商业推广功能，将信息媒体系统（主要是电子媒体系统）和建筑设计、立面技术、灯光照明有机结合，形成了当代城市的夜晚轮廓线。媒介大师麦克卢汉认为，媒介即信息，而电子技术是人的神经系统的延伸，通过电子技术，人认识世界的方式会发生巨大的改变。从智能手机到触控电子信息屏，个性化的交互媒介是当代文化与生活方式的基本特征，建筑投影艺术也不例外。这种互动性来源于两方面：首先，人们受到公共艺术中接受美学思想的影响，对于电子大屏幕都会尝试与之互动；其次，当代广告或者信息传播都重视受众的参与，强调受众的参与、互动与交互娱乐是信息传达的必要环节。这种交互行为包括身体、姿势互动或依靠手机等作为媒介等方式完成。

图 2-20　国内几座城市的媒体建筑灯光秀

2.7　科技与艺术的盛会

近几十年来，激光、卫星通信、转基因技术和量子计算等许多前沿科技日益复杂化、专业化，不仅远离大众视野，而且在社会层面加深了人们的误解。因此，人们迫切希望了解前沿科技对生活的意义，这也使得世界各地的新媒体艺术节、电子艺术节、科技艺术节应运而生。从全球范围看，将科技艺术做到极致的是奥地利林茨电子艺术节（Ars Electronica）。该艺术节是历史最为悠久的科技艺术与新媒体艺术的盛事，其核心在于关注科技对未来社会的影响，特别是艺术、技术和社会之间的关系。该艺术节还包括电子艺术大奖、电子艺术中心和未来实验室3部分。艺术节每年9月初举行，设有不同的主题展，规模宏大，吸引数千位全球艺术家、科学家和学者前来交流，活动包括五六百场讲座、工作坊、艺术展览以及音乐会等。2019年9月恰逢林茨电子艺术节举办40周年，因此艺术节组委会便以"数字革命的中年危机"为主题拉开本次艺术节的帷幕，并在11月联合中央美术学院、设计互联等单位在深圳海上世界文化艺术中心做了40周年回顾展——"科技艺术40年：从林茨到深圳"（图2-21），成为近年来在我国组织的最大规模的科技艺术盛会。

该展览可以使我们了解当代科技艺术所关注的主题及相关的技术方案。该展览的不少作品涉及技术伦理与人工智能等话题。例如，艺术家艾萨克·蒙特（Isaac Monte）和托比·基尔斯（Toby Kiers）的生物艺术作品《欺骗的艺术》（The Art of Deception，图2-22，左上）由一组经过处理后的心脏标本组成。艺术家由此探索人类器官与审美的矛盾，并思考科技改造人体面临的文化冲突。日本当代艺术家长谷川爱擅长借助艺术和设计挑战传统观念。她的作品《人类x鲨鱼》（Human x Shark，图2-22，右上）探索了人与自然的关系。她希望变身为雌性鲨鱼，她面临的挑战是需要设

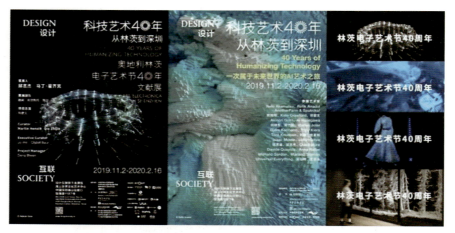

图 2-21 "科技艺术 40 年：从林茨到深圳"官方海报和网络广告

计一种能够吸引雄鲨鱼的香水，而解决方案本身就是对我们感知世界的方式提出质疑。转基因作品《改造的天堂：衣裙》(*Modified Paradise—Dress*，图 2-22，左下）是一组用荧光蚕丝制成的系列雕塑作品，其原料来自添加了发光水母和珊瑚基因的改造蚕。这条裙子置于无形人体框架上，旨在让观者思索艺术、科学与技术三者的关系。该作品由日本知名艺术家大崎洋美（Sputniko！）领衔的创作团队 AnotherFarm 设计。科学家凯特·克劳福德（Kate Crawford）和媒体专家弗拉丹·约尔（Vladan Joler）的可视化作品《人工智能系统剖析》(*Anatomy of an AI System*，图 2-22，右下）探讨了制造亚马逊智能语音音箱（Amazon Echo）所需要的劳动力、数据和地球资源。该作品以数据图表的形式概括了大型人工智能系统的生产、使用和废弃的过程，提醒人们关注社会对资源的消耗以及电子污染等问题。

图 2-22 《欺骗的艺术》《人类 x 鲨鱼》《改造的天堂：衣裙》和《人工智能系统剖析》

科学、技术和艺术的交叉可以涵盖非常广泛的主题，例如人机交互、机器学习、生物技术、量子计算、环境工程、材料研究、智能城市、公民参与和赋权、机器人技术、量子技术等。2019 年"科技艺术 40 年：从林茨到深圳"科技艺术展包含了人工智能、机器学习、数据可视化、3D 打印、基因改造、动态捕捉、高清立体扫描、开源软件、人工智能编曲等前沿科技的作品，为观众呈现出以往艺术展览中不常见的"遗迹""城市""太空""磁场""基因""气味""器官""自然""风""时间""社会机制""信息系统"等主题的艺术作品。当代科技艺术运用技术手段表现当代人们关注的主题，如环境保护、人与自然、智能机器、转基因以及机器学习等内容（图2-23），为大众勾勒出一个个期许未来的可视化科技创想。

图2-23 "科技艺术40年：林茨到深圳"展示的作品及活动现场

与40周年回顾展同步，还举办了林茨电子艺术节40年文献展，这是国内首次系统介绍科技艺术发展简史的大型文献展。该文献展回溯了林茨电子艺术节的历年主题，从20世纪八九十年代的数字革命、互联网到现今的生物技术、人工智能，揭示了林茨电子艺术节在推动科技艺术普及上的贡献（图2-24）。该文献展也是对中国科技艺术发展脉络的系统梳理，展现了当代科技艺术在高等院校、艺术机构和公共传媒多领域交流的新格局，特别是围绕深圳科技史与全球互联网历史的线索展开，聚焦深圳作为中国科技重镇与国际设计之都对全球的影响力。

图2-24 林茨电子艺术节推动了科技艺术的普及

2.8 当代科技艺术发展趋势

40年来，林茨电子艺术节对科技艺术的推动功不可没。从林茨电子艺术节近年来组织开展的各种活动中可以总结出当代科技艺术发展的几个趋势：

（1）关注教育与科学普及，通过各种接地气的活动让科技艺术发挥跨学科教育与创客实践的引领作用。林茨电子艺术节注重将展览的方向引向城市和人们生活的社区，为公众创造了一个体验最新科技与艺术的实验场所。林茨电子艺术节面向青少年开设的U19奖项、集合全球媒体艺术高校的"校园展"项目以及未来实验室的创新研究为科技艺术教育提供了巨大推动力,也为媒体艺术领域提供了源源不断的发展潜力。这些措施扩大了林茨电子艺术节的影响力,逐渐形成了林茨电子艺术节的跨学科教育模式。林茨电子艺术中心运用了 STEAM 教育理念,即科学、技术、工程、艺术和数学,为林茨市幼儿园、中小学、大学和技术学校提供跨学科的教育服务,同时还为不同年龄阶段设置年度目标,包括 4000 名幼儿园儿童、10 000 名小学生、20 000 名中学生和 4000 名大学生等。林茨电子艺术中心独特的儿童和青少年体验活动包括机器人编程、数字绘画、乐高智力游戏、3D 打印、声音设计和独立电影制作等(图 2-25)。

图 2-25　林茨电子艺术中心独特的儿童和青少年体验活动

(2)关注家庭与娱乐、亲子互动等综合性体验活动。林茨电子艺术中心自 1996 年建成以来一直在思考"未来博物馆应该是什么样"。沉浸式体验项目"深空"(Deep Space)是林茨电子艺术中心乃至林茨艺术节中最受欢迎的活动之一。该项目由两块 16m×9m 的 8K 投影墙组成,结合了激光跟踪和 3D 动画,为观众营造了身临其境的体验效果。"深空"展示的艺术作品是由媒体艺术家依据场地特征着手进行调试和改造的,甚至会依据观众在投影面上所处的位置构建一个美学场域。技术、艺术与社会之间关系的变革是林茨电子艺术中心发展的基石。因此,这座中心本身是一座知识殿堂,除了提供趣味知识外,还有各种基于交互装置的沉浸游乐馆,成为本地家庭娱乐、亲子互动、学校课外教育与游客参观休闲的互动体验空间(图 2-26)。交互装置艺术具有多元化的特征,创作者基于文化、历史、自然、哲学等不同的角度赋予作品丰富的内涵,这就导致观众对作品的解读各有不同,由此产生了观众体验的丰富性(图 2-27)。同时该艺术形式还具有游戏性的特质。娱乐模式成为连接创作者表达情感到受众融入作品中获得感悟这一过程的桥梁。这些寓教于乐的体验活动不仅可以消除人们对"冷科技"的陌生感,而且有助于培养青少年的科技意识、媒体文化与动手实践能力。

图 2-26　林茨电子艺术中心基于交互装置的沉浸游乐馆

图 2-27　林茨电子艺术中心交互装置艺术给观众带来丰富的体验

（3）面向未来的跨界设计与创新实践。科技艺术最明显的特征就是其跨界性。科技艺术的创作往往是团队合作，包括科学家、艺术家、工程师以及不同领域的专家。例如，生物艺术装置《欺骗的艺术》的两位作者分别是前卫艺术家艾萨克·蒙特（来自比利时）和生物学博士托比·基尔斯（来自美国）。前者是一位激进主义设计师，痴迷于不寻常的材料并渴望以前沿科技来表达设计理念；后者则是生态学、进化论和农业教授，并担任阿姆斯特丹自由大学研究院院长。二者的合作碰撞出了火花。同样，《人工智能系统剖析》的一位作者凯特·克劳福德是著名作家、学者和研究员，在大规模数据系统、机器学习和人工智能等领域从事研究长达十余年；另一位作者弗拉丹·约尔则是诺维萨德大学新媒体系教授。二者的合作也使得该作品具有很强的专业性和思想性。

林茨电子艺术节的未来实验室（Future Lab）是一所结合了艺术创造、工业应用及研发的媒体艺术实验室，其目的在于培育群体智慧。自 2007 年建立以来，该实验室就成为一个国际媒体艺术和技术的研究中心与交流平台。该实验室由来自各学科领域的专家组成，承担起跨学科、跨国界的研究工作，涉足的范围涵盖科技艺术的方方面面，包括装置艺术、展览项目从构思到实施的全过程。该实验室同时还与学院和机构合作，进行媒体表演、媒体艺术和建筑、信息设计等领域的项目。该实验室的宗旨是创造分享，艺术家与研究人员在实验室中共同工作，将艺术和技术相互融合，为研究注入艺术灵感。例如，生物实验室提供了让人大开眼界的体验，参与者可以使用基因编辑器编辑自己的基因样本。在这一过程中他们还会切身感受到基因编辑所涉及的伦理问题：一方面能够通过基因编辑帮助治愈疾病；另一方面，基因编辑技术如果在未来得到普及，父母可能会根据自己的意愿改变孩子的基因。未来实验室不仅是社会公众体验前沿科技的游乐场，也成为国际科学家、艺术家和工程师跨界设计与创新实践的基地。

本课学习重点

数字媒体技术是一项应用广泛的技术，也是当代文化创意产业的技术支撑。AIGC、虚拟人、混合现实、拓展现实、裸眼 3D、媒体建筑、艺术展陈、互动体验……这些领域不仅是当代艺术与科技的前沿，也是未来工程师与设计师的主战场。本课综述了当代媒体科技的进展（参见本课思维导图）。读者在学习时应该关注以下几点：

（1）什么是 AIGC 和虚拟人？

（2）AIGC 和虚拟人的出现代表了科技发展的哪些趋势？

（3）什么是拓展现实技术？它对未来媒体发展有何影响？

（4）拓展现实技术与舞台美术相结合会带来哪些艺术体验创新？

（5）当代博物馆、艺术馆的展陈设计有哪些特点？如何提升观众的体验？

（6）什么是林茨电子艺术节？该活动对推进科技艺术普及有哪些作用？

（7）建筑投影技术有哪些类型？可以应用在哪些领域？

（8）数字媒体技术在家庭娱乐、智能汽车与公共服务领域有哪些应用？

（9）智能化技术如何影响家庭、社会、交通及城市？

（10）当代博物馆、艺术馆的展陈设计如何与数字媒体技术融合？

（11）如何将环境、建筑、媒体与信息进行融合？

（12）林茨电子艺术节在其 40 年的历史中关注了哪些科技文化的主题？

（13）制作虚拟人有几种方法和技术？试比较它们的优缺点。

本课学习思维导图

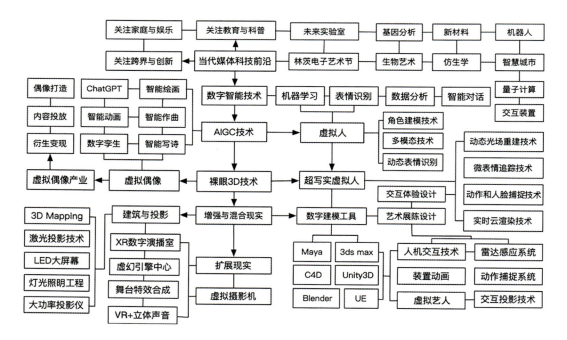

讨论与实践

思考以下问题

（1）什么是 AIGC？为什么它会在 2021 年开始爆发？

(2)请分析智能聊天机器人 ChatGPT 对教育领域的影响。

(3)智能绘画工具是否意味着传统美术师的失业或减薪?

(4)什么是虚拟人?构建虚拟人需要应用哪些技术?

(5)虚拟艺人的出现对于娱乐产业意味着什么?

(6)观摩春节联欢晚会舞台表演并总结拓展现实技术的优势。

(7)什么是博物馆疲劳症?如何从技术上解决这个问题?

小组讨论与实践

现象透视:腾讯是国内最能从元宇宙概念受益的互联网公司,其核心业务——游戏与社交与 Meta 公司的业务高度重合。腾讯主打年轻人的社交元宇宙的概念,力图从技术上建立属于自己的社交元宇宙。腾讯研发的"厘米秀"实际上也属于社交元宇宙(图 2-28),目前已经应用到 QQ 上作为用户之间虚拟社交的一种方式。

图 2-28 腾讯推出的"厘米秀"代表虚拟社交用户

头脑风暴:虚拟卡通人物设计是艺术与技术的结合,其核心在于虚拟人造型应符合大众审美与中华优秀传统文化。例如,国风网红翎 Ling 的造型就突出了"正能量、底蕴和传承"的新风潮,让世界看见新时代"科技+文化"的中国力量。这成为我们设计虚拟文化角色的出发点。

方案设计:通过借鉴"厘米秀"的国风与未来风的角色造型设计,请各小组以《山海经》为蓝本,设计古风人物角色与神幻动物角色,并给出相关的设计草图,需要提供详细角色与故事方案。

练习与思考

一、名词解释

1. AIGC

2. 增强与混合现实

3. 扩展现实

4. 裸眼 3D 技术

5. 媒体建筑

6. 数字孪生演员

7. 多模态技术

8. 林茨电子艺术节

9. MidJourney

10. ChatGPT

二、简答题

1. 林茨电子艺术节对于推动科技艺术普及起到了哪些作用？

2. AIGC 的核心技术有几个，如何理解用户创造内容（UGC）？

3. 如何从科技发展的视角看待智能绘画？它对游戏设计师意味着什么？

4. 什么是虚拟现实、增强现实和扩展现实？三者有何联系与区别？

5. 什么是裸眼 3D 技术？如何利用该技术创新社交体验？

6. AIGC 技术如何影响家庭、社会、交通及城市？

7. 虚拟偶像未来的发展方向是什么？它目前还有哪些技术障碍？

8. 什么是虚拟偶像产业？其产业链上游、中游和下游的重点是什么？

9. 如何利用数字媒体技术改善博物馆、艺术馆服务体验？请举例说明。

三、思考题

1. 数字人的应用场景有哪些？如何定制具有不同性格的虚拟人？

2. 故宫文物如何能够吸引年轻人？

3. 如何将环境、建筑、媒体与信息进行融合？

4. 虚拟人涉及哪些核心技术？主要制作工具有哪些？

5. 试比较二次元与三次元虚拟网红各自的优势与缺点。

6. 亚洲第一位虚拟人 imma 是如何诞生以及如何盈利的？

7. 以林茨电子艺术节为例，分析当代科技艺术的潮流和影响。

8. 扩展现实技术的特征是什么？主要的应用领域有哪些？

9. 国内目前有哪些科技艺术展览？观众最感兴趣的主题有哪些？

第 3 课
数字媒体技术基础

- 3.1　数字媒体与计算机
- 3.2　电子计算机的诞生
- 3.3　电子计算机的发展
- 3.4　信息论与控制论
- 3.5　计算机硬件系统
- 3.6　计算机软件系统
- 3.7　计算机输入设备
- 3.8　计算机输出设备

本课学习重点
讨论与实践
练习与思考

3.1 数字媒体与计算机

3.1.1 计算机形式的多样性

大多数人认为计算机就是桌面的台式机和笔记本计算机，实际上计算机已经深入到人们信息化生活的方方面面，如目前人们所享受的"线上+线下"的生活方式（图3-1）就与智能手机、数据

图3-1 "线上+线下"的生活方式

云、物联网和"无所不在的计算"息息相关。计算机除了大家熟知的个人计算机、服务器和工作站外，智能手机、iPad、数码相机、数字电视、游戏机、路由器等设备的核心也都是计算机。可穿戴设备也是当今社会数字化生活的组成部分，这些带有芯片的产品包括眼镜、手环或手表等。例如，百度自行车能够通过传感器采集用户的骑行信息（如心率、卡路里消耗等），还可以建立骑车活动社交网络，提供基于百度地图的路线设计、推荐和分析功能，为骑行者打造锻炼计划。又如，头戴式显示器、无人机、虚拟现实眼镜、针对宠物和小孩的GPS防丢设备以及被安装在冰箱、滑雪板、旅行背包上的智能装置等产品（图3-2左、右上）现在已经随处可见。2014年，英特尔公司发布了专门针对可穿戴设备等智能设备的只有纽扣大小的微型计算平台。带有微芯片的婴儿连体衣或脚环可以检测体征数据，如血压、脉搏、呼吸和睡眠等，这能够让护士或家人及时处理意外情况（图3-2，右下）。可以说，在今天的智能社会，从人体到环境，从军事国防，从工农业到教育文化，计算机无处不在。作为当代人，如果不懂得计算机文化，不会操作使用计算机，无疑就像文盲一样，在今天的社会是寸步难行的。

图3-2 可穿戴技术与设备和应用示例

图 3-3　支持可穿戴设备的微型芯片

3.1.2　计算机与数字媒体

计算机的组成非常复杂，但其基本单元非常简单。打开一台 PC 的机箱，可以发现电路板上有很多芯片。芯片又称集成电路，指甲盖大小的芯片就能容纳数百亿个晶体管，具有强大的运算能力。当今社会，任何电子产品都离不开芯片的加持，芯片也被称为"现代工业的心脏"。一个芯片就是一个系统，由很多模块组成，如加法器、乘法器等；而一个模块由很多逻辑门组成；逻辑门由晶体管组成，如 PMOS 管和 NMOS 管等；晶体管则通过复杂的工艺过程形成。在 CPU 芯片内部，晶体管之间的导线只有头发丝的 3000 万分之一。制造芯片就像在一颗米粒上雕刻出一个完整的地球，而且还要把地球上所有的道路和建筑都要雕刻出来一样。道路就是芯片上的导线，建筑就是芯片上的晶体管、电容、电阻等电子元件。一个小小的芯片是迄今为止人类科技智慧的最高结晶，2021 年，IBM 公司已经研制出了 2nm 的芯片，一片指甲盖大小的芯片就能容纳 500 亿个晶体管。如果把芯片放大一亿倍，也就是进入纳米级，你会发现每一个芯片都是一个神奇的世界（图 3-4，下）。放大后的芯片整整齐齐地排列着数不尽的晶体管，那些层次分明、结构立体的晶体管就像一座星罗棋布的城市里面纵横交错的街道。随着科学技术的飞速发展，芯片的性能越来越高，而体积却越来越小，这就是现代科技所创造的奇迹。

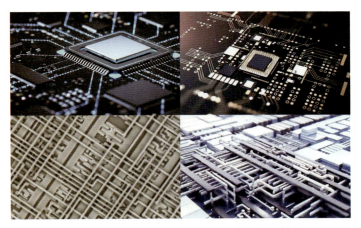

图 3-4　计算机的中央处理器和纳米级芯片结构

现代计算机结构的基本思想是 1945 年匈牙利数学家冯·诺依曼结合 EDVAC 计算机提

出的，因此被称为冯·诺依曼结构。虽然经过了长期的发展，以存储程序和指令驱动执行为主要特点的冯·诺依曼结构仍是现代计算机的主流。计算机系统分为应用程序、操作系统、硬件系统、晶体管四大层次以及它们之间的 3 个连接层（图 3-5，左）。其中，第一个连接层是应用程序编程接口（Application Programming Interface, API），也称为操作系统的指令系统，介于应用程序和操作系统之间。API 是应用程序的高级语言编程接口，在编写程序的源代码时使用。常见的 API 包括面向 C 语言、FORTRAN 语言、Java 语言、JavaScript 语言的接口以及 OpenGL 图形编程接口等。第二个连接层是指令集架构（Instruction Set Architecture, ISA），介于操作系统和硬件系统之间，包括 x86、ARM、MIPS、LoongArch 等。ISA 是软件兼容的关键，是生态建设的终点。ISA 除了实现加减乘除等操作的指令外，还包括系统状态的切换、地址空间的安排、寄存器的设置、中断的传递等运行时环境的内容。第三个连接层是工艺模型，介于硬件系统与晶体管之间。工艺模型是芯片生产厂家提供给芯片设计者的界面，除了表达晶体管和连线等基本参数的 SPICe 模型外，该工艺所能提供的各种 IP 也非常重要，如实现 PCIe 接口的物理层（简称 PHY）等。

数字媒体系统结构层次（图 3-5, 右）与计算机系统结构层次有很多相似之处。数字媒体是编辑、加工、承载、存储、传输与展示数字信息的载体，同样需要计算机软硬件技术的支持，而这些技术就构成了数字媒体系统。从数据处理的角度看，数字媒体系统包括计算机底层硬件系统、数字媒体处理硬件系统、操作系统、数字媒体处理系统和数字媒体应用系统。

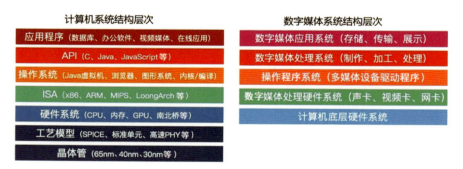

图 3-5　计算机系统结构层次与数字媒体系统结构层次

数字媒体硬件系统包括计算机硬件中的所有内部和外部设备，为数字媒体信息的处理、加工、存储、传输提供硬件环境，是数字媒体赖以生存的核心基础和前提条件。从数字媒体处理的角度看，这些硬件又可划分为基本的计算机硬件和数字媒体处理硬件。基本的计算机硬件提供数据处理的核心功能，而数字媒体处理硬件则在现实世界与计算机数字世界间提供转换接口。操作系统是管理计算机软硬件资源、控制程序运行、改善人机界面和为应用软件提供支持的一种系统软件。操作系统还可以管理整台计算机的硬件，控制 CPU 进行正确的运算，可以分辨硬盘里的数据并进行读取，它还必须能够识别所有的适配卡，为正确地使用所有的数字媒体处理硬件提供沟通保障。此外，计算机的网络传输硬件以及网络协议可以实现网络资源的共享与信息的传输。数字媒体处理系统主要由数字媒体处理软件组成，用于数字媒体信息生产、加工、处理等各项数字服务产品或艺术作品的创作、生产及展示，以满足用户的需求。数字媒体应用系统则负责将成品的数字媒体信息进行存储和管理，并为用户的观看和浏览提供良好的传输和展示服务，如一些大型媒体公司的数字资源管理系统或大型视频存储系统。

因此，数字媒体系统就是具有数字媒体信息处理功能的计算机软硬件系统。这一系统涵盖了对数字媒体信息的生产、加工、存储、传输和展示等方面的功能。数字媒体系统的这些组成部分都是相互依赖、相辅相成、缺一不可的；而其核心则是硬件系统。从数字媒体生产角度看，数字媒体产品的创意、策划、生产、包装、营销等环节也遵循工厂流水线的逻辑，这不仅体现在出版社、影视、动画制作公司的部门划分上，而且体现在流程化的数字媒体相关产业的流程及价值链中（图3-6）。以图书出版为例，虽然图书的写作、编辑与加工均已实现了数字化，但作为整体的图书出版流程还包括排版、印刷、库存、广告与营销等多个环节。因此，资源管理系统、流程质量管理系统以及财务管理系统都是数字媒体相关产业链的一部分。

图 3-6　数字媒体相关产业的流程及价值链

3.2　电子计算机的诞生

现代计算机的历史开始于20世纪40年代中期。第一台真正意义上的电子计算机是1946年在美国宾夕法尼亚大学诞生的名为ENIAC（音译为"埃尼亚克"，图3-7，左）的计算机。该计算机由美国宾夕法尼亚大学莫克利教授和他的学生艾克特及同事共同研制，共使用18 000多个电子管和1500个继电器，运行时耗电150kW。它体积庞大，几乎占据了整个房间，重达30吨，每秒可以完成5000多次加法运算和50次乘法运算，可以进行平方和立方运算以及sin和cos函数运算。ENIAC从诞生到1955年共运行了80 223小时。计算机的诞生并不是一个孤立事件，它是人类文明史的必然产物，是长期的客观需求和技术准备的结果。

现代计算机最初的开发动力源于第二次世界大战期间的军事需求。早在1943年，英国科学家研制就成功了第一台"巨人"（Colossus，图3-7，右上）计算机，专门用于破译德军密码。自它投入使用后，德军大量高级军事机密很快被破译，大大加快纳粹德国败亡的进程。第一台"巨人"计算机有1500个电子管，5个处理器并行工作，每个处理器每秒处理5000个字母。第二次世界大战期间共有10台"巨人"在英军服役，平均每小时破译11份德军情报。与此同时，德国军方也在加紧研制计算机以应对战争的需要。1941年，德国研制了Z3计算机（图3-7，右下）。

1936年，24岁的英国数学家图灵发表了著名的《论可计算数及其在密码问题的应用》，提出了"理想计算机"，后人称之为图灵机。图灵机成为现代通用数字计算机的数学模型，它证明了通用数字计算机是可以制造出来的。1939年，计算机科学家阿塔纳索夫提出计算机三原则：一是采用二进制运算；二是以电子技术实现控制和运算；三是采用计算与存储功能相分离的结构。阿塔纳索夫关于电子计算机的设计方案推动了ENIAC的诞生。

图 3-7　ENIAC、"巨人"和 Z3 计算机

3.3　电子计算机的发展

电子计算机的发展史通常以构成计算机的电子元器件来划分。电子计算机至今已经经历了 4 代，目前正在向第 5 代过渡。电子计算机的每一个发展阶段在技术上都是一次新的突破，在性能上也有了质的飞跃。

1. 第一代：电子管计算机

第一代计算机为电子管计算机（1946—1957，图 3-8，左上）。它将电子管和继电器存储器用绝缘导线互连在一起，由单个 CPU 组成，CPU 用程序计数器和累加器完成定点运算，采用机器语言或汇编语言，软件一词尚未出现。计算机采用磁鼓、小磁芯作为存储器，其特点是体积大、速度慢（每秒运行 1000~10000 次），输入或输出主要采用穿孔卡片或纸带，体积大、耗电量大、速度慢、可靠性差、维护困难且价格昂贵，主要用于军事研究和科学计算。典型产品有 ENIAC、IAS、IBM701。

2. 第二代：晶体管计算机

第二代计算机为晶体管计算机（1958—1964，图 3-8，右上）。它采用晶体管组成更复杂的算术逻辑部件和控制单元，体积大为缩小，可靠性增强，寿命延长。计算机存储器由磁芯构成，实现了浮点运算，运算速度达到每秒几万次到几十万次。并且提出了变址、中断、I/O 处理等新概念。在这一时期出现了更高级的 Cobol 和 FORTRAN 等语言，以单词、语句和数学公式代替了二进制机器码，使计算机编程更容易，进而促进了新职业（程序员、分析员和计算机系统专家）和软件产业的诞生。第二代计算机典型产品有 IBM7094、DEC 公司的 PDP-1 计算机。计算机开始进入商业领域、大学和政府部门，从军事研究、科学计算扩大到数据处理和实时过程控制等领域。

3. 第三代：集成电路计算机

第三代计算机为集成电路计算机（1965—1971，图 3-10，中下）。虽然晶体管比起电子管是一个明显的进步，但晶体管会产生大量的热量，这会损害计算机内部的敏感部分。1958 年，德州仪器

图 3-8 电子管计算机、晶体管计算机和集成电路计算机

公司的工程师杰克·基尔比（Jack Kilby）发明了集成电路，利用光刻技术把晶体管、电阻、电容等构成的单个电路制作在一块芯片上。因此，计算机变得更小，功耗更低，速度更快（每秒可达几百万次）。第三代计算机开始采用微程序控制、流水线、高速缓存、虚拟存储器、先行处理技术等。软件采用分时操作系统，高级语言进一步发展，结构化程序设计思想开始出现，计算机应用范围扩大到企业管理和辅助设计等领域。第三代计算机的典型产品有 IBM 公司的 System/386 和 DEC 公司的 PDP-8 等。

4. 第四代：大规模和超大规模集成电路计算机

第四代计算机为大规模和超大规模集成电路计算机（1972 年至今）。随着集成电路制造技术的飞速发展，使计算机进入了新的时代，即大规模和超大规模集成电路计算机时代。这一代计算机的体积、重量、功耗进一步减少。运算速度、存储容量、可靠性有了大幅度的提高。该时期计算机运算速度加快，每秒可达几千万次到几十亿次。系统软件和应用软件获得了巨大的发展，软件配置丰富，程序设计实现了部分自动化。计算机网络技术、数字媒体技术、分布式处理技术有了很大的发展，微型计算机大量进入家庭，产品更新速度加快。计算机在办公自动化、数据库管理、图像处理、语音识别和专家系统等各个领域得到应用，电子商务开始进入家庭，计算机的发展进入了新的时期。苹果公司于 1998 年推出了 iMac G3 系统计算机（图 3-9，左），为用户提供了更加友好的图形界面，推动了数字艺术设计的发展。2015 年，苹果公司推出的视网膜 4096×2304 高分辨率屏幕的 Retina iMac（图 3-9，右），成为设计行业更新换代的里程碑。

图 3-9 苹果公司 iMac G3 和 Retina iMac 计算机

计算机工业与信息技术产业过去几十年的发展历程验证了摩尔定律，即集成电路上可容纳的元器件数量每 18~24 个月将增加一倍，价格却会下降一半。这意味着，在同样的芯片面积上，集成电路的性能将以指数级增长。该定律由英特尔公司联合创始人戈登·摩尔（Gordon Moore）于 1965 年提出。摩尔定律对计算机技术的发展起到了重要的推动作用，也促进了计算机技术的广泛应用。随着技术的不断发展，摩尔定律也在不断演变，但其核心内容始终是集成电路的性能随时间呈指数级增长的规律。

3.4 信息论与控制论

很多人将 1946 年诞生的计算机视为 20 世纪人类所取得的最伟大的工程学成就。实际上，从阿兰·图灵到冯·诺依曼，许多数学家和哲学家都对计算机的原型概念进行了理论研究。数学家克劳德·香农（Claude Shannon）、数学家诺伯特·维纳（Norbert Wiener）以及科学家、工程师范内瓦·布什（Vannevar Bush）等人对推动计算机和互联网的诞生也起到了至关重要的作用。1948 年，香农发表了划时代的论文——《通信的数学原理》，奠定了现代信息论的基础。香农还被认为是数字计算机理论和数字电路设计理论的创始人。早在 1937 年，香农就在论文中证明了具有两种状态的电子开关能够解决任何数字逻辑问题。早期机械式模拟计算机体积庞大，由许多转轮和圆盘组成，运行复杂。用电子开关模拟布尔逻辑运算成为现代电子计算机微型化的突破口，香农的工作成为数字电路设计的理论基石（图 3-10）。此外，香农作为信息论的奠基人，首次提出了信息熵的概念和信息编码及度量的定律，并由此奠定了信息产业的发展方向。从 1G 到 5G 移动通信的发展，就是 IT 工程师们按照香农熵定律指出的方向，根据各个时代所能够获得的技术，对信息编码和传输技术进行持续改进的结果。

图 3-10　香农奠定了数字电路设计理论以及信息编码理论

诺伯特·维纳是美国应用数学家，麻省理工学院教授，信息论和控制论的创始人之一，对 20 世纪计算机科学的发展有着重大的贡献。维纳认为：人在某种程度上也是机器。尽管是庞杂、有血有肉和情绪化的复合体，但人也能被看作一种机械化的信息处理器。这就意味着人类的工作可以被更快和更可靠的机械装置所取代。1943 年初，维纳和朱利安·毕格罗（Julian Bigelow）发表了论文《行为、目的以及目的论》。他们在这篇论文里提出，生物系统中的行为和目的与生物机械系统的控制与反馈机制有关。随后，维纳就开始设想用电路复制人的大脑。1947 年 10 月，维纳写出划时代的著作——《控制论：关于在动物和机器中控制和通信的科学》，该书出版后立即风行世界。

维纳的深刻思想引起了人们的极大重视。维纳把控制论定义为"关于信息如何控制机器和社会的研究",如果照此理论,机器、社会、生物有机体都可以通过信息论与控制论进行管理。它揭示了机器中的通信和控制机能与人的神经、感觉机能的共同规律,为现代科学技术研究提供了崭新的科学方法。1948年,维纳已经将信息论变成了一门新学科的基础。维纳认为,不管是生物、机械还是包括计算机在内的信息系统,都是彼此相似的。它们都通过接收和发送信息实现自我控制,实际上都是有序信息的模式,而非趋向熵(混乱度)和噪声。信息论是一门以数学为纽带,把自动调节、通信工程、计算机、神经生理学和社会学等联系在一起的科学。维纳的《控制论》和《人有人的用处》都是当时的畅销书,随后成为人类自动化和组织自动化的隐喻,从而影响了人们对信息、组织和计算机的理解。信息论和控制论奠定了计算机原型的理论基础。

3.5 计算机硬件系统

一个完整的计算机系统包括硬件和软件两部分(图 3-11)。计算机硬件是指组成计算机的各种物理设备,也就是人们看得见、摸得着的实际设备,包括计算机的主机和外部设备。计算机具体由五大功能部件组成,即运算器、控制器、存储器、输入设备和输出设备。这五大功能部件相互配合,协同工作。硬件是构成计算机的所有物理部件的集合,是能看得到的物理实体,如 CPU、内存、硬盘、主板、显示器、键盘、鼠标、机箱、电源等。硬件是计算机系统的物质基础。计算机的工作原理为:首先由输入设备接收外界信息(程序和数据),控制器发出指令将数据送入存储器,然后向存储器发出取指令命令。在取指令命令下,程序指令逐条送入控制器。控制器对指令进行译码,并根据指令的操作要求,向存储器和运算器发出存数、读取命令和运算命令,经过运算器计算并把计算结果存在存储器内。最后在控制器发出的取数和输出命令的作用下,通过输出设备输出计算结果。计算机系统中使用的电子线路和物理设备呈现为实体形式,如中央处理器(CPU)、存储器、外部设备(输入输出设备、I/O 设备)及总线等。软件是运行、维护、管理以及应用计算机的所有程序的总和。软件必须在硬件的支持下才能运行。软件的作用在计算机系统中越来越重要。

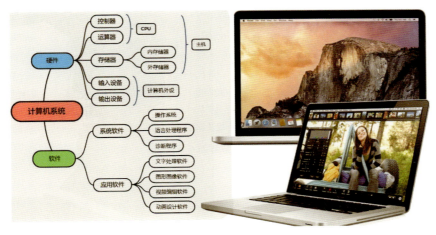

图 3-11 计算机系统的组成

硬件是计算机系统的物质基础,是计算机的"躯体";软件是计算机的"头脑"和"灵魂"。只有将两者有效地结合起来,计算机系统才能有生命力。整个计算机系统的好坏取决于软硬件功能的总和,其中硬件是计算机运行的物质基础与产品形式。

计算机硬件中的运算器的主要功能是对数据和信息进行运算和加工。运算器包括以下几个部分：通用寄存器、状态寄存器、累加器和关键的算术逻辑单元。运算器可以进行算术计算（加减乘除）和逻辑运算（与或非）。

控制器和运算器共同组成了 CPU。控制器可以看作计算机的指挥中心，它通过整合分析相关的数据和信息，可以让计算机的各个组成部分有序地完成指令。

存储器是计算机的记忆系统，是计算机系统中的记事本。而和记事本不同的是，存储器不仅可以保存信息，还能接收计算机系统内不同的信息并对保存的信息进行读取。存储器由内存储器（内存）和外存储器（外存）组成。内存分为 RAM 和 ROM 两个部分。RAM 为随机存储，关机不会保存数据；而 ROM 可以在断电的情况下依然保存原有的数据。内存用来存放程序和数据，可以与 CPU 直接交换信息。外存是指除计算机内存及 CPU 缓存以外的存储器，此类存储器断电后仍然能保存数据。常见的外存有硬盘、光盘、U 盘等，外存的特点是容量大但存取速度慢，所以一般用来存储暂时不用的程序和数据。计算机在处理外存的信息时，必须首先进行内外存之间的信息交换。

输入设备和输出设备都是进行人机互动的关键设备。鼠标、键盘等输入设备是人机交互的基本设备。通过鼠标，人们可以很方便地在计算机屏幕上进行定位，可以很好地操作软件，为操作提供了很大的便捷。键盘也是一类非常重要的输入设备，计算机大部分命令都是通过键盘输入的。输出设备也是计算机人机互动的关键设备，它的特点是可以将计算机的信息以视听形式展现出来，具有很好的直观性。常见的输出设备有显示器、打印机、语音和视频输出装置等。台式计算机的组成如图 3-12 所示。其他类型的计算设备虽然外观体积上差异很大，如笔记本计算机、平板计算机、智能手机等，但同样也具有类似台式计算机的内部组成结构。

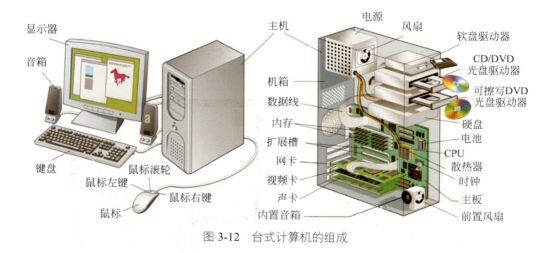

图 3-12　台式计算机的组成

3.6　计算机软件系统

人们将仅有硬件的计算机称为裸机，可以说是毫无用途的。只有配上相应的软件，计算机才能工作。计算机软件是指计算机系统中的程序编码以及相关的文档。软件是用户与计算机之间的接口，用户主要通过软件与计算机进行交流。软件被分为系统软件和应用软件两大类。

系统软件包括操作系统和一系列基本工具，如语言处理程序、数据库管理程序和服务程序等。

系统软件主要用来管理整个计算机系统，监视服务，使系统资源得到合理调度，确保系统高效运行。

应用软件是为某种特定应用开发的软件，如文字处理软件、表格处理软件、图像处理软件。应用软件可以是一个特定的程序，如图像浏览器；也可以是一组功能联系紧密，可以互相协作的程序的集合，如微软公司的 Office 办公套件、Adobe 公司的数字创意套装等。计算机应用已经遍及社会的各个领域，相应的应用软件也是多种多样的。软件按功能划分，可分为办公自动化工具、网络及 App 设计工具、网络安全工具、媒体播放工具等。1.3 节简要介绍了数字图像处理及图形设计、数字视频处理和后期特效设计、数字动画设计、虚拟现实技术以及数字游戏设计这 5 个领域的相关应用软件，这些软件就是数字媒体技术的基本工具。此外，本书后面还将详细介绍交互界面设计、动画及游戏渲染引擎等相关软件与程序。由于操作系统的发展趋势是将内核做得精练紧凑，因此，这些应用软件往往作为操作系统可调用的文件存在。用户视需要而选取或扩充。与数字媒体领域相关的计算机软件如表 3-1 所示。

表 3-1　与数字媒体领域相关的计算机软件

软件类型		软件特征	软件范例
系统软件	操作系统	操作系统是系统软件的核心，是其他各种软件的基础。它的作用是管理计算机系统的各种软硬件资源，为用户提供操作接口	Windows 7/8/10、UNIX、Linux、MacOS
	语言处理程序	计算机语言包括机器语言、汇编语言和高级语言。其中高级语言和自然语言比较接近，也是目前常用的编程工具	高级语言：主要有 C 语言、C++ 语言、Java 语言、C# 语言等
	数据库管理系统	数据库、数据库管理软件和相关应用程序一起组成了完整的数据库系统。数据库管理系统为用户提供了操作数据库的手段	Oracle、Microsoft SQL Server、Access、MySQL、PostgreSQL
应用软件	办公自动化软件	文档处理、电子表格制作、幻灯片制作、通信等软件，具有所见即所得、图文混排、拼写和语法检查、自动更正等特点	微软公司的 Office、金山公司的 WPS、苹果公司 keynote 等
	网络媒体原型工具	编辑与开发网页及建立网站、编写手机 App 应用以及进行交互设计、网页前端设计的软件工具或程序语言	HTML/CSS/JavaScript 语言、Dreamweaver 2020、AxureRP 等
	移动媒体原型设计工具	手机 App 应用原型设计；支持移动端演示、组件库，可以快速生成全局流程、在线协作、手势操作、转场动画、交互特效等	墨刀、Sketch、Figma、Adobe XD、InVision、Balsamiq、AxureRP 等
	网络视频媒体播放及编辑工具	主要用于网络流媒体视频分享、播放及 App 短视频编辑，支持视频剪辑、音画、字幕与特效处理技术。部分 App 工具支持视频剪辑、音频、贴纸、滤镜、特效、比例、分段拍摄、转场、去原声和滤镜等	抖音、快手、QQ 影音、暴风影音、优酷、西瓜视频、快影、好看视频、视频剪辑大师、剪映、快剪辑/爱剪辑、小影等
	手机图像编辑及美颜特效 App 工具	主要用于网络及手机图片编辑、分享和特效处理，如图片压缩、抠图、一键抠图、修改分辨率、修复老照片、黑白照片上色、拼图、修改图像大小、磨皮、边框装饰、复古、调色等	美图秀秀、天天 P 图、搞定设计、黄油相机、改图鸭、Picsart、一键抠图、泼辣修图、vsco 等
	录音、变声及音乐编辑软件	创建、混合、编辑、降噪与复原音频，部分 App 工具支持更改节拍、变声等功能，也可满足一般的编辑需求，如音频剪辑、录音、复制、混音与特效功能	变声器、语音变声器、Audition、GoldWave、Sound Forge 音频剪辑王、音频剪辑师等

续表

软件类型		软件特征	软件范例
应用软件	漫画创作及动画设计工具	包括自然手绘、数字定格动画、二维手绘动画、漫画创作，可以模仿水彩画、油画、中国画、书法等，从钢笔到铅笔，从油漆到粉彩，有丰富的画板工具。这类工具还可以实现调色、数字合成、图层混合、gif 动图等	定格工厂、iMotion、Animation Sketch、Sketchbook、S 人工智能、绘画大师 Procreate、Rough Animator、FlipaClip 2、Paper

3.7 计算机输入设备

计算机输入设备是向计算机输入数据和信息的设备，是计算机与用户或其他设备通信的桥梁。输入设备是人或外部设备与计算机进行交互的装置，用于把原始数据和处理这些数据的程序输入到计算机中。现在的计算机能够接收各种各样的数据，既可以是数值型数据，也可以是各种非数值型数据，图形图像、视频、声音等都可以通过不同类型的输入设备输入到计算机中，进行存储、处理和输出。为了将这些数据输入到计算机中，就需要各种输入设备。随着高分辨率智能手机的普及，专业扫描仪、数码相机和摄像机的功能已经被智能手机的相关软件所取代。目前除了高端服务商或专业媒体工作者还在使用扫描仪、数码单反相机或高端数字摄像机外，一般用户都可以用智能手机、iPad + 压感笔等实现图像采集、艺术创作或者文字扫描识别等功能。

3.7.1 字符输入

字符输入可以用键盘、语音/文字转换工具和手机文字识别软件。例如，基于安卓系统的手机 App——扫描全能王就是一款集文字扫描、图片文字提取识别、PDF 内容编辑、PDF 分割合并、PDF 转 Word、电子签名等功能于一体的智能扫描软件（图 3-13）。它可以实现自动扫描、智能去除杂点、生成高清扫描件等功能，支持 JPEG、PDF 等多种格式，还能将扫描件一键转换为 Word、Excel、PPT 等多种格式的文档。该 App 支持识别中、英、日、韩、葡、法等 41 种语言，还能够一键复制、编辑图片上的文字，并支持跨媒介导出为 Word/Text 等格式。微信、QQ、百度网盘等手机版/计算机版的软件均支持手机传输文字或图像，较大的 PDF、Word 文档或图像也可以借助 7zip、RAR 等压缩/解压小程序通过电子邮件或者百度网盘进行跨媒介传输。

图 3-13　扫描全能王提供了文字识别、PDF 编辑等功能

3.7.2 音频输入

音频输入设备有录音笔、智能手机和话筒等。数字音频是一种利用数字化手段对声音进行录制、存储、编辑、压缩和播放的技术。它是随着数字信号处理技术、计算机技术、数字媒体技术的发展而形成的声音处理手段。数字音频技术的主要应用领域是音乐后期制作和录音,具有存储方便、存储成本低廉、存储和传输的过程中没有声音的失真、编辑和处理非常方便等特点。数字音频技术已经成为数字媒体的一个重要研究方向,广泛地应用于数字音频广播、数字电视和网络媒体等领域中。

声波的三要素是频率、振幅和波形。频率代表音阶的高低,振幅代表声音的响度,波形代表音色。频率越高,波长越短。低频声响的波长则较长,可以更容易绕过障碍物,因此能量衰减较小,声音传播较远。响度是能量大小的反映。用不同的力度敲击桌子,声音的大小也会不同。在生活中,分贝常用于描述响度的大小。在同样的频率和振幅下,钢琴和小提琴的声音听起来完全不同,因为它们的音色不一样。波形决定了音色。人类耳朵的听力有一个频率范围,大约是 20Hz~20kHz。

衡量数字音频质量的两个重要属性是采样率和量化深度,它们直接决定了音频数字化过程中的采样点个数和量化的精度。除了这两个属性外,数字音频还有一个间接衡量音频质量的属性,那就是比特率。在没有压缩的情况下,比特率越大,音质越好;在数据被压缩后,比特率的大小与压缩算法关系较大。目前数字音频文件格式主要有 WAV、MP3、RM、MP4、MID、.AIFF 等,这些代表不同数字音频压缩编码算法。数字音频编码技术按数据是否被压缩可分为非压缩音频(如波形音频、MIDI 音频和 CD 音频)和压缩音频(如 MEPG 音频、杜比 AC-3 等)两类。在网络应用中,为了提高带宽的利用率,增强数据的安全性和传输的可靠性,往往需要对数字音频进行压缩处理。本书的后面还将进一步介绍数字媒体音视频压缩技术。音频外设除了话筒(麦克风)外还有录音笔,它是对模拟声音信号进行采样、编码并转换为数字信号的设备(图 3-14)。专业录音笔具有携带方便、智能降噪、远程录音、中英互译等功能。

图 3-14 录音笔

3.7.3 图像输入

图像输入设备有手写板/压感笔、智能手机、数码相机和扫描仪等。其中,手写板/压感笔是动漫、绘画和设计领域的重要外设之一。压感笔是指绘图用的数码压力感应笔,一般配合数位板使用。压感笔可以根据下笔力度模拟出深浅、粗细不同的线条或笔触,常见的笔尖压力感应级别为 1024 级和 2048 级,这个值越大,其压力敏感度越高。目前最高压力感应级别为 8192 级。在压感笔绘画领域,苹果 iPad 绘画软件 Procreate 是国内外首屈一指的创意工具。该 App 搭载了超过 136 种画笔库,从铅笔、墨水笔、炭笔到各种艺术画笔,每款笔刷都可通过画笔工作室自行定义(图 3-15),用户也可以下载上千种画笔以配合创意的各种风格。同时 Procreate 也是强大便捷的动画和 GIF 动态图像设计工具。

图 3-15　iPad 绘画软件 Procreate

数码相机是图像采集与输入的重要设备。虽然智能手机在非专业领域已经或多或少地取代了专业相机的功能,但对于新闻、广告、商业摄影等专业领域,数码相机的地位仍是不可撼动的(图 3-17)。

图 3-16　数码相机

对于摄影师来说,选择数码相机要考虑以下几方面:

(1)拍摄需求。不同的拍摄需求需要不同的相机。例如,旅游拍摄需要轻便易携带的相机,人像拍摄需要具备良好的画质和对焦性能佳的相机,运动拍摄则需要快速的连拍速度和自动对焦功能等。

(2)画质。相机的画质与其像素数、感光元件大小、镜头成像质量等因素有关。一般来说,像素数越高,画质越好。

(3)镜头。相机的镜头对画质和焦距等有着决定性的影响。例如广角镜头或长焦镜头等对于远距离拍摄必不可少。

(4)操作性。高端相机具备较为复杂的操作系统和菜单结构,需要较长的时间才能掌握;而入门级相机则更注重用户的操作便捷性和易用性。

（5）价格。相机的价格与其功能和性能有关。一般来说，价格高的相机拥有更好的画质、更多的功能和更好的操作性能。

在市场上，常见的数码相机品牌有佳能、尼康、索尼、富士等。

3.7.4 视频输入

视频采集输入设备是数字媒体技术中非常重要的组成部分，是将现实中的视频信号转换成数字信号的硬件设备，可以将视频信号输入到计算机或其他设备中，以便后续的编辑、处理和输出等操作。视频采集输入设备种类繁多，常见的有监控摄像头、视频采集卡、数码摄像机、智能手机等。

摄像头是一种常见的视频采集输入设备，它可以将现实中的图像转换成电子信号，并通过USB、HDMI等接口直接连接到计算机或其他设备中。摄像头的种类有很多，包括普通的网络摄像头、高清摄像头、360°全景摄像头等。视频采集卡是一种将模拟视频信号转换成数字信号的设备，常用于将摄像机、VCR等设备的信号输入到计算机中，以便进行后续的编辑和处理。视频采集卡通常需要插入计算机的PCI插槽或USB接口，以便将视频信号输入到计算机中。视频采集卡的种类也有很多，包括内置型和外置型，用户可以根据自己的需求选择合适的视频采集卡。

数码摄像机简称DV，是一种专门用于采集、录制和编辑视频的设备，它可以将视频信号输入到计算机中，并提供一系列视频编辑和处理功能。数码摄像机通常具有独立的硬件编解码器和存储器，可以实现高质量的视频采集和处理。数码摄像机按用途可分为广播级机型、专业级机型和消费级机型。数码摄像机的工作原理就是光/电/数字信号的转变与传输，即通过感光元件将光信号转变成电流，再将模拟电信号转变成数字信号，由专门的芯片进行处理和过滤后得到的信息还原出来就是人们看到的动态画面了。数码摄像机具有清晰度高、色彩纯正、无损复制和体积小、重量轻等优点。

在瞬息万变、不断创新的数字视频摄像领域，摄像师需要掌握最新的专业知识以及对相关技术的深入理解。例如，在选择适合记录婚礼现场的摄像机时，可靠性、低光照条件下出色的视频和高光学变焦范围应该是重点选项。此外，还要考虑媒体格式、音频输入以及摄像机的便携性等因素。例如，高级和中级摄像机，如索尼PXW-Z280、JVC GY-HM650SC ProHD摄像机等，都可以录制高达4K影像的视频。这些摄像机具有出色的低光性能以及轻巧且用户友好的设计，可提供快速、高效和高质量的视频采集能力。CMOS传感器和快速最大光圈（17倍光学变焦镜头上的f/1.9）使摄像机可以在光线昏暗的室内捕捉到出色的视频。这些摄像机重量较轻，稳定性好，并可以支持长时间的录像（图3-17，上）。此外，入门级和消费级摄像机，如松下AG-AC30全高清摄像机、索尼HXR-MC2500肩扛式AVCHD摄像机（图3-17，下），同样可以胜任现场高质量的视频录制。前者可以拍摄高清1080p/1080i的影像，而且还具有五轴混合光学防抖功能，使视频更加清晰流畅；后者同样可以在光线较暗的情况下提供变焦影像的拍摄功能。

此外，随着可摄录、可直播的智能手机的普及，目前在非专业领域，数码摄像机的功能逐渐被智能手机所代替。

总的来说，视频采集输入设备是数字媒体技术中重要的组成部分，用户可以根据自己的需求选择合适的设备。在选择设备时，需要考虑设备的品质、性能、兼容性等因素，以便获得更好的视频采集和处理效果。

图 3-17 适用于婚礼现场录像的几款专业级、入门级和消费级摄像机

3.8 计算机输出设备

计算机输出设备是指能够将计算机的信息以画面、声音等人的感官可以感知的形式展现出来的技术和设备，例如显示器、打印机、投影仪、可触摸显示屏、音箱和耳机等。计算机输出设备是人机互动不可或缺的关键设备，它具有很好的直观性和可操作性。部分数字媒体设备，如智能手机、iPad、触摸屏等，也是显示与操控二者合一的设备，如利用 Procreate 直接在显示器上绘画。下面介绍几种常见的计算机输出设备，包括显示器、可触摸显示屏和投影仪。

3.8.1 显示器

显示器是一种将特定的电子文件通过传输设备显示到屏幕上的显示工具。液晶显示器由液晶模块、控制板和逆变器组成。其中，液晶模块内含玻璃基板，里面是液态晶体和网格状的印刷电路。时序电路可以用于产生控制液晶分子偏转所需的时序和电压。灯管产生白色光源，背光板把灯管产生的光反射到液晶屏上。控制板起信号转换作用，把各种输入格式的信号转化成固定输出格式的信号。逆变器产生高压用于点亮灯管。显示器的技术指标包括图像分辨率、屏幕刷新率、面板类型、色域、色准等，其中比较重要的就是图像分辨率、屏幕刷新率和色域（详见第 5 课）。

分辨率（resolution）是指构成图像的像素总和即屏幕包含的像素多少。它一般表示为水平分辨率和垂直分辨率的乘积。例如，1920×1080 表示水平方向是 1920 像素，垂直方向是 1080 像素，屏幕总像素的个数是它们的乘积。显示器的分辨率越高，画面包含的像素数就越多，图像也就越细腻清晰。目前显示器的分辨率有 1080p、2K、4K 和 8K，代表不同的像素总数（图 3-18）。设计师对于显示器分辨率、色域、色准的要求会更高一些。屏幕刷新率就是显示器每秒可以显示的视频帧数。屏幕刷新率越高，画面表现越流畅，卡顿感越不明显。

3.8.2 可触摸显示屏

可触摸显示屏简称触摸屏（touch panel），又称为触控屏或触控面板，是一种可接收触摸输入信号的感应式液晶显示装置。当接触时，屏幕上的触觉反馈系统可根据预先编写的程序驱动各种连接装置，并借由液晶显示画面制造出生动的影像效果。从技术上，触摸屏大致可以被分为红外线式、电阻式、表面声波式和电容式 4 种，并已广泛应用于智能手机、平板计算机、零售商场、公共信息查询系统、多媒体信息系统、医疗仪器、工业自动控制系统、娱乐与餐饮、自动售票系统、教育系统等许多领域（图 3-19）。触摸屏的本质是传感器，它由触摸检测部件和触摸屏控制器组成。触摸检测部件用于检测用户触摸位置，触摸屏控制器的主要作用是从触摸检测部件接收触摸信息，并将它转换成触点坐标送给 CPU，同时能接收 CPU 发来的命令并加以执行。

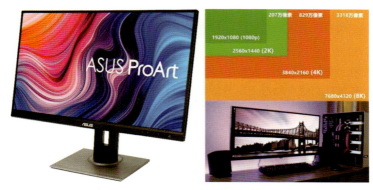

图 3-18　显示器分辨率规格

图 3-19　触摸屏在各领域有广泛的应用

3.8.3　投影仪

投影仪是将显示器输出的画面投射在幕布或墙面上的技术设备。目前最为成熟的投影仪是 LCD 透射式投影仪，其投影画面色彩还原真实、鲜艳。色彩饱和度高，光效很高。目前市场上高流明的投影仪主要以 LCD 投影仪为主。

投影仪的技术指标有以下 4 个

（1）亮度或流明度。这是国际测量投影仪光通量的方法，指屏幕表面受到光照射发出的光能量与屏幕面积之比。根据亮度的不同，目前一般投影仪的应用可分为：① 1000~1800ANSI，主要用于商务和娱乐领域；② 1800~3000ANSI 主要用于教育领域；③ 3000ANSI 以上，主要用于艺术展示、博物馆、设计、工程、军事、商务和其他专业领域。如果需要在明亮的环境中投影，如会议室、教室或公共环境，通常需要高亮度投影仪。

（2）分辨率。这个指标与显示器类似。投影仪内部的显示芯片和投影显示画质或分辨率有着直接关系，投影仪显示芯片尺寸越大，画质越好。目前投影仪分辨率有 720p、1080p、2K 和 4K。在教育领域及专业领域，1920×1080 以上的投影仪较为普及。

（3）对比度。通常对比度越高，图像越清晰，颜色越鲜艳。

（4）投影距离。投影仪的投影距离可以影响图像的大小和清晰度。不同的投影仪有不同的最佳投影距离。

目前投影仪市场上常见的品牌有爱普生（Epson）、明基（BenQ）、Optoma、ViewSonic 等（图 3-20）。这些品牌的投影仪有各自的特点和适用场景，用户可以根据自己的需求和预算进行选择。同时，用户也可以参考消费者报告和产品评测以了解不同品牌的投影仪的性能和口碑。

图 3-20　目前市场上常见的投影仪品牌

除了上述设备外，其他常见的输出设备还包括打印机、耳机、扬声器（音箱）等。打印机是将计算机中的文档、图片等输出到纸张上的设备；扬声器是将计算机中的声音输出到外部的设备。限于篇幅，对这些设备不再进行介绍。

本课学习重点

本课为数字媒体技术基础知识的介绍，包括计算机系统结构、数字媒体系统结构、计算机的发展历程、信息论与控制论、计算机软硬件系统和计算机输入与输出设备等（参见本课思维导图）。读者在学习时应该关注以下几点：

（1）计算的核心是什么？为什么说我们处于数字时代？

（2）信息论与控制论与数字社会的发展有何联系？

（3）计算机系统结构与数字媒体系统结构有何联系？

（4）举例说明音频与视频输入的设备有哪些。

（5）数码相机和数码摄像机的技术指标有哪些？

（6）计算机软件与数字媒体处理软件的联系和区别是什么？

（7）计算机的发展经历了几代？每一代的特征是什么？

（8）对于数字媒体技术来说，常用的输入与输出设备有哪些？

（9）简述计算机系统的基本结构并说明芯片的物理组成。

（10）举例说明计算机形态的多样性。什么是可穿戴技术？

（11）计算机硬件系统通常包含哪些组件？各自的功能是什么？

（12）计算机软件系统如何分类？说明操作系统与应用软件的关系。

（13）投影仪有哪些技术指标？如何针对教育或办公领域对投影仪进行选择？

本课学习思维导图

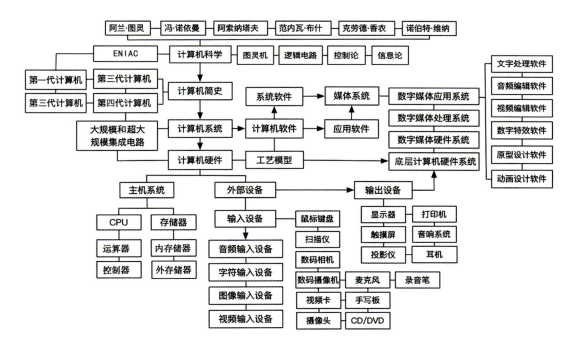

讨论与实践

思考以下问题

（1）计算机的基本硬件包括哪些组件？

（2）什么是计算机系统软件和应用软件？常用的应用软件有哪些？

（3）计算机系统分为哪些层次？它和数字媒体系统有何区别？

（4）电子计算机的发展经历了几代？以什么标准划分？

（5）为什么说信息论与控制论推动了计算机与信息产业的发展？

（6）对于数字媒体技术来说，常用的输入与输出设备有哪些？

（7）举例说明音频与视频输入的设备有哪些。

小组讨论与实践

现象透视：人工智能生成艺术（generative AI art）作为一种全新的绘画方式，在拓展人类艺术认知的同时，也对人类传统的艺术创作模式提出了挑战。百度推出的"文心一格"人工智能绘画程序可以根据用户输入的文字生成创意画作（图3-21）。这种创作方式结合了人和计算机的长处，为未来的艺术创作实践提出了新的可能性。

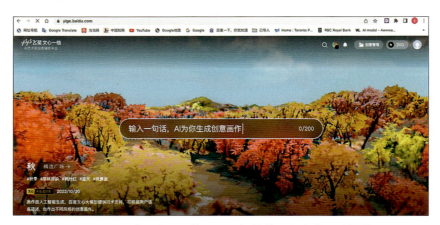

图3-21　百度"文心一格"人工智能绘画程序的网站界面

头脑风暴：人工智能生成艺术是艺术与人工智能技术的结合，其核心在于基于生成对抗网络（Generative Adversarial Network, GAN）算法，通过文字识别结合网络大数据生成新的艺术范式。虽然就它目前生成的绘画作品来看，仍然与艺术家的绘画存在一定差距，但作为一种创意方法，为绘画爱好者提供了更多的思路借鉴与概念设计的途径。

方案设计：通过研究"文心一格"的绘画创作模式，请各小组通过输入组合关键词，如"落霞与孤鹜齐飞，秋水共长天一色"等，并选择艺术家风格（如齐白石）、类型（如水墨画）进行艺术绘画的创作。可以改变不同的关键词，观察不同的艺术效果，并以此为基础，采用手绘修图的方式，完成人机结合的艺术创作。

练习与思考

一、名词解释

1. 集成电路

2. 科学计算

3. 系统软件

4. 图像分辨率

5. Procreate

6. 控制论

7. ENIAC

8. 克劳德·香农

9. 可穿戴技术

10. 流明度

二、简答题

1. 目前芯片的工艺最小可以到多少纳米？常用的芯片范围有多大？

2. 什么是计算机系统结构？其中包含哪些层级？

3. 克劳德·香农对信息产业的重要贡献是什么？

4. 计算机软件与数字媒体处理软件的联系和区别是什么？

5. 对于数字媒体技术来说，哪些软件是必不可少的工具？

6. 计算机CPU由哪些模块组成？各自的功能是什么？

7. 投影仪有哪些技术指标？如何针对教育或办公领域对投影仪进行选择？

8. 举例说明计算机有哪些常用的图像及视频采集或输入设备。

9. 什么是摩尔定律？该定律对信息技术产业的发展有何指导意义？

三、思考题

1. 计算的核心是什么？为什么说我们处于数字时代？

2. 数码相机和数码摄像机的技术指标有哪些？

3. 如何理解计算机形态的多样性？什么是可穿戴设备？

4. 控制论对现代科技与社会产生了哪些重大的影响？

5. 简述计算机硬件的组成并用逻辑图体现组件之间的相互关系。

6. 计算机软件系统如何分类？说明操作系统与应用软件的关系。

7. 除了传统输入设备外，还有哪些信息输入方式（如二维码等）？

8. 触摸屏的工作原理是什么？它可以应用在哪些领域？

9. 检索网络资源并说明图灵对计算机的发明与人工智能学科的诞生的贡献。

第 4 课

数据压缩技术

4.1 数据压缩的必要性
4.2 信息冗余与数据压缩
4.3 数据压缩编码类型
4.4 音频压缩与数字格式
4.5 数字图像压缩
4.6 数字视频压缩
4.7 数字视频格式
本课学习重点
讨论与实践
练习与思考

4.1 数据压缩的必要性

数字媒体包括文本、数据、声音、动画、图形、图像及视频等多种媒体。经过数字化处理后，这些媒体的数据量是非常大的。如果不进行数据压缩，计算机系统就难以对它们进行存储、交换和传输。计算机的基本数据单位是比特（bit），以一幅分辨率为1024×768像素的真彩色图像为例，其数据存储量为1024×768×8×3b=18 874 368b=18MB。数字音频的数据量由采样频率、采样精度、声道数3个因素决定。对于高质量的音频，如CD音质的音频，其采样频率为44.1kHz。如果量化为16比特（2字节）双声道立体声，则1分钟的音频数据的数据量为44100×2×2×60b=10.09MB。在700MB的标准光盘中也仅能存放1小时左右的音频数据。

对于数字视频来说，每秒的电视信号的数据量为（4.2+1.5+0.5）×2MB=12.4MB，在700MB的标准光盘中也仅能存放1分钟左右的视频数据。如果是高分辨率电视信号，其数据量更为庞大，同时其占用的网络带宽也是无法容忍的。随着信息技术的不断发展，媒体数据量正在翻倍地增加。苹果iPhone X的屏幕分辨率高达458ppi（像素/英寸），屏幕像素尺寸为1125×2436像素，每张彩色照片的大小超过30MB。如果使用苹果iPhone 14Pro系列的4800万像素主摄像头拍摄ProRAW格式的彩色照片，其数据量高达75MB（图4-1）。视频影像由于是连续播放的图片，随着手机摄像头分辨率的提升，其数据量更大。

图4-1 iPhone14Pro系列智能手机

庞大的数据对于计算机的存储以及网络传输都造成了极大的负担。解决办法之一就是进行数据压缩，然后再进行存储和传输，到需要时再解压和还原。所以说数据压缩技术的突破打开了媒体信息进入计算机的大门。声音、图像和视频数据的压缩是数据存储处理和传输的基础。尽可能压缩数据量同，充分利用有限的信道带宽和存储空间，是计算机工程师几十年来追求的目标。随着微电子和编码技术的迅速发展，图像编码已应用到视频技术的每一个领域。现在数据压缩编码技术得到了广泛应用。例如，数字电视可以通过卫星和地面网络传送到家庭，互联网和智能手机上的短视频可以通过网络分享，用户欣赏高清电影以及玩手机游戏也无须等待很长的时间，人们还能够通过腾讯会议、腾讯课堂等进行远程会议或远程视频教学。这一切都得益于视频压缩技术的发展。

4.2 信息冗余与数据压缩

数据压缩技术源于信息论创始人、贝尔实验室数学家克劳德·香农提出的信息熵理论。20 世纪 40 年代，香农借鉴了热力学中熵的概念，把排除了冗余后的平均信息量称为信息熵，并给出了信息熵的数学计算公式。信息熵通常表示为一串二进制数据中包含的信息量。香农指出：对于任何一种无损数据压缩，最终的数据量一定大于信息熵，数据量越接近信息熵，说明其压缩效果越好。信息熵是通过信息量计算出来的，而信息量是指从 N 个可能事件中选出一个事件所需的信息的多少，也就是在辨识 N 个事件中的一个特定事件的过程中需要问"是或否"的最少次数。设从 N 个相等可能的事件中选出一个事件 x 的概率为 $p(x)$，则 $p(x)=1/N$，若按折半方法选取，需要问"是或否"的次数最少，即所需的信息量为

$$I(x) = \log_2 N = -\log_2 1/N = -\log_2 p(x)$$

因此，可定义信息函数为

$$I(x_i) = -\log_2 p(x_i) \ (i=1,2,\cdots,n)$$

其中，$p(x_i)(i=1,2,\cdots,n)$ 表示随机事件集合 $X:\{x_1, x_2,\cdots, x_n\}$ 中事件 x_i ($i=1,2,\cdots,n$) 的先验概率。它可以度量 x_i ($i=1,2,\cdots,n$) 所含的信息量。$I(x_i)(i=1,2,\cdots,n)$ 在 X 的先验概率空间 $P: \{p(x_1),p(x_2),\cdots,p(x_n)\}$ 中的统计平均值为信源 X 的熵：

$$H(X) = -\sum_{i=1}^{n} p(x_i)\log_2 p(x_i)$$

使用信息熵描述信息量已被人们广泛接受，它主要表示信息系统的有序程度，而不是热力学中的系统的无序程度。数据压缩的技术核心就是香农的信息熵理论。数据是用来记录和传送信息的，或者说数据是信息的载体。当人们利用计算机进行数据处理时，真正有用的不是数据本身，而是数据所携带的信息。在信息论中，这些多余的数据就称为冗余。信息量与数据量的关系可以表示为 $I=D-R$，其中 I、D、R 分别为信息量、数据量与冗余量。数字媒体数据中存在的冗余主要有以下几种类型：

（1）空间冗余。空间冗余是存在于静态图像中的最主要的数据冗余。一幅图像中记录景物的采样点的颜色往往存在着空间连贯性，但是像素采样没有利用景物表面颜色的这种空间连贯性，从而产生了空间冗余。例如，图像中有大面积的蓝天、草地或相同的图案（图 4-2，左），这种同质信息的空间冗余往往是可以压缩的。

（2）时间冗余。在序列图像（电视图像、运动图像）或者音频的表示中经常包含时间冗余。视频中的场景（如室内背景）和人物动作相比往往也是静态的，这些数据也可以压缩。视频影像相邻帧之间变化很小。动态图像连续变化时，相邻帧之间存在很大相关性，而两帧画面大部分是相似的（图 4-2，右）。一般将压缩相邻图像帧或声音帧之间冗余的方法称为时间压缩，它的压缩比很高。空间冗余和时间冗余是将图像信号作为随机信号时所反映出的统计特征，因此有时把这两种冗余称为统计冗余。它们也是多媒体图像数据处理中两种最主要的数据冗余。

（3）结构冗余。有些数字化图像，如方格状的地板、草席图案等，其表面存在着非常规则的纹理结构，图像的像素值存在着明显的分布模式，这称为结构冗余。如果人们已知纹理的分布模式，就可以通过某一迭代过程生成压缩图像并消除冗余。

图 4-2 可压缩的空间冗余与时间冗余

（4）知识冗余。人们对某些信息的理解与人类大脑中已有的知识有着相当大的关联。例如，鹰的图像有固有的结构，例如，鹰有两只翅膀，头部有眼、鼻、耳朵，有尾巴等。这类规律性的结构可由先验知识和背景知识得到，这称为知识冗余。

（5）信息熵冗余。如果数据中有很多重复或者不必要的信息，那么这些信息就是冗余的。例如，同样一篇文章，古文与现代文的字数差别很大，也就是说，虽然两者具有相同的信息量，但是现代文的字数更多，这就是信息熵冗余。

（6）视觉冗余。人类的视觉系统由于受生理特性的限制，对于图像的变化并不是都能感知的。实验发现，视觉系统对亮度的敏感度，远远高于对色彩的敏感度；对灰度值发生剧烈变化的边缘区域和平滑区域敏感度相差很大。因为损失的那部分信息没有被人眼察觉，所以人们仍认为图像是完好的，这样的冗余就称为视觉冗余。这种冗余也是数据压缩的重要依据。例如，视频信号或动画为一组连续画面，其中的相邻帧往往包含相同的背景和移动物体，只不过空间位置略有不同。因此，对于二维动画来说，特别是在电视动画中（有频闪效应），动画师往往通过减帧的方式提升工作效率。

例如，动画大师手冢治虫是有限动画的缔造者（图 4-3）。有限动画（limited animation）就是动画原本每秒 24 帧或 25 帧，但手冢治虫发现，由于电视有频闪现象，所以适当降低帧数对观众影响不大，于是他就每秒只画 12 帧甚至更少，并且能不动的地方就不动，例如角色说台词时经常只有口唇在动。虽然该方法减少了动画原画张数，使得动画呈现得不够细腻，但动画师可以通过出色的故事情节设计、优美的音效与生动的静态角色造型吸引观众。从另一个角度说，有限动画也是利用视觉冗余现象压缩数据（原画或中间画），由此提高了动画的制作效率并降低了动画生产成本。

针对不同类型的冗余，人们已经提出了不同的数据压缩技术。随着人们对人类视觉系统和图像模型的深入研究，可能会提出更新的方法使数据压缩的效率更高。在实际场景中，往往会结合两种以上压缩算法实现数字媒体的压缩。在视频压缩编码技术应用中，编码方法的选择不但要考虑到压缩比、信噪比，还要考虑到算法的复杂性，太复杂的算法可能会产生较高的压缩比，但也会带来较大的计算负担。数据压缩技术实现的衡量标准是：压缩比要小，速度要快，恢复后的失真要小。此外，压缩能否通过软件或硬件实现也是需要考虑的因素之一。

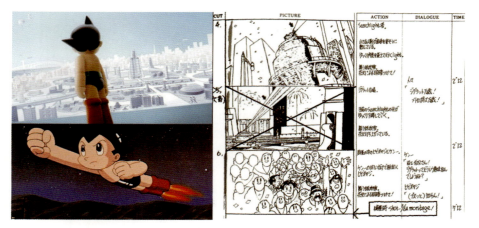

图 4-3 手冢治虫的《铁臂阿童木》开创了有限动画的新形式

4.3 数据压缩编码类型

数据压缩的目标是在保证视觉效果的前提下尽量减少数据冗余。如果压缩或解压缩过程没有引起任何信息损失，也就是压缩后的数据经过解压缩处理后可以完全恢复原始数据，即压缩过程是可逆的，该压缩方法就是无损压缩，否则就是有损压缩。图像数据的压缩编码方法的分类如图 4-4 所示。由于图像、声音或视频都是连续的媒体（如视频就是连续的图片），因此声音或视频的压缩算法与图像的压缩算法有某些共同之处。但是声音与视频还有其自身的特性，因此在压缩时还应考虑其特性，才能达到压缩的目标。因为变换编码方法通常对变换后的系数进行量化，模型编码和子带编码通常对部分信息进行量化或者作忽略处理，所以在此将它们归入有损压缩的类别。

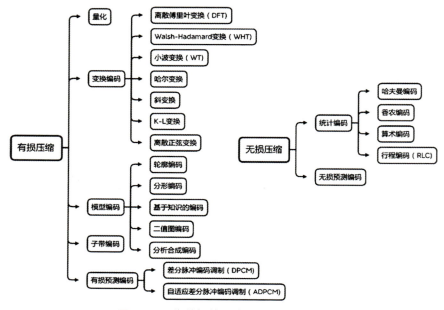

图 4-4 图像数据的压缩编码方法的分类

4.3.1 有损压缩和无损压缩

在视频压缩中有损（lossy）和无损（lossless）的概念与静态图像压缩基本类似。多数的无损压缩都采用哈夫曼编码（huffman encoding）或行程编码、算术编码等。哈夫曼编码是一种常用的无损压缩方法，适用于各种类型的数据处理场景。该方法基于字符出现的频率构建编码表，频率较高的字符用较短的编码表示，而频率较低的字符用较长的编码表示，从而减小了文件的大小。哈夫曼编码的具体步骤如下：

（1）统计字符出现的频率。

（2）将字符按照频率从低到高排序。

（3）将频率最低的两个字符合并，形成一个新节点，并将这个节点的频率设置为两个字符频率之和。

（4）将新节点插入原来的字符集合中，删除原来的两个字符。

（5）重复步骤（3）和（4），直到只剩下一个节点。

（6）从根节点开始遍历哈夫曼树，为每个字符生成对应的编码。生成的编码可以用于压缩文件，将文件中的字符替换为对应的编码即可。

由于无损压缩生成的数据量比较大，不适合网络传播或存储，故只应用于特殊场合，如指纹识别、医学图像分析等。

有损压缩意味着解压缩后的数据与压缩前的数据不一致。在压缩的过程中要丢失一些感官所不敏感的图像或音频信息，而且丢失的信息不可恢复。有损压缩通常适用于音频文件、视频文件和图像文件等。在有损压缩中，可以通过去除冗余信息和降低精度等方式减少数据。虽然有损压缩会导致数据质量的降低，但是在很多情况下，这种损失可以被接受。

有损压缩丢失的数据与压缩比有关，压缩比是文件压缩后的大小与压缩前的大小之比。压缩比越小，丢失的数据越多，但压缩的文件越小。同时解压缩后的效果一般越差。此外，某些有损压缩算法采用了多次重复压缩的方式，这样还会引起额外的数据丢失。常见的有损压缩编码有预测编码、变换编码、基于模型的编码等。有损压缩根据压缩技术所使用的计算方法分为统计编码、预测编码和变换编码，也可根据压缩过程的可逆性分为熵压缩编码和冗余度压缩编码等。有损压缩编码（如JPEG）可以用于压缩图像，控制图像质量和文件大小。MP3可以通过去除人耳听不到的高频信号来减小文件大小。H.264用于压缩视频，可以提供高质量的视频压缩效果。

4.3.2 帧内压缩和帧间压缩

帧内（intraframe）压缩也称为空间压缩（spatial compression）。当压缩一帧图像时，帧内压缩仅考虑本帧的数据而不考虑相邻帧之间的冗余信息。帧内压缩一般采用有损压缩方法。由于帧内压缩时各个帧之间没有相互关系，所以压缩后的视频数据仍可以以帧为单位进行编辑。

帧间（interframe）压缩基于视频或动画的连续帧之间具有很大的相关性，或者说前后两帧信息变化很小的特点，压缩相邻帧之间的冗余信息。帧间压缩通过比较时间轴上不同帧之间的数据进行压缩。帧间压缩可以在不降低视频质量的情况下减少视频数据量。该技术已经被广泛应用于视频会议、网络视频流和数字广告等。

4.3.3 对称压缩和不对称压缩

对称性（symmetry）是压缩编码的一个关键特征。对称意味着压缩和解压缩占用相同的计算处理能力和时间，对称（symmetric）压缩适用于实时压缩和传送视频，例如视频会议应用就以采用对称压缩方法。而在电子出版和其他多媒体应用中，一般是把视频预先压缩处理好，然后再播放，因此可以采用不对称（asymmetric）压缩。不对称压缩意味着压缩时需要花费大量的处理资源和时间，而解压缩时则能较好地实时回放，即以不同的速度进行压缩和解压缩。一般地说，压缩一段视频的时间比回放（解压缩）该视频的时间要多得多。例如，压缩一段 3 分钟的视频可能需要十多分钟的时间，而该视频实时回放时间只有 3 分钟。

4.4 音频压缩与数字格式

4.4.1 数字音频压缩

对数字音频进行压缩，首先要了解音频的码率和文件大小。音频的码率是指声音每秒的数据量，也就是每秒记录音频数据所需要的比特值，通常以 kb/s（千比特/秒）为单位。例如，数字语音的码率是 64kb/s，MP3 音频的码率约为 48~320kb/s。音频未经压缩时的码率可由下式算出：

音频的码率 = 采样频率 × 量化精度 × 声道数

音频未经压缩时数据量以 B 为单位，可由下式算出：

音频数据量 = 采样频率 ×(量化精度 / 8) × 声道数 × 时间 =（声音的码率 / 8）× 时间

由此可以看出，采样频率和量化精度越高，声道越多，所需存储空间也就越大。也就是说，音频的码率越大，所需存储空间也就越大。当然数据量大小还跟保存音频的时间有关。对音频数据进行压缩有很多方法。其中压缩率是指音频文件压缩前和压缩后大小的比值。按照音频数据压缩后是否有损失可以分为有损压缩和无损压缩。在所有的数字音频编码中，PCM 编码代表了最高的保真水平，因此被约定为无损编码。音频编码可以分为时域波形编码、参数编码、感知编码以及混合编码等。

4.4.2 音频文件格式

1. MPEG 音频文件（MP3）

MP3 格式是指 MPEG 标准中的音频部分，其压缩是一种有损压缩。MPEG 音频文件根据压缩质量可分为 MP1、MP2、MP3 这 3 种音 MPEG 音频文件。标准的 MP3 的压缩比是 10∶1。一个 3 分钟长的音频文件压缩成 MP3 后大约是 4MB，同时其音质基本不失真。MP3 音频文件的压缩是一种有损压缩，虽然基本保持低音频部分不失真，却牺牲了 12~16kHz 高音频的质量。音频文件用 MP3 格式存储一般只有 WAV 文件的 1/10，而音质要次于 CD 格式或 WAV 格式。虽然 MP3 音乐在互联网上广泛流行，但其版权问题也一直困扰着唱片公司。MP3 播放器（图 4-5）主要由存储器（存储卡）、LCD 显示屏、中央处理器（MCU）或数字信号处理器（DSP）等组成，是人们户外便携式音乐随身听设备之一。

图 4-5　几种 MP3 播放器

2. CD 文件（CDA）

CD 格式是目前音质最好的音频格式。大多数播放软件都支持 CDA 格式或 CD 音轨。标准 CD 格式也就是 44.1kb/s 的采样频率，播放速率为 88.2kb/s，16 位量化位数。CD 音轨是近似无损的音频格式，它的声音基本上是原声的。CD 光盘可以在 CD 机中播放，也能用计算机里的各种播放软件播放。

3. Wave 文件（WAV）

Wave 格式是微软公司开发的一种音频文件格式，用于保存 Windows 平台的音频信息资源。WAV 格式支持 MSADPCM、CCITT A LAW 等多种压缩算法，支持多种音频位数、采样频率和声道。WAV 格式和 CD 格式一样，也是 44.1kb/s 的采样频率，播放速率为 88.2kb/s，16 位量化位数。因此，WAV 格式的声音文件质量和 CD 相差无几，也是目前计算机上常见的声音文件格式。但其文件尺寸较大，多用于存储简短的声音片段。此外，由苹果公司开发的人工智能 FF 格式和 WAV 格式非常近似。多数音频编辑软件也都支持上述几种音频文件格式。

4. Real 文件（RA、RM、RAM）

Real 是 Real Networks 公司开发的流行音频文件格式，主要用于网络上实时传输音频信息或欣赏在线音乐。对于 14.4kb/s 的网络带宽，可获得调频质量的音质；对于 28.8kb/s 的网络带宽，可以达到广播级的音质；如果拥有 ISDN 或更快的线路连接，则可获得 CD 音质。现在 Real 的文件格式主要有 RA（RealAudio）、RM（RealMedia，RealAudio G2）、RAM 等。这些格式的特点是可以随网络带宽的不同而改变声音的质量，在保证大多数人听到流畅声音的前提下，带宽较大的人能够获得较好的音质。Real 播放器的最新版本是 RealPlayer 11。

5. WMA 文件

WMA（Windows Media Audio）文件来自微软公司，是继 MP3 后最受欢迎的音乐格式，在压缩比和音质方面都超过了 MP3，能在较低的采样频率下产生较好的音质。WMA 的另一个优点是内容提供商可以通过数字版权管理（Digital Rights Management,DRM）方案加入防复制保护。这种内置的版权保护技术可以限制播放时间和播放次数，这对唱片公司版权保护来说是一个福音。另外，WMA 还支持音频流 (stream) 技术，成为微软公司抢占网络音乐市场的开路先锋。WMA 不像 MP3 那样需要安装额外的播放器，Windows 操作系统和 Windows Media Player 的捆绑安装使得计算机可以直接播放 WMA 音乐。

6. MIDI 文件（MID）

MIDI 是乐器数字接口（Musical Instrument Digital Interface）的缩写，是数字音乐/电子合成乐器的国际标准。它定义了计算机音乐程序、合成器及其他电子设备交换音乐信号的方式，还规定了不同厂家的电子乐器与计算机连接的电缆和硬件及设备间数据传输的协议，可用于为不同乐器创建数字声音，可以模拟大提琴、小提琴、钢琴等常见乐器。在 MIDI 文件中，只包含产生某种声音的指令，计算机将这些指令发送给声卡、声卡按照指令将声音合成出来。相对于音频文件，MIDI 文件显得更加紧凑，其文件也小得多。MID 文件格式由 MIDI 继承而来，该文件每存 1 分钟的音乐只需要 5~10KB。MID 文件主要用于原始乐器作品、流行歌曲的业余表演、游戏音轨以及电子贺卡等。MID 格式的最大用处是在计算机作曲领域。MID 文件既可以用作曲软件写出，也可以通过声卡的 MIDI 接口把外接音序器演奏的乐曲输入到计算机中获得。

4.5 数字图像压缩

4.5.1 有损压缩和无损压缩

图像压缩可以分为有损压缩和无损压缩，在不同场合与使用方式下可以采用不同的压缩方法。无损压缩以 TIFF 格式最为常见，该格式由 Aldus 和微软公司联合开发，支持多种压缩编码（哈夫曼、LZW、RLE、JPEG）和无损压缩，常用于对质量要求高的专业图像的存储（图 4-6，左）。LZW 算法是一种基于字典的压缩算法，可以在不损失图像质量的情况下使图像文件减小。图像有损压缩的格式主要为 JPEG 与 JPEG 2000（图 4-6，中和右）。JPEG（Joint Photographic Experts Group）是一种多灰度静止图像的压缩编码。它是由国际标准化组织（ISO）和国际电报电话咨询委员会（CCITT）成立的联合图像专家组于 1991 年 3 月推出的数字图像压缩标准。运用 JPEG 压缩标准对自然景物图像进行压缩，即使压缩比达到 20∶1，该图像仍可以被识别，可以满足大多数情况的应用。为了改善 JPEG 图像在网络中传播的质量，JPEG 工作组于 2000 年底公布了 JPEG 2000 压缩编码。JPEG 2000 比 JPEG 具有更好的低比特率压缩性能。它是 JPEG 的升级版，同样支持有损和无损压缩。它可以按照像素精度和图像分辨率进行渐进式传输，具有良好的抗误码性和开放式的体系结构。另外，JPEG 2000 还支持"感兴趣区域"解压缩，即选择指定的部分先解压缩。

图 4-6　数字图像无损压缩（TIFF）与有损压缩（JPEG）比较

4.5.2 图形及图像格式

计算机图形及图像文件的格式是计算机存储图形及图像的方式与压缩方法，通常会针对不同的程序和使用目的选择需要的格式。关于图形（矢量图）与图像（点阵图或位图）的联系与区别会在第 5 课中详细介绍。除了上面介绍的 TIFF 无损压缩格式以及 JPEG 与 JPEG 2000 有损压缩格式外，常见的计算机图形及图像文件的存储格式如表 4-1 所示。

表 4-1 常见的计算机图形及图像文件的存储格式

图形及图像格式	说明
BMP	是最常见的点阵图格式之一，也是 Windows 系统下的标准格式，Windows 附件中的画图程序默认存为该格式
GIF	是一种常用的动态图像文件格式，适合存储简单的动画和图标。它的特点是支持动画，透明度和压缩比较小，只能达到 256 色
PSD	是 Adobe Photoshop 的带图层专用文件，可以存储成 RGB 或 CMYK 模式，并与 Adobe 公司的其他软件兼容，便于修改和制作各种特效
TGA	是数字图像以及运用光线跟踪算法所产生的高质量图像的格式，该格式支持压缩算法，可以带通道图，还支持行程编码压缩
PNG	是一种无损压缩的图像文件格式，适合存储需要保留高质量透明度的图像。它的特点是支持透明度、多层级像素和高分辨率图像
WebP	是谷歌公司推出的一种图片格式，它的特点是支持无损或有损压缩，文件非常小，在相同画质下，其体积要比 JPEG 格式小 40%，故广泛应用于网络
AVIF	是一种基于 AV1 视频编码的新图像格式，相对于 JPEG、Webp 来说，它的压缩性能更好更高并且画面细节更好。AVIF 格式是免费且开源的，没有任何授权费用
RAW	是记录数码照片原始图像编码数据的文件格式，它可以记录数码相机上的原始数据，如 ISO 值、快门速度、光圈值、白平衡等。RAW 格式是数码相机的专用格式，也是体现数字图像最佳质量的格式
SVG	是一种基于 XML 的矢量图形格式，支持缩放和动态效果。它的特点是文件比较小，支持高清晰度输出和交互式操作
AI	是由 Adobe 公司开发的矢量图形格式，适用于制作印刷品等高质量图形。它支持多种颜色模式和图形效果，同时还支持多层级像素和无损压缩
CDR	是由 Corel 公司开发的矢量图形格式，适用于制作印刷品、海报等高质量图形。它支持多种颜色模式、图形效果和无损压缩
EPS	是一种常用的矢量图形格式，适用于制作印刷品等高质量图形。它支持多种颜色模式和图形效果，同时还支持无损压缩和透明度
DXF	是一种用于 CAD 图形交换的矢量图形格式。它可以方便地在不同的 CAD 软件之间进行图形交换

4.6 数字视频压缩

视频是传递信息的有效载体，也是智能时代数据获取的重要来源。伴随着移动互联网技术的蓬勃发展，视频已无处不在。视频直播、视频点播、短视频、视频聊天已经完全融入了人们的生活。未来大众网络流量 80% 以上和行业应用数据 70% 以上都将是视频数据。视频技术从标清发展到高清，再到超高清。超高清视频是新媒体、VR、光场、裸眼 3D 等新兴产业发展的重要基础支撑，也是智慧医疗、无人驾驶等人工智能领域的重要内容支撑。这些新应用场景和商业模式在为用户提供了极致体验的同时，也带来了分辨率、帧率、色域、视场范围等指标的成倍扩展，视频数据量到了井喷时代，视频的传输、存储面临着巨大的挑战。目前音视频产业可以选择的信源编码标准有 4 个：MPEG-2、MPEG-4、AVC（也称 JVT、H.264）以及 AVS。从发展阶段分，MPEG-2 是第一代信源标准，其余 3 个为第二代信源标准。从编码效率来比较：MPEG-4 是 MPEG-2 的 1.4 倍；AVC 和 AVS 相当，都是 MPEG-2 两倍以上。

下面重点介绍 MPEG-4 和 AVS 压缩编码技术。

MPEG（Moving Picture Expert Group，活动图像专家组）成立于 1988 年，是由国际标准化组织与国际电工委员会（IEC）联合组成的工作组。MPEG-2 标准被广泛应用于多媒体计算机、数据库、通信、标清数字电视和标清 DVD 领域。由于技术陈旧、需要更新及收费较高等原因，MPEG-2 即将退出历史舞台。1998 年 11 月，MPEG 正式公布了 MPEG-4 国际标准。MPEG-4 具有基于内容的多媒体数据存取工具、可以实现基于内容的管理和数码流的编辑、自然的与合成的景物混合编码、时间域的随机存取、改进的编码效率、多路并存的数码流编码、具有通用存取差错环境中的坚韧性以及基于内容的可分级性等特点。这些功能被广泛应用到多媒体业务当中，即提供文字、声音、图形和视频等多媒体信息，使用户在移动媒体中实现更为生动、丰富和有效的多媒体信息交流。目前 3 种主流数字视频文件 MPG、AVI 和 MOV 可以通过软件实现相互转换。

MPEG-2、MPEG-4 和 AVC 这 3 个标准是由 MPEG 工作组完成的，而 AVS 则是由数字音视频编解码技术标准工作组（简称 AVS 工作组）制定的一系列音视频编解码技术标准，包括系统、视频、音频、数字版权管理 4 个主要技术标准。AVS 也是由我国牵头制定的、技术先进的第二代信源编码标准（图 4-7）。AVS 数字视频压缩技术由中国科学院计算技术研究所（ICT）研发。该技术采用了一系列先进的压缩算法，包括自适应运动估计、多帧预测、可变长度编码等。AVS 数字视频压缩技术可以在不降低视频质量的情况下减小视频文件，具有较高的压缩比和较低的编码复杂度。AVS3 是其第三代音视频编解码技术标准，适用于多种位率、分辨率和质量要求的高效视频压缩方法的解码过程，在解码效率上优势明显，可广泛适用于电视广播、数字电影、网络电视、网络视频、视频监控、实时通信、即时通信、数字存储媒体、静止图像等。同时该标准是全球首个面向 8K 超高清产业（图 4-8）及虚拟现实应用的音视频编码技术标准，具有超高清和超高效的"双超"特点。AVS 数字视频压缩技术可以将视频文件大为减小。该技术具有较高的压缩比和较低的编码复杂度，被证明是一种非常有效的数字视频压缩技术。

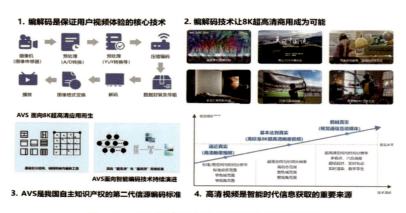

图 4-7 AVS 是我国牵头制定的视频编码标准

图 4-8　AVS 是全球首个面向 8K 超高清产业的标准

4.7　数字视频格式

4.7.1　AVI 格式

AVI 即 Audio Video Interleaved（音频视频交错）的缩写。它是由微软公司开发的一种数字音频与视频文件格式（图 4-9）。1992 年，微软公司推出了 AVI 技术及其应用软件 VFW（Video for Windows）。在 AVI 文件中，运动图像和伴音数据是以交错的方式存储的并且独立于硬件设备。AVI 文件的主要参数包括视像、伴音和压缩参数等。AVI 格式允许音视频交错在一起同步播放，但文件没有限定压缩标准。微软公司的媒体播放器 Windows Player 是 AVI 格式的主要播放器，同时国内的暴风影音和 QQ 影音等也都支持该格式。一些视频编辑软件也支持 AVI 文件的读取和编辑输出。

图 4-9　AVI 是微软公司开发的数字音频与视频格式

目前 AVI 及其播放器 VFW 已成为 PC 的视频数据标准。其特点如下：

（1）提供无硬件视频回放功能。根据 AVI 格式的参数，其视窗的大小和帧率可以根据播放环境的硬件能力和处理速度进行调整。VFW 就可以适用于不同的硬件平台，用户可以在普通的多媒体计算机上进行数字视频信息的编辑和重放。

（2）实现同步控制和实时播放。通过同步控制参数，AVI 可以自动调整以适应重放环境。

（3）可以高效地播放存储在硬盘和光盘上的 AVI 文件。由于 AVI 数据的交叉存储，VFW 播放 AVI 数据时只需占用有限的内存，而无须预加载视频数据。这不仅提高了工作效率，也实现了快速加载和启动文件。

（4）提供了开放的 AVI 数字视频文件结构。AVI 文件具有通用和开放的特点，它可以在任何 Windows 环境下工作，而且具有扩展环境的功能。

（5）AVI 文件可以再编辑。AVI 文件一般采用帧内有损压缩，可以用常见的视频编辑软件（如 Adobe Premiere CS 或 Media Studio）进行再编辑和处理。

虽然 AVI 格式有以上优点，但由于 AVI 格式的视频文件较大，并不适用于当今对带宽和存储容量有较多限制的网络多媒体视频播放应用。

4.7.2 MPEG/MPG 格式

MPEG-2 标准不仅被广泛应用于多媒体计算机、数据库、通信、标清数字电视和标清 DVD 领域，而且也是一个直接与高清晰数字电视广播（DTV/HDTV）有关的高质量图像和声音编码标准。与 MPEG-1 相比，MPEG-2（文件格式为 MPG）增加了隔行扫描电视的编码，提供了位速率可伸缩、AAC 音频编码以及支持环绕立体声等功能。MPEG-2 在每帧图像中用块编码技术进行空间压缩，同时在相邻的几帧图像中间进行时间压缩。MPEG-2 的平均压缩比为 50∶1，最高可达 200∶1。MPEG-2 标准包括音频、视频和系统（音视频同步）3 个部分。MP3 音频文件就是 MPEG-2 标准的一个典型应用。虽然 MPEG-2 有许多优点，但由于技术陈旧、不能满足网络时代对数据传输效率的要求以及收费较高等原因，MPEG-2 即将退出历史舞台。

MPEG-4 标准最重要的 3 个特点是基于内容的压缩、更高的压缩比和时空可伸缩性。MPEG-4 引入了对象的概念和操作，它采用基于对象的编码，具有对合成对象进行编码的能力。它将使人们不仅可以观看节目的内容，还可以控制和参与到节目中去，实现视频内容的互动。这个标准主要应用于视像电话、视像电子邮件等，对传输速率要求较低。MPEG-4 利用很窄的带宽，通过帧重建技术进行数据压缩，以求用最少的数据获得最佳的图像质量。采用 MPEG-4 压缩算法的视频文件格式可以将 120min 的电影压缩为 300MB 左右的视频流。DivX Networks 公司推出的 DivX 格式也采用 MPEG-4 压缩算法，可以把 MPEG~ 格式的视频压缩至原来的 10%。另外，MPEG-4 在家庭摄影录像、网络实时影像播放方面也大有用武之地。国内多数媒体播放器，如暴风影音和 QQ 影音等，都支持该格式。但 MPEG-4 毕竟是一种高压缩比的有损压缩算法，在表现影片的爆炸、快速运动等画面时，会出现轻微的马赛克和色彩斑驳等 VCD 里常见的问题，其图像质量还无法完全和 DVD 采用的 MPEG-2 技术相比。表 4-2 是 MPEG-1/2/4 的典型编码参数比较。

表 4-2 MPEG-1/2/4 的典型编码参数比较

参　　数	MPEG-1	MPEG-2（基本型）	MPEG-4
标准化时间	1992 年	1994 年	1999/2003 年
主要应用	VCD、MP3	HDTV、DVD	可视电话、视频会议、网络流媒体、移动视频通信
空间分辨率	CIF：288×360 像素	TV：576×720 像素	可变：从 QCIF 到 HDTV，从 144×176 像素到 1080×1920 像素
时间分辨率	25~30 帧/秒	50-60 场/秒	可变：25~60 帧/秒
位速率	1.5Mb/s	4.7Mb/s	可变：64kb/s~15 Mb/s
质量	相当于 VHS	相当于 NTSC/PAL 电视	可变：1/4VH~HDTV
压缩率	20∶1~30∶1	30∶1~40∶1	30∶1~120∶1

4.7.3 流视频格式

目前,很多视频数据要求通过互联网进行实时传输,客观因素限制了视频数据的实时传输和实时播放,于是一种新型的流视频(streaming video)格式应运而生。这种流视频采用边传边播的方法,即先从服务器上下载一部分视频数据,形成视频流缓冲区后实时播放,同时继续下载其余的视频数据,为接下来的播放做好准备。这种边传边播的方法避免了用户必须等待整个文件从网络上下载完毕才能观看的缺点,因而特别适合在线观看影视。目前网络上使用较多的流视频格式主要是 RM、MP4 和 MOV。其中,RM 格式是 Real Networks 公司开发的一种流视频文件格式和专有的多媒体容器格式。用户可以使用 RealPlayer 或 RealOnePlayer 对 RM 格式的网络音频 / 视频资源进行实况转播。RM 格式是 Real Networks 公司对网络媒体的一大贡献,也是对在线影视推广的一大贡献。它的诞生也使得流视频文件为更多人所知。RM 格式可以根据网络数据传输速率的不同确定不同的压缩比。此外,Real Networks 公司开发的 RMVB 格式也是网络媒体中应用最广泛的音视频格式之一,国内一些媒体播放器,如射手播放器、QQ 影音等,也都支持该格式的影音播放(图 4-10)。

图 4-10　Real Networks 公司的 RM、RMVB 是应用广泛的流视频格式

4.7.4 MOV 格式

MOV(QuickTime)格式是苹果公司开发的一种音视频文件格式,也可以作为一种流媒体文件格式。MOV 格式能够通过网络提供实时的数字化信息流、工作流与文件回放功能,能够在浏览器中实现多媒体数据的实时回放。MOV 格式可以用来生成、显示、编辑、复制、压缩影片和影片数据。除了处理视频数据以外,MOV 格式还能处理文本、静止图像、动画图像、矢量图、多音轨和 MIDI 音乐,以及支持三维立体、VR 全景和 VR 物体的显示。除了苹果公司 Mac 计算机外,MOV 文件也可以在 PC 上播放。MOV 文件可以采用压缩或非压缩的方式,其压缩算法包括 Cinepak、Intel Indeo Video R3.2 和 Video 编码,适用于采集和压缩模拟视频,并可从硬盘高质量回放。MOV 格式支持 16 位图像深度的帧内压缩和帧间压缩,帧率可达每秒 10 帧以上。MOV 格式支持 25 位彩色以及领先的集成压缩技术,提供了多达 150 种以上的视频效果并配有 200 多种 MIDI 兼容音响和设备的声音装置。MOV 格式因具有跨平台、存储空间要求小等技术特点得到业界的广泛认可,目前已成为数字媒体技术的工业标准。多数视频编辑软件(如 Adobe Premiere CS)都支持输出 MOV 格式的影片。

上述数字视频格式各有优缺点,用户可以根据自己的实际需要选择合适的格式。例如,如果需要高质量的视频文件,可以选择 AVI 格式或者 MOV 格式;如果需要较小的文件进行网络传输、网络视频直播或网络分享,可以选择具有较高压缩比的 MP4 格式;如果使用苹果设备进行视频编辑或制作,可以选择 MOV 格式。

本课学习重点

本课的重点为数据压缩和解压缩技术，相关内容包括数据压缩的必要性、信息冗余与数字压缩原理、数据压缩编码类型、数字媒体（音频、图像、视频）的压缩方法以及相关的数据存储格式（参见本课思维导图）。数据压缩和解压缩技术是数字媒体技术的重要理论基础之一。读者在学习时应该关注以下几点：

（1）为什么媒体数据需要进行压缩和解压缩？

（2）数字媒体数据中存在的信息冗余包括哪些类型？

（3）什么是信息熵？信息量与数据量的关系是什么？

（4）什么是有损压缩和无损压缩？它们的优缺点是什么？

（5）举例说明帧内压缩与帧间压缩的联系与区别。

（6）目前常用的音频格式有哪些？试比较其各自的优势。

（7）如何解决音质（数据量）与文件大小的矛盾？

（8）数据压缩技术的原理是什么？该技术是如何分类的？

（9）请列表对比 MPEG、AVI、MOV 这 3 种视频格式的优缺点。

（10）什么是流视频格式？手机视频常用的格式有哪些？

（11）为什么说数据压缩技术推动了数字媒体的发展？

（12）数字图形与图像常见的存储格式有哪些？

（13）如何根据用户的实际需求选择数据格式？

本课学习思维导图

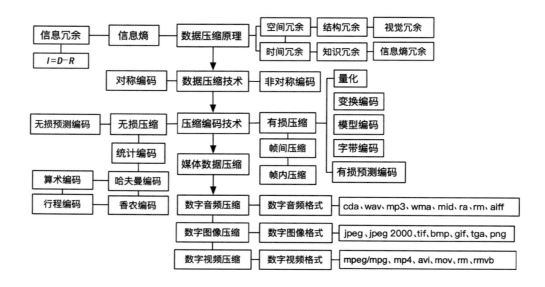

讨论与实践

思考以下问题

（1）为什么媒体数据需要进行压缩和解压缩？

（2）数字媒体数据中存在的信息冗余包括哪些类型？

（3）什么是信息熵？信息量与数据量的关系是什么？

（4）什么是有损压缩和无损压缩？它们的优缺点是什么？

（5）举例说明帧内压缩与帧间压缩的联系与区别。

（6）目前常用的音频格式有哪些？试比较其各自的优势。

（7）数据压缩技术的原理是什么？该技术是如何分类的？

小组讨论与实践

现象透视： "微雨众卉新，一雷惊蛰始。田家几日闲，耕种从此起。"二十四节气是中国古代编制的一种用来指导农事的历法（图4-11），也是古人修身养性、饮食起居的依据。2016年，中国的二十四节气被联合国教科文组织列入非物质文化遗产代表作名录。

头脑风暴： 小组调研并分类整理有关二十四节气的照片、诗歌和文字资料。根据"食在当季"的原则，结合中医养生的知识，设计一款农历App。

方案设计： 小组讨论并进行App产品的原型设计。请结合照片和其他资料，通过手绘、板绘和插画设计主题，可以融入科普、动画、天气软件数据库以及相关的知识。科普、教育、养生保健和朋友圈是该App设计的主题。

图4-11　二十四节气

练习与思考

一、名词解释

1. 数据压缩
2. 知识冗余
3. 信息熵
4. 有损压缩
5. 流视频格式
6. 帧内压缩
7. MPEG/MPG
8. MOV(Quick Time)
9. RAW
10. 哈夫曼编码

二、简答题

1. 如何解决音质（数据量）与文件大小的矛盾？
2. 数据压缩技术的原理是什么？该技术是如何分类的？
3. 请列表对比 MPEG、AVI、MOV 这 3 种视频格式的优缺点。
4. 什么是流视频格式？手机视频常用的格式有哪些？
5. 为什么说数据压缩技术推动了数字媒体的发展？
6. 对于数字媒体技术来说，哪些软件是必不可少的工具？
7. 数字视频 MPEG-4 和 AVS 压缩编码的原理是什么？
8. 举例说明什么是知识冗余与信息熵冗余。
9. 信息、数据与噪声的关系是什么？音频文件如何降低噪声？
10. 举例说明网络信息传输中常用的音视频格式有哪些。

三、思考题

1. 不同的图像格式或不同的视频格式之间如何相互转换？
2. 举例说明互联网常见的图形及图像文件格式有哪些。
3. 数字图形常见的存储格式有哪些？RAW 格式有哪些优势？
4. 如何根据用户的实际需要选择数据格式？

5. 网络电影不超过 700MB(MP4)，但同一电影 DVD 却超过 1.7GB，为什么？

6. 网络电影与 DVD 往往视觉感受差不多，为什么？

7. 专业音乐领域往往更推崇黑胶唱片而非数字音乐，试分析其原因。

8. 比较数据压缩软件（如 RAR、ZIP、7z）之间的异同。如何选择数据压缩工具？

9. CD 采样率为 44.1kHz，3min 的音频（双声道 16 比特）数据量是多少？

第 5 课

文本、图形与图像

/////////

5.1 文字的意义
5.2 字体与版式设计
5.3 超文本与超媒体
5.4 计算机图形学简介
5.5 数字色彩与设计
5.6 数字绘画
5.7 Photoshop 与数字图像处理
5.8 插画与图表设计
本课学习重点
讨论与实践
练习与思考

5.1 文字的意义

在人类发展史上，文本和符号的交流方式很晚才出现。大约 6000 年以前，在地中海肥沃的新月形土地周边，包括美索不达米亚、埃及、苏美尔和巴比伦等地出现了最早的楔形文字。只有统治阶级成员和僧侣才被允许阅读和书写这些图形化的符号和楔形文字。公元前 3000 年左右，居住于古代美索不达米亚的闪米特人把它们刻写在泥板上（图 5-1，左上），此后埃及人进一步发展了该象形文字（图 5-1，左下）。公元前 1775 年，希腊人开始使用音标字母文字。公元前 725 年，中美洲的玛雅神庙出现了石灰镶泥板的象形符号（图 5-1，右上）。公元前 1400 年，中国商朝出现了刻在龟甲上和兽骨上的象形文字（图 5-1，右下）。此外还有铸造在青铜器皿上的金文和镌刻在天然山石上的石刻文字。中国殷周时期以青铜器（钟、鼎、盘、盂等）为载体的青铜文字（图 5-2，左）内容包括纪念先祖、记述战功、册命赏赐、誓盟订约。从战国开始，绢帛与竹简、木简一道成为中国长期的书写文籍的主要材料（图 5-2，右）。此外，石碑、羊皮、小牛皮和树皮等也曾经作为文字记录的载体。这些早期文字通常包含与礼仪、祭祀、管理人民、政治和税收有关的信息。

图 5-1　楔形文字、埃及象形文字、玛雅文字和甲骨文

约公元前 2500 年，古埃及人就发明了莎草纸。埃及是世界最古老的文明国家之一。古埃及人在尼罗河三角洲长期栽培一种叫作纸莎草的禾草水生植物。人们将这种植物茎杆中心的髓茎压制成纸，制成卷轴式的书籍或文件，如《死者书》（图 5-3，左上），内容包括丧礼的戏曲、诗歌、祷文、咒语、神话等，主要是期盼死者获得死后的幸福生活。13—15 世纪，欧洲国家大多仍然以羊皮或小牛皮作为文字书写的载体（图 5-3，左下）。当时，修道院中的修道士要抄写一部完整的《圣经》（图 5-3，右上），需要宰杀 200~300 只羊或小牛。早在公元 7 世纪的唐代，中国人就发明了雕版印刷。公元 1045 年，中国宋代的布衣毕升发明了胶泥活字印刷术。1457 年，德国工匠古腾堡发明的金属活字排版技术和最早的印刷机械吹响了印刷时代的号角（图 5-3，右下）。

图 5-2 殷周时期的青铜文字和战国时期的竹简文字

图 5-3 埃及《死者书》、羊皮书、手抄《圣经》和古腾堡印刷机

公元 1400 年前后,欧洲出现了木板印刷品,并有了最早的木刻插画。随着古腾堡印刷机的普及,这些早期带有彩色插图的《圣经》开始流传。这些图书不但设计极为精致,画法异常细腻,而且色彩也艳丽动人,具有很高的艺术性(图 5-4)。与采用人脑记忆的方法不同,随着文字与图书的出现,这些信息就不会随着王朝更替而湮灭。历史上阅读、书写和封建王朝的统治总是密不可分的。除非属于某一特权阶层或者被统治者认可,否则掌握阅读技能将会被视为对社会规则的公然挑衅。早在战国时期,仓颉造字的故事就开始流传。《淮南子·本经》中记载:"昔者仓颉作书,而天雨粟,鬼夜哭。"这个神话故事生动地说明了文字的发明对于人类文明进步的重要意义。

图 5-4 早期带有彩色插图的《圣经》(木版印刷)

文字的出现也促进了人的个性、才能、智慧的发展，使个人从集体中脱颖而出。麦克卢汉认为，由于使用的主要媒体不同，人类社会经历了"部落化—脱部落化—再度部落化"这样 3 个阶段，而文字的普及，特别是文字印刷物（如图书）的出现，则是导致个人超越他所处的部落或群体、环境，发展独特个性和人格的主要原因，文字促进了知识的代际传播。伴随着读写能力的普及，印刷业开始在社会变革和社会生活中扮演越来越重要的角色。到 19 世纪末，印刷业已经高度繁荣，图书、报纸和刊物成为人们每天获得信息、知识与娱乐的基本渠道之一。今天，数字媒体技术已经借助互联网将图文信息传遍了世界的每一个角落。但今天文本阅读仍然是人们获得知识和力量的源泉。阅读和写作在现代成为人们生存与发展必要的素质。随着网络媒体的成熟，人们获取和利用信息的方式更加丰富。智能手机提供了更加生动的用户体验，也使得数字图文设计成为新的设计领域。界面设计、交互设计与多模态（多感官）体验设计共同推动了视觉传达设计的创新与发展。

5.2 字体与版式设计

5.2.1 字体设计基础

文字，无论是东方的象形文字还是西方的拉丁字母，从外观上看都是有规律的视觉图形符号，同时也是信息的载体，充当人们交流的媒介。所谓字体（typeface）或字型（font）都是排版与书法领域的专有名词。传统上"字型"是指一个具有同样样式和尺寸的字集，如方正粗宋体、汉仪粗黑体、微软雅黑体等；字体则是一个或多个字型所属的类别，如上面的宋体、黑体。但在屏幕阅读时代二者的区分已经不大，通常人们用字体指称文字的外观与结构。

汉字字体博大精深，从古到今大约可分为 6 类：小篆（秦）、隶书（汉）、楷书（魏晋）、行书、草书、宋体。西方将字体分为 Serif（衬线体）和 Sans Serif（无衬线体）两类。Serif 字体的开始和结束笔画有额外的装饰，而且笔画的粗细有所不同，常见字体有 Times New Roman、Georgia。Sans Serif 是无衬线字体，各个笔画粗细一致，无其他装饰，常见字体有 Verdana、Arial、微软雅黑。国内常见的衬线体汉字是宋体。宋体起源于宋代，发展完善于明代，后传至日本称为"明朝体"。当时雕版印刷术的应用已经十分广泛，由于用来制造活字的木板中纹路大多为水平方向，在刻字时就自然形成了横笔画细、竖笔画粗的特点。由于当时印刷技术还不是很成熟，容易造成字体磨损。为了防止字变得模糊不清，就在横笔画的两端加粗并增加三角形装饰。使用宋体印刷的文字因其有粗有细的特点，使得阅读起来很连贯。典型的宋体，如方正大标宋体、方正风雅宋体棱角分明，结构严谨，整齐均匀。宋体笔画横平竖直，有极强的笔画规律性——"横细竖粗撇如刀，点如水滴捺如扫。钩似鹅头横似管，横为小山弯带角。"能够使人在阅读时感觉舒适醒目，所以被广泛用于报纸、刊物和图书（图 5-5）。

5.2.2 计算机字库设计

除了宋体外，国内常见的印刷字体还包括楷体、仿宋体和黑体。常见的无衬线体汉字是黑体。黑体是现代字体，没有宋体的横细竖粗的笔画变化，而是横竖粗细一致、方头方尾的字，能够很好地适应手机等电子设备，顺应了互联网时代的阅读要求。在信息化发展的今天，各种专业的计算机字库提供了丰富多彩的创意字体，如微软字库、方正字库（图 5-6）、汉仪字库、文鼎字库、汉鼎字库、长城字库、金梅字库等。这些计算机字库成为设计师普遍参考的字体设计模板。目前简体中文字符

图 5-5　方正大标宋体、粗宋体和小标宋体广泛用于报纸、刊物和图书

集的中国国家标准（GB 2312）包含 6763 个汉字，另外还有 200 多个符号。

图 5-6　方正字库提供的几种商用设计字体（字加 App）

字体设计可以使用 FontForge、FontLab Studio 和 Typetool 等字体设计软件，也可以使用 Adobe Illustrator、Photoshop、InDesign、C4D、3ds max、CorelDRAW 等数字绘图软件。虽然不同的软件操作方法不一样，但功能大同小异。设计师需要导入前期手绘或计算机设计的字体，通过字体软件调整字型，然后生成 TrueType（简称 TT）格式的字体文件，就成为个性化的计算机字库。TrueType 是由美国苹果公司和微软公司联合提出的一种数字化字形描述技术。该技术采用几何学中的二次 B 样条曲线及直线描述字体的外形轮廓，抛物线可由二次 B 样条曲线精确表示，更为复杂的字体外形可用二次 B 样条曲线的数学特性以数条相接的二次 B 样条曲线及直线表示。TrueType 字体文件（内含字体描述信息、指令集、各种标记表格等）通用于 Mac 和 PC 平台。

计算机字库设计和创意字体设计不同。创意字体是字体设计的艺术化呈现，通常只设计几个字用作商标、标志、企业名称等；而字库是设计几千个字后再编码，是文字字体集合库，供使用字体时调用。但二者所用的软件工具、设计方法有很多相似的地方。创意字体设计首先应该从字义出发，有明确的目的性和功能性。形义结合与易于辨识是字体设计需要遵循的两大原则。设计之初，设计者首先便要明白因何设计、为何设计，要在脑海中想象出与字义相关的抽象画面，或联想到与之相关的设计关键词，才能执行操作。同时，设计字体时同样要把握好可读性与艺术审美的关系。过于注重艺术造型，从而使得字体变得抽象、无法辨别，就算表现得再美，也失去了字体设计的意义。

5.2.3 创意字体设计

创意字体设计要注重可识别性原则、独特性原则、艺术性原则、形式与内容统一性原则。可识别性原则要求字体设计在组织结构上有严格的规范与标准。独特性原则强调字体设计的原创性,并能够传达独特的内涵。Adobe 设计师创意社区 Behance 为全球设计师提供了设计作品的交流平台,其中的字体设计栏目展示了各地设计师独具匠心的创意字体设计作品(图 5-7,图 5-8)。创意字体无论笔画结构怎么变,最终目的都是让字体变得更美。字体的艺术性是形态、组织、节奏、韵律和色彩等因素的综合体现。把理性思考得来的内容抽象化、图形化、具象化和可视化,并且被用户广泛地接受,是设计师体现设计价值之处。学习字体设计需要掌握多种知识,需要对字体的图形、结构、色彩等多方面进行了解。字体设计基础知识包括网格和辅助线、字体结构剖析、字体设计技巧、字体设计色彩等内容。

图 5-7　Adobe 设计师创意社区 Behance 字体设计栏目

图 5-8　设计师创意社区 Behance 展示的部分创意字体

5.2.4 版式设计

从中世纪早期的手抄本中的彩页到精致的现代杂志和商品目录,再到基于电子屏幕的媒体设计布局,各个时期的设计者都会把版面设计作为一个考虑因素。版式设计是指设计人员根据设计主题和视觉需求,在预先设定的有限版面内,运用造型要素和形式原则,根据特定主题与内容的需要,对文字、图片(图形)及色彩等视觉传达信息要素进行有组织、有目的的组合排列的设计行为与过程。版式设计的应用范围涉及报纸、刊物、图书(画册)、产品样本、挂历、展架、海报、易拉宝、招贴画、唱片封套等平面设计各个领域。自个人计算机问世以来,页面布局技术已扩展到数字媒体,如网页、手机页面、电子书、PDF 文档等。除了静态页面外,数字媒体内容还包括动画、视频等动态设计和页面交互性设计。交互式媒体的页面布局与界面设计和用户体验设计等内容相互重叠，因此也被称为图形用户界面设计（图 5-9）。

图 5-9　版式设计是交互式媒体页面布局的重要内容之一

版式设计决定文本和图像的整体布局及媒介大小或形状。这一级别的设计需要智慧、感知力和创造力，设计者不仅要对文化、美学和心理学有较深的了解，还要能根据文档作者和编辑的意图传达并强调特定的主题。版式设计的基本原则包括简洁性、艺术性、整体性、趣味性与独创性。简洁性原则是指版面信息需要合理排列，体现内容的简练与清晰。同字体设计一样，版式设计也要把握好可读性与艺术审美的关系。过于注重艺术造型从而使得版面信息无法辨别，就算表现得再美，也失去了版式设计的意义。版式设计的艺术性原则就是要符合视觉审美的基本规律，版式具备点、线、面的构成要素（图 5-10），在图形与字体的排列过程中要有一定的对比关系，如大小对比、疏密对比、明暗对比、虚实对比、正反对比、曲直对比等。

版式设计特别强调整体性原则。这主要体现 3 个方面：一是视觉上的整体性，主体形象突出并成为视觉中心，以表达主体思想；二是分类编排上的整体性，对文本信息进行分类编排，监理信息登记分区和导向，使信息传达清晰连贯；三是设计元素处理上的整体性，将设计元素抽象化。版式设计本身并不是目的，而是更好地传播客户信息的手段。设计师往往自我陶醉于个人风格以及与主题不相符的字体和图形中，这是造成设计平庸甚至失败的主要原因。一个成功的版式设计必须明确客户的目的，并深入了解、观察、研究与设计有关的方方面面。版式离不开内容，更要体现内容的主题思想，引导读者的注意力与理解力。图表、图标、插画与照片的穿插不仅有助于丰富版面，而且也提升了读者的阅读兴趣与视觉体验（图 5-11）。只有做到主题鲜明突出、版式生动活泼、色彩搭配合理、信息一目了然，才能达到版式设计的最终目的。

图 5-10　版式构成具备点、线、面的构成要素

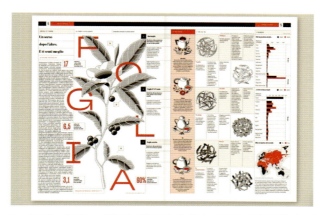

图 5-11　图表、图标、插画与照片的穿插有助于丰富版面和提升体验

5.3　超文本与超媒体

超文本（hypertext）是用超链接（hyperlink）的方法将各种不同空间的文字信息组织在一起的网状文本，也就是由若干信息节点和表示信息节点之间相关性的链构成的一个具有一定逻辑结构和语义关系的网状结构（图 5-12，左）。超文本是一种按信息之间关系非线性地存储、组织、管理和浏览信息的计算机技术，可以用来显示文本及与文本相关的内容。现地超文本普遍以网页或电子文档方式存在，其中的文字包含可以转到其他位置或者文档的链接（下画线），允许读者从当前阅读位置直接切换到超文本链接所指向的位置。我们日常浏览的手机或网页上的链接都属于超文本。每一个网页则是由超文本标记语言（Hypertext Markup Language, HTML）组成的（图 5-12，右）。HTML 是一种描述性的页面标记语言，该语言用来定义 HTML 文档中的信息或功能，它控制着互联网页面中的文本、图像和其他信息在浏览器中的显示方式。任何一个网页的基础结构和基本组成部分都是 HTML。没有 HTML，就没有现在人们所见到的丰富多彩的互联网页面和移动媒体的应用页面。

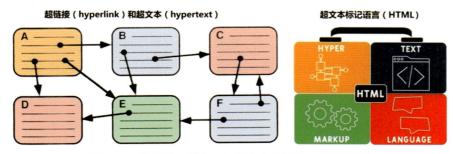

图 5-12　超链接、超文本与超文本标记语言（HTML）

超媒体（hypermedia）是一种采用网状结构对块状多媒体信息（包括文本、图像、声音、视频等）进行组织和管理的技术。超媒体在本质上和超文本是一样的，只不过超文本技术在诞生的初期管理的对象是纯文本。随着多媒体技术的兴起和发展，超链接技术的管理对象从纯文本扩展到多媒体，为强调管理对象的变化就产生了超媒体这个词。

超媒体的另一个含义就是隐喻了整合资源的新型商业模式，是新媒体意识与新商业思维的有机聚合。随着以 4G 网络为代表的宽带技术的普及，传媒业也突破了传统媒体的单一形态，朝着超媒体方向发展，即实现报纸、广播、电视、杂志、音像、电影、出版、网络、电信、卫星通信等媒体形式深度融合、系统开发、信息跨媒共享、资源跨行配置、文化跨域交流，并且凸显以媒体为核心的关联产业涟漪式发展。因此，超媒体不仅仅是一个技术词汇，它是新媒体与新商业思维的交融，是网络技术与全球化经济的有机聚合。事实上，从个人最常用的微信、微博，到像欧特克公司专门为设计师打造的交互设计平台，从比尔·盖茨的"信息高速公路"到谷歌地球的三维城市，都是不同层面、不同量级的超媒体产品。我们日常应用的笔记本计算机、平板计算机、智能手机以及 VR、AR 等拓展现实的产品都属于超媒体（图 5-13）。超媒体可以提供比超文本链接层次更高的响应，实现更为便利、直观的人机双向交流。

图 5-13　笔记本计算机、平板计算机和智能手机都属于超媒体

　　超文本的概念提出距今已有近 80 年的历史。早在 1945 年，被誉为"信息时代的教父"的科学家万尼瓦尔·布什首次提出了被称为"存储扩充器"的概念，这是具有开创性的信息组织方法并形成了超文本的基础。1945 年 7 月，布什在美国《大西洋月刊》上发表了一篇著名的论文——《诚如所思》(*As We May Think*)。布什设想了一种能够存储大量信息，并能在相关信息之间建立联系的机器——"麦麦克斯系统"(Memex)。该系统可以使任何一条信息直接自动地选择另一条信息，这就是超文本的最初概念。布什认为，文本间的交叉引用类似于人类思维的方式——也就是说，通过联想而不是直线顺序。为了制造这些"联想"链接，单个的因素会被标上标签，从而可以得到打开系统的动态链接。

　　在布什发表的另一篇论文中，他又提出这种机器（媒体）能够把视频和声音集成在一起，而这也恰恰是 Web 的核心思想。设计师的任务是创建内容，决定链接，用非线性组织信息的方式做出简易而明确的引导。虽然当时由于技术条件所限，布什设想的这些机器最终没能制造出来，但是他的思想在此后的 50 多年中产生了巨大影响。1963 年，信息技术专家泰德·纳尔逊（Ted Nelson）创造了术语"超文本"。1981 年，纳尔逊在他的著作中使用术语"超文本"描述了这一想法：创建一个全球化的大文档，文档的各个部分分布在不同的服务器中。通过激活称为链接的超文本项目就可以跳转到引用的论文。由此，超文本与超媒体的概念成为互联网发展的理论基础之一。

5.4　计算机图形学简介

　　计算机图形学（Computer Graphics, CG）是研究怎样用计算机生成、处理和显示图形的一门学科，是一种使用数学算法将二维或三维图形转化为计算机显示器呈现的点阵形式的科学。简单地说，计算机图形学就是研究如何在计算机中表示图形以及如何利用计算机进行图形计算、处理和显示相关的原理与算法。国际标准化组织对这个术语的定义为：计算机图形学是研究通过计算机将数据转换为图形，并在专门显示设备上显示的原理、方法和技术的学科。目前，计算机图形学已经成为计算机科学中最为活跃的学科分支之一，并在众多领域，如汽车和飞机的设计与制造、机械产品的计算机辅助设计和制造、电影特技和CG动画、商业、广告、娱乐、政府部门、军事、医学、工程、艺术、教育和培训等，得到广泛应用，重点应用领域包括图形视频处理、数字娱乐、工业建模、影视制作、动画设计、生物信息、医药医疗等（图5-14）。

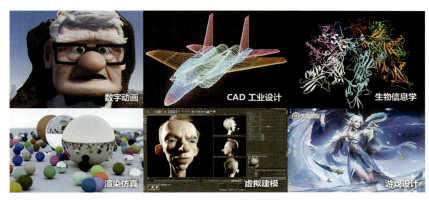

图5-14 计算机图形学在众多领域广泛应用

5.4.1 位图与矢量图

计算机图形学关注用图形和图像表示和表现现实世界。它所研究的图形是从客观世界物体中抽象出来的带有颜色及形状信息的图形和图像。矢量图形（vector graphic）指计算机绘制的画面或由直线或曲线组成的图形，如直线、圆、圆弧、任意曲线和图表等。矢量图记录生成图的算法和图上的某些特征点，并根据图形的几何属性（如方向、长度、曲率）描述图形，因此很容易对矢量图进行移动、缩放、旋转和扭曲等。矢量图的变形和属性的改变（如线条变宽、变细或颜色改变）也很容易做到。矢量图主要用于表示线框、图案和表现类的插图、绘画、技术型的图画、工程制图和美术字等。

常用的矢量图文件格式有EPS、人工智能、CDR等。矢量图只保存算法和特征点，相对于位图的大数据量来说，它占用的存储空间也比较小。此外，矢量图为无限分辨率，因此无论放大或缩小，通常不会变形失真（图5-15）。然而，当矢量图变得很复杂时，计算机就要花费很长的时间执行绘图指令。此外，一幅复杂的彩色照片很难用数学方法描述。矢量图和位图之间可以用软件进行转换：一般由矢量图转换成位图采用光栅化（rasterizing）技术，而由位图转换成矢量图可以用跟踪（tracing）或描图等技术，通常Adobe Photoshop、Adobe Illustrator、CorelDRAW等软件均可以实现矢量图和位图之间的相互转换。人工智能技术可以通过照片的扫描、定位与矢量化快速实现人脸的三维建模以及虚拟人建模或者三维景观的重现，这些技术的核心也是计算机对图像的识别以及仿真重构的过程，这个过程同样属于位图转换成矢量图的过程。

位图（bitmap）也称为点阵图或栅格图像。它是由计算机屏幕上网格状的点组成的，这些点称为像素（pixel）。位图就是由像素的排列实现其显示效果的，每个像素有自己的颜色信息，在对位图进行编辑操作的时候，可操作的对象是每个像素，可以改变位图的色相、饱和度、明度，从而改

图 5-15　矢量图形由直线或曲线组成，放大后不会失真

变位图的显示效果。位图是连续色调图像（如照片或数字绘画）最常用的电子媒介，因为它们可以表现阴影和颜色的细微层次，因此位图一般数据量比较大。位图除了可以表达真实的自然与人造景观以外，也可以表现复杂的绘画，具有灵活和富于创造力等特点。

　　位图中每个像素都有其特定的位置与颜色值。位图多为自然图形，通过手机、数码相机和扫描仪采集到的图像就是位图（图 5-16）。除了计算机图像处理软件和绘画软件 Photoshop、Painter 等产生的图像外，通过三维软件如 3ds max、Maya 渲染产生的图像也是位图。Photoshop 是摄影、印刷、动画、广告设计等行业的强大工具。它的出现不仅使人们告别了传统的手工修图，而且可以通过拼接、合成与数字彩绘创造出超越现实的图像。在屏幕上缩放位图时可能会丢失细节，因为位图与分辨率有关，如果分辨率过低，容易发生变形失真并产生"马赛克"效果，位图可能会呈现出锯齿状（图 5-17）。通过轮廓描线等方式，位图可以转换为矢量图。

图 5-16　位图由计算机屏幕上的像素组成，每个像素有特定的位置与颜色信息

图 5-17　矢量图与位图的最大区别在于图像放大后是否有锯齿

5.4.2 CGI 技术和目标

计算机图形学是研究怎样利用计算机表示、生成、处理和显示图形的原理、算法、方法和技术的一门学科。计算机图形学的任务就是通过算法和程序在显示设备上呈现出图形。这种技术也称为计算机生成影像（Computer Generated Imagery，CGI）技术。计算机成像是计算机图形学研究的核心。CGI 所设计和构造的图形可以是现实世界中已经存在的物体，也可以是完全虚构的物体。这里，表示、生成和处理就是建模→变换屏幕点的几何位置的过程，属于几何或 3D 问题；显示是对客观世界的计算机内表示的再现，是决定屏幕点的显示属性，如可见性和颜色（包括色调、饱和度和亮度等），属于图像或二维问题。计算机图形学的研究内容涉及用计算机对图形数据进行处理的硬件和软件两方面的技术，主要是围绕着生成、表示物体的图形和图像的准确性、真实性和实时性的基础算法，其研究范围大致可分为以下几部分：

（1）基于图形设备的基本图形元素的生成算法，如用光栅图形显示器生成直线、圆弧、二次曲线、封闭边界内的图案填充等。包括曲线和曲面造型技术、实体造型技术以及自然景物（如纹理、云彩、波浪等）的造型和模拟。三维场景的显示包括光栅图形生成算法、线框图形以及真实感图形的理论和算法。

（2）图形元素的几何变换，即对图形的平移、放大和缩小、旋转、镜像等操作。

（3）图形数据的存储，包括数据压缩和解缩。

（4）实时动画和多媒体技术。研究实现高速动画的各种软硬件方法、开发工具、动画语言以及多媒体技术。

（5）样条曲线和样条曲面的插值、拟合、拼接、光顺、整体和局部修改等。三维几何造型技术，对基本体素的定义、输入及它们之间的布尔运算方法。

（6）描述复杂物体图形的方法与数学算法。三维形体的实时显示，包括投影变换、坐标变换等。真实感图形的生成算法，包括三维图形的消隐、光照、色彩、阴影、纹理及彩色浓淡图的生成算法。

（7）山、水、花、草、烟云等自然景物的模拟生成算法（图 5-18）。物体图形数据的运算处理，包括基于图形和图像的混合绘制技术、自然景物仿真、图形用户接口、虚拟现实、动画技术和可视化技术等。

图 5-18　CGI 通过分形算法可以生成仿真的自然景观

（8）科学计算可视化和三维数据可视化。将科学计算中大量难以理解的数据通过计算机图形显示出来，例如有限元分析的结果、应力场和磁场的分布、各种运动学和动力学问题的图形仿真等。

由此可以看出：计算机图形学的研究内容可以分成如下 5 类：

（1）基本知识，包括软硬件、齐次坐标、图形变换、三维观测、视图变换。

（2）用户界面，包括交互设备、界面设计、窗口管理、交互技术、界面管理。

（3）模型定义，包括曲线和曲面、实体表示、视觉系统、颜色描述、颜色运用。

（4）图像合成，包括矢量技术、消隐技术、光照模型、光线跟踪、辐射度、图像操纵、图像存储。

（5）高级技术，包括高端硬件、图形体系、反走样、复杂光栅、高级建模、动画技术。

图形和图像是计算机图形学的基本概念，必须解决计算机图形学中图的表示机理、图的预处理、图的最终输出及如何与用户交互的问题。

计算机图形学的研究成果往往会商业化并形成软件或插件。例如，2020 年，虚幻引擎 5 就结合了虚拟几何体与动态全局光照渲染的研究成果，推出了两大核心技术：Nanite 与 Lumen。这些新技术可以让美术师创建出令人惊叹的游戏场景及角色细节（图 5-19）。虚幻引擎 5 的 Nanite（虚拟几何渲染体技术）意味着由数以亿计的多边形组成的影视级美术作品可以被直接导入虚幻引擎 5，大大提升了游戏的品质。Lumen（动态全局光照技术）能够对场景和光照变化做出实时反应。该系统能在宏大而精细的场景中渲染间接镜面反射和可以无限反弹的漫反射；其渲染精度小到毫米级、大到千米级都能游刃有余，游戏美术师因此无须再考虑多边形数量预算，也不用再将细节烘焙到法线贴图，这就为美术师省下大量的时间。虚幻引擎 5 将会成为推动电影视效级游戏发展的创作平台。

近十年来，随着游戏的高速发展，互动式电影叙事和宏观大场面成为趋势。为了具有逼真的电影感，角色模型需要纤毫毕现；为了具有足够灵活丰富的游戏视野，地图尺寸和物件数量呈指数级增长。这两者都大幅度提升了对场景精细度和复杂度的要求：场景物件数量既要多，每个模型又要足够精细。而虚幻引擎 5 的出现代表了计算机图形学在该领域的突破，可能成为未来影视与游戏行业的必学软件。动画师、游戏师、特效师和导演都应该掌握虚幻引擎技术，使之成为助力作品创意的撒手锏。

图 5-19　利用虚幻引擎 5 的虚拟几何体渲染与动态全局光照技术创建的场景及角色

5.5　数字色彩与设计

5.5.1　色彩与色域图

色彩用来描述人类对不同波长光线的感知。人的眼睛包含一种对光线强度（亮度）敏感的视杆细胞和 3 种对特定波长（色彩）敏感的视锥细胞，分别对应长波（红）、中波（绿）和短波（蓝）。可见光谱中有无限种色彩，不只是红绿蓝。但是人的大脑会通过混合不同波长的信号再现这些色彩，这也就是人得以看到这些次级色调的原因，例如黄色、洋红（品红）、绿色和其他色彩。根据实验，人的大脑只能分辨大约 1000 万种色彩，称为可见光谱，代表了人用眼睛能看到的所有色彩。将这些色彩绘制到图表上，便形成了根据国际照明委员会制定的国际标准（CIE 1931）的色域图（图 5-20），这就是构建数字色彩的基础，可以把它想象成一张用来定位色彩的"数字地图"。

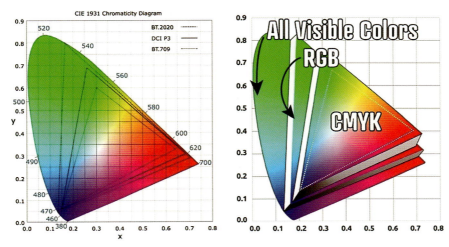

图 5-20　用于测定颜色的国际标准（CIE 1931）色域图

　　色彩模型又称作色域或者色彩空间（color space），它是通过空间坐标系表示色彩的方法，这种坐标系所能定义的色彩范围即色彩模型。在计算机图形学中经常用到的色彩模型主要有 RGB、CMYK、Lab 等。色彩模型是一种根据色彩的组成属性描述其自身的数学方法。数字视频的标准色彩模型是 RGB 色彩模型，它与 CIE 1931 使用的模型是相同的，即基于红、绿、蓝光的量描述各种色彩。当在计算机显示器上显示颜色的时候，红色、绿色、蓝色被当作 X、Y 和 Z 坐标轴。另一个等效的方法使用色相（X 轴）、饱和度（Y 轴）和明度（Z 轴）表示色彩，这种方法称为 HSB 色彩模型。除了色彩模型外，色彩深度（位深）也是色域的重要标准，是对图像中色彩数量的度量。色彩深度常用单位为位/像素（bpp），若色彩深度是 n 位，即有 2^n 种色彩，例如 16 位代表拥有 65 536 种色彩。因此，色彩深度用于描述色彩的信息量，位数越多，能描述的色彩就越多，就越丰富、细腻。

5.5.2　数字色彩模型

　　一般将自然光称为白光。但是，如果用一个三棱镜观察光束的散射，就会知道这种白光可以分离成类似雨后的彩虹的各种颜色。当自然光穿过三棱镜时，它会发生折射，并导致白光分解成不同波长的彩色光，一般用 7 种颜色代表，即红、橙、黄、绿、蓝、靛和紫（洋红）。早在 1666 年，物理学家牛顿就发现了阳光经三棱镜折射产生的色散现象（图 5-21，左）。随后德国学者赫尔曼·冯·亥姆霍兹在 1856—1867 年，继续深入研究了色彩并确立了光的三原色（即红色、绿色和蓝色）理论。色彩模型是描述使用一组数值表示颜色的抽象数学模型。三原色模型（RGB）和四色模（CMYK）都是色彩模型（图 5-21，右上）。

　　在 RGB 模型中，相邻光线的混合可以产生出另外 3 种混合颜色（复色），即黄、青和洋红色。

如果以相同强度的红、绿、蓝三原色的光同时投射在白色光屏上，中间的白色区域就是三原色的光混合而成的。RGB 使用加色模型（如显示器和太阳等），因此颜色越多就越亮，而移除所有的光就得到黑色。如果在显微镜下观察液晶显示器，每个像素实际上只显示光的三原色。在 CMYK 模型中，原色是青色、洋红色和黄色。CMYK 使用减色模型，如果将等量的原色混合就会得到黑色（理论上）。但为了在印刷品上得到纯黑色，往往需要添加黑色。要使用 CMYK 四色印刷全彩色图像，每页都要经过 4 次印刷。每一次只印刷一种原色或黑色的油墨。CMYK 模型基于物体的反射光模式，因此其色域范围比 RGB 的色域范围要小（图 5-21，右下）。当这些无法印刷的色彩出现时，在绘图软件中就会显示超出 CMYK 色域的警告信号（一个带感叹号的三角形）。此时 Photoshop 会自动选择与无法印刷的色彩最接近的色彩作为印刷色彩。

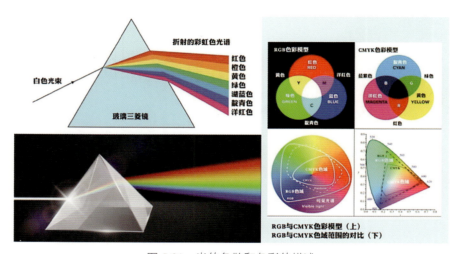

图 5-21　光的色散和色彩的描述

除了 RGB 色彩模型与 CMYK 色彩模型外，HSB 色彩模型与 Lab 色彩模型也是计算机描述数字色彩空间的常用模型。HSB 色彩模式即色度、饱和度、亮度模式（图 5-22，右下）。它采用色彩的 3 个属性表示色彩，即将色彩的 3 个属性进行量化，饱和度和亮度以百分比（0~100%）表示，色度以角度（0°～360°）表示。HSB 色彩模型以人类对色彩的感觉为基础，描述了色彩的三种基本特性，为将自然色彩转换为计算机色彩提供了一种直接方法。Photoshop 提供了 HSB 色彩模型与 Lab 色彩模型的选项滑块（图 5-22，左下）。

Lab 色彩模型是根据国际照明委员会制定的国际标准建立的色彩模型。Lab 色彩模型弥补了 RGB 和 CMYK 两种色彩模型的不足。它是一种与设备无关的色彩模型，也是一种基于人类生理特征的色彩模型，灵长类动物的视觉都有两条通道：红绿通道和蓝黄通道。因此，Lab 色彩模型由 3 个要素组成：亮度 L 和 a、b 两个色彩通道。其中，a 为红绿通道，从深绿色（低亮度值）到灰色（中亮度值）再到亮洋红色（高亮度值）；b 为蓝黄通道，从亮蓝色（低亮度值）到灰色（中亮度值）再到黄色（高亮度值）。这种色彩混合后将产生具有明亮效果的色彩（图 5-22，上）。Lab 色彩模型用数字化的方法描述人的视觉感受。Lab 色彩空间中的 L 分量取值范围是 [0,100]，表示从纯黑到纯白；a 表示从红色到绿色的范围，取值范围是 [−128,127]；b 表示从黄色到蓝色的范围，取值范围是 [−128,127]。

Lab 色域是所有色彩模式中最宽广的，它囊括了 RGB 和 CMYK 的色域，比计算机显示器甚至比人类视觉的色域都要大。Lab 模型所定义的色彩最多，与光线及设备无关并且处理速度与 RGB

模型同样快，比 CMYK 模型快很多。因此，可以放心大胆地在图像编辑中使用 Lab 模型。而且，Lab 模型在转换成 CMYK 模型时色彩没有丢失或被替换。因此，避免色彩损失的最佳方法是：应用 Lab 模型编辑图像，再转换为 CMYK 模型打印输出。Lab 模型也是 Photoshop 从一种色彩模型转换到另一种色彩模型的中介。

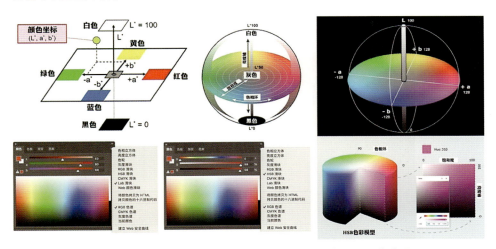

图 5-22　Lab 和 HSB 色彩模型以及 Photoshop 的色彩调节选项

5.5.3　色彩心理学

色彩虽然在物理学上属于大自然的光谱范畴，但色彩心理学实验证明，色彩对人的心理与认知具有很大的影响。例如，颜色具有干扰时间感觉的能力。一个人进入粉红色壁纸和深红色地毯的房间，另一个人进入蓝色壁纸和蓝色地毯的房间，让他们凭感觉在一小时后从房间里出来，结果在红色房间里的人 40~50min 就出来了，而蓝色房间里的人 70~80min 才出来，由此说明人的时间感被色彩扰乱了。蓝色有镇定、安神、提高注意力的作用；而红色有醒目的作用，可以使血压升高，有时可增加精神紧张。色彩不仅可以影响时间，还可以影响人的空间感。色彩分为前进色和后退色，前进色看起来醒目和突出。两种以上的颜色组合后，由于色相差别而形成的色彩对比效果称为色相对比，其对比强弱取决于色相环的角度，角度越大，对比越强烈（图 5-23）。国外有人统计，发生事故最多的汽车是蓝色的，然后依次为绿色、灰色、白色、红色和黑色。蓝色属于后退色，因而在行驶的过程中蓝色的汽车看上去比实际距离远。汽车色彩的前进色和后退色等与事故是有一定关联的。

图 5-23　色相对比会产生醒目的感觉

色彩是与大自然密切联系的，四季轮回成为人们对色彩的直接体验。暖色系是秋天的主色调，无论是层林尽染的枫叶，还是姹紫嫣红的葡萄苹果，无不使人垂涎欲滴、胃口大开。橙色代表了温暖、阳光、沙滩和快乐，而且橙色创造出的活跃气氛更自然。橙色可以与一些健康产品搭上关系，例如橙子里有很多维生素 C。黄色经常可以联想到太阳和温暖，带给人口渴的感觉，所以经常可以在卖饮料的地方看到黄色的装饰。橙黄色往往和蓝绿色、紫色形成鲜明的对比，并给人带来无限的遐想和温馨的感觉（图 5-24）。色彩同样有着象征性与文化含义。绿色是自然环保色，代表健康、青春和自然。不同明度的蓝色会给人不同的感受。蓝天白云、碧空万里代表新鲜和更新，深蓝色给人冷静、安详、科技、力量和信心之感。现代工厂墙壁多用清爽的蓝色，起到缓解工人疲劳的效果。医护人员的服装多采用蓝色（图 5-25）。

图 5-24　橙黄色往往和蓝绿色、紫色形成鲜明的对比

图 5-25　医护人员的服装多采用蓝色

5.5.4　数字色彩设计

色彩设计是产品营销的秘诀。例如，星巴克每年都会在不同的节假日推出富有季节特色的限量纸杯。从 1997 年开始，为了庆祝圣诞节，星巴克推出了多款特色纸杯（图 5-26）。这些纸杯添加了各种圣诞节符号，如圣诞树、麋鹿和雪花等，因此受到了消费者的欢迎。2016 年，星巴克推出了多款圣诞节限量纸杯（图 5-27）。这些纸杯并不是星巴克设计的，而是从 1200 名设计师的作品中挑选出来的。"杯子经济"是隐藏在星巴克咖啡业务背后的"功臣"。有数据显示，每到圣诞季，星巴克的销售数字都会格外好看。不只是圣诞季，在复活节，星巴克就会换上具有春天气息的蓝色、黄色和绿色纸杯。星巴克虽然是卖咖啡的，但它其实是最懂体验设计的科技公司和服务企业。将色彩、情感和人们对节日的记忆转化为对商品的喜爱，这成为星巴克从细节挖掘用户深层体验的制胜战略。

图 5-26 星巴克在 1997 年圣诞节推出的多款特色纸杯

图 5-27 星巴克在 2016 年圣诞节推出的限量纸杯

除了节日纸杯之外,星巴克推出的马克杯、保温杯也是广大星粉们的挚爱。季节限定款、城市限定款、联名合作款……当你走进星巴克的杯子世界,有的时候甚至会莫名恍惚——星巴克到底是卖咖啡的还是卖杯子的?最出名的当属星巴克的基础系列——城市限定款马克杯。例如,日本 2017 年"You Are Here"地方特别限定款和韩国 2016 年"淘气猴"限量版星巴克咖啡杯(图 5-28)就受到粉丝的疯狂追捧。随着星巴克将门店开到全球,顾客前往世界各地的任意一家星巴克门店,基本上都可以买到具有本地特色的城市限定款咖啡杯,是一个很有纪念意义的收藏品。

好的色彩搭配往往令人赏心悦目,流连忘返。色彩的协调一致无论是对网页和 App 的呈现还是对商品信息的展示都是非常重要的因素。色彩设计不仅包括科学和文化因素,而且还受到兴趣、年龄、性格和知识层次的制约。例如,星巴克针对亚洲女性的审美特点,推出了与 Paul & Joe 联名设计的商品系列,粉嫩色彩迎合了春天樱花季的风潮,成为少女们的最爱(图 5-29)。色彩还有很强的时代感,在一定的时期会形成某种流行色。例如,美国苹果公司标志的演变就代表了不同时期人们对色彩审美的变化。在苹果公司刚刚创建的 20 世纪 70 年代,世界大多数计算机公司的标识为拉丁字母的单色标志,而苹果公司却以其"彩虹环"的 6 色标识彰显了自己。随着时代审美的发展,年轻人认为金属、玻璃和单色是"酷"的象征。同时,随着手机等移动媒体的流行,扁平化的图标设计成为 20 世纪 90 年代中后期的时尚风潮,于是单色的、具有材料和质感之美的苹果标志出现在人们的眼前。随着时间的推移,甚至很多年轻一代已经忘记了苹果公司原来那个多彩的标识。与之相反,许多早期标识色彩相对单一的公司,如微软、谷歌(图 5-30)和腾讯等,纷纷推出色彩更丰富的扁平化设计,这也使得这些公司的形象更为多元化和平民化。

图 5-28 "You Are Here"地方特别限定款和"淘气猴"限量版星巴克咖啡杯

图 5-29 星巴克针对亚洲女性的 Paul & Joe 联名设计款商品

图 5-30 谷歌界面丰富的色彩

5.6 数字绘画

随着网络的发展及数字设计的流行,数字设计已经被广泛应用到工业、建筑、游戏、影视、广告、媒体、娱乐与社交领域。其中,数字插画与图形设计是目前媒体设计师的主要工作内容之一。近年来,随着数字技术的不断更新,数字绘画艺术也蓬勃发展起来,并在形式与风格上远远超越了20世纪90年代的CG插画艺术。随着数字技术全面介入插画的创作,传统手绘创作方式有了根本性的变化。例如,苹果iPad绘画软件Procreate搭载了有136种画笔的画笔库,包括铅笔、墨水笔、炭笔等各种艺术画笔。每款画笔都可通过画笔工作室自行定义,用户也可以下载上千种画笔以配合创意的各种风格。Procreate作为iPad上最为知名的绘图App之一,其相对低廉的价格、免费的版本迭代更新以及作为专业工具逐渐增强的实力吸引了越来越多的用户开始尝试使用Procreate在iPad上进行插画和设计工作(图5-31)。数字插画不仅可以提高效率,更重要的是扩展了创作思维,以前用传统绘画手法难以表现的想象场景,用数字技术可以得到淋漓尽致的展现。网络和移动媒体的发展使得插画作品的展示舞台已不再局限于传统的杂志、图书、报纸,而是延伸到网络论坛、手机、轻博客、微信、抖音等新的文化载体中。数字插画创作成本低,无论个人或小型工作室可以开展,是文化创意产业中最适合艺术类大学生创业的方向。同时,数字插画是一种超越国界的艺术语言,这也为数字插画师的国际合作提供了更多的机会,如国际设计师论坛Behance就为设计师搭建了作品展示的舞台。

图 5-31 数字插画师的创意工具——iPad 绘图软件 Procreate

数字插画创作步骤包括:确定主题和风格,收集素材和参考资料,绘制草图,构图和配色,绘制线稿,上色和渲染,最后进行修饰和调整。确定主题和风格是数字插画的第一步。需要确定插画的主题和风格是卡通、写实还是抽象等。收集素材和参考资料是第二步,需要收集相关图片和参考资料,以帮助绘制。第三步是绘制草图。草图是插画的基础,可以帮助插画师确定构图和细节。第四步是构图和配色,需要根据草图绘制线稿,并确定配色方案。第五步是绘制线稿,需要使用数码工具完成,例如绘图板或者平板计算机等。第六步是上色和渲染,需要使用数码工具给插画上色,并进行渲染以增强效果。最后一步是修饰和调整,需要对插画进行增强对比度、调节亮度和色彩等修饰和调整。数字插画主要应用于游戏角色设计、人物风格设计、游戏开场、转场时的切换画面等。随着手机游戏的流行,国内对于游戏造型师的需求也越来越高。例如,位于福州的游戏设计公司IGG就把我国著名3D插画师齐兴华的作品绘制成大幅壁画,放置在公司门口,以表示公司对数字插画师的高度重视(图5-32,右上)。此外,数字插画师也负责设计游戏周边产品,如抱枕、鼠标垫、手办、服饰等(图5-32,左上、下)。

图 5-32　数字插画壁画和游戏周边产品

近年来，国内的数字插画迅速崛起，涌现出一批优秀的数字插画师，其中不乏专攻唯美造型风格的艺术家。1999年毕业于哈尔滨师范大学美术系油画专业的知名数字插画家唐月辉就是一个代表。唐月辉的代表作品有《奔月》《花雨》《美人鱼》《蝴蝶》《雄霸天下》和《屠龙》等。他有极强的造型能力，作品刻画细致入微，质感表现得淋漓尽致，尤其是他对皮肤质感的表现技法受到广大爱好者的竞相模仿。图 5-33 是他的插画作品《相思鸟》。唐月辉认为：与其说数字插画是传统绘画的一个分支，不如说它是传统绘画的一种发扬。这种"数字插画的传统文化情结"将在很大程度上平衡商业与艺术的关系，使得数字插画与传统绘画不至于脱离，也使商业对艺术的冲击减小。数字插画是时代和商业的产物，数字插画师要努力平衡商业与艺术。

图 5-33　唐月辉的插画作品《相思鸟》

17173 网站和易观智库的一项调查显示：国内网络游戏用户对于游戏画面风格的偏好以"正统武侠"（30%）和"玄幻与修真"（29%）所占比例最大，"西方魔幻"（13%）和"正史与战争"（11%）

紧随其后（图 5-34，左上）。而用户对网络游戏类型的选择以即时制 RPG 游戏、主视角动作类游戏和射击类游戏占前三位（图 5-34，右上）。由此可以看出，源于神话传说、幻想小说、武侠故事等幻想类题材的插画以及历史、战争、玄幻等主题的插画有着很大的市场。这给了插画师更多的机遇。例如，从事游戏开发美工的数字插画师陈建松根据中国古典小说《西游记》创作了许多奇幻风格的人物形象（图 5-34，下）。陈建松说："早些时候我比较多地画一些古典的神话题材，那时用色比较薄，也比较丰富，造型也比较唯美和华丽。后来我自己逐渐对灵异、死亡题材产生了浓厚的兴趣，我的作品风格也就越来越个人化。我喜欢通过手写板创造出古典油画的质感，题材上在古典主义里融入了超现实主义元素，用色也变得朴实而凝重，多表现超自然的世界观和独特的概念，我的风格也变得更加个性化。"陈建松认为，客户和公司对于每个项目的概念设计（游戏人物角色）有不同的要求和限制，因此，数字插画师需要有更深的造诣、更多变的表现能力创作更广泛的题材。

图 5-34　网络游戏用户的画风偏好调查数据和陈建松的角色人物（下）

"绘本"一词源自日文，英文为 picture book，顾名思义就是"图画书"。绘本是运用图画表达故事、主题或情感的图书，是极富文学性和艺术性的图书。电子绘本就是集声音、视频、动画、游戏、转场、交互于一体，运用数字技术制作的多媒体读物。电子绘本形式多样，图文并茂，互动与游戏能很快吸引孩子的注意力。电子绘本设计不是单纯地将纸质绘本数字化，而是从数字艺术角度对内容进行再创作和延伸，让故事内容充分利用电子设备的长处和表现力。例如，除了可以利用其触屏感应系统与故事中的角色进行有趣的互动、控制角色的动作、拖曳物件的位置等以外，还能利用其重力感应和声频感应系统控制角色。电子绘本不仅具有多媒体性、互动性与游戏性，而且能够将动画、转场、视频和绘本中的文字与图画内容结合起来。电子绘本通过亲子互动的环节还可以提高大人与孩子共同娱乐和学习的兴趣。

电子绘本在儿童教育、家庭娱乐以及青少年科学普及等领域有着广泛的市场。儿童处于生理和心理的发育阶段，所以设计师要充分考虑到儿童的认知水平，针对儿童的听、说、读、写能力进行电子绘本设计。通过故事题材内容与交互性设计的巧妙结合，使孩子通过电子绘本了解故事、欣赏绘画、玩游戏，培养孩子的认知能力、观察能力、沟通能力、想象力、创造力，促进情感发育等。儿童电子绘本在内容设计上应注重体现趣味性、交互性。在第12届中国大学生计算机设计大赛上，作品《海错奇遇·共生》（图5-35）就是一个结合中国传统文化创新表现儿童电子绘本的佳作。该作品以清代《海错图》中记载的生物为原型，结合现代设计流行元素，聚焦于表现人与动物之间和谐相处的关系。该作品旨在使传统文化现代化、时尚化，让更多的人了解、认识以清代画家聂璜为代表的中国古人的海洋世界观，呈现中国古人探索自然奥秘的精神。该作品造型生动、夸张，色彩丰富，符合儿童的认知特点，增强了儿童保护大自然的意识。

图 5-35　电子绘本作品《海错奇遇·共生》

5.7　Photoshop与数字图像处理

1982年，Adobe公司成立，这个事件代表数字艺术开始从专业化向个人设计师和大众转移。从20世纪80年代中期开始，以微软公司和苹果公司的个人计算机为标志，信息产业开始深入到社会的各个层面，图形用户界面（Graphic User Interface, GUI）已成为计算机人性化的显著标志。

早在1972年，帕洛·阿尔托研究中心（PARC）的工程师理查德·肖普博士就编写了世界上第一个8位的彩色计算机绘画软件。20世纪80年代后期到90年代初期，苹果公司的Macintosh计算机（图5-36，左）就提供了能够用鼠标绘制单色插画的MacDRAW（图5-36，右上）和彩色

MacPaint 等小型绘图软件。该时期互联网与电子游戏开始繁荣，这导致了对插画、绘本、动画和游戏设计师的大量需求。随着互联网和交互技术的普及，在线艺术和虚拟现实艺术开始出现。以 Adobe 公司的 Photoshop（图 5-36，右下）为代表的数字绘画软件打破了传统艺术的屏障，降低了社会公众从事艺术创作的技术门槛，也预示了一个艺术平民化和民主化时代的到来。

图 5-36　苹果公司的 Macintosh 计算机、MacDRAW 绘图软件和 Adobe 公司的 Photoshop

Adobe 公司的崛起首先影响的是出版行业。20 世纪 80 年代中后期又被称为桌面印刷时代。1985 年，随着 Adobe 公司、Aldus 公司和苹果公司的迅速崛起，整个出版行业风起云涌，开始了信息化的第一次浪潮。苹果公司的 Macintosh 计算机、Aldus 公司的排版软件 PageMaker 和 Adobe 公司的激光打印机让出版从排字车间和印刷厂进入普通人的生活，桌面出版革命开始了。Adobe 公司创始人约翰·沃诺克（John Warnock）和查尔斯·格什克（Charles Geschke）开发的页面处理语言 PostScript 推动了数字出版行业的崛起。1986 年，Adobe 公司在纳斯达克成功上市，借公司业务成倍增长的东风，沃诺克和格什克在 1987 年推出 Adobe Illustrator 1.0，无须借助编程，数字艺术家首次能够用矢量曲线工具创作艺术插图。1987 年秋，美国密执安大学的博士研究生托马斯·诺尔（Thomes Knoll）为工业光魔（Industrial Light and Magic）公司编写了一个可以显示和处理灰度图像的小软件 Display。随后，诺尔又增加了色阶调整、色彩平衡、色相、饱和度和滤镜插件等功能，这就是日后大名鼎鼎的 Photoshop 的雏形。

1990 年，Adobe 公司重金收购了该软件并发行了 Adobe Photoshop 1.0。经历了 20 多个版本的升级迭代（图 5-37，左）和 30 余年的发展，Photoshop 对图像的剪裁、拼接与诠释已经成为网络与手机时代人人必备的技能，"PS 图像"已经逐步从名词转变为动词，代表了网络社会和后现代社会丰富的内涵。Photoshop 不仅有美颜、祛斑、拼贴、磨皮、换肤等后现代社会的特征（图 5-37，右），而且成为跨越现实与虚拟的桥梁。Photoshop 诞生 30 余年后，从技术名词变成社会学名词恐怕是当初 Adobe 公司也始料未及的事。Photoshop 就此脱离了工具的范畴，成为全球图像创意爱好者的神器。

目前，Adobe 公司已成为全球最大的软件公司之一，为包括印刷、网络、视频和移动应用在内的各种媒体设计提供解决方案。Adobe 公司也为出版印刷、影像、交互、网络作品的传播提供各种软件服务。其中，最广为人知的软件就是 Photoshop。从功能上看，Photoshop 可分为视觉设计、图像编辑、图像合成、校色调色及特效制作几部分。该软件对图像的编辑处理是核心功能，它既可以对图像进行各种变换，如放大、缩小、旋转、3D 变换、倾斜、镜像和透视等，也可进行复制、去除斑点、修补、修饰图像的残损等（图 5-38，上、中）。对于媒体设计来说，Photoshop 对

图 5-37 Photoshop 的历史版本（左）和 Photoshop 的美颜修图（右下）

图像的合成功能更为关键。图像合成是将几幅数码图像通过图层叠加、抠图、图层蒙版、调色、蒙版特效和通道等手段合成为一幅完整的、传达明确意义的拼贴图像（图 5-38，下）。设计师还可以将 Photoshop 和绘图板相结合，使得彩绘、描线、抠图与拼贴成为得心应手的事情。而且由于 Illustrator 和 Photoshop 可以共享图层、字体和设计线稿，也使得设计作品可以在这两个软件之间直接无缝切换，使得 Photoshop 的图像设计能力如虎添翼，无论是场景设计还是图表设计，这些工具和图层、蒙版等结合起来都能成为实现创意最为有利的工具。

图 5-38 Photoshop 的照片修复与图像合成

至 2023 年，Photoshop 已推出了 24 个版本。随着人工智能时代的到来，Photoshop 将智能控制（如自动抠图、生成动画、一键换脸和自动识别调色等功能）纳入其中（图 5-39），再结合 Adobe 创意软件套装的其他软件，使得设计师效率更高并且更有创意。

Photoshop 2023 版的主要创新如下：

（1）选择改进。借助选择工具的全新增强功能，可以更快、更轻松地创建具有细节边缘的高品质剪切画。

（2）一键式删除和填充。自动将对象从场景中完全移除，然后使用内容识别填充功能填充该区域。

（3）共享编辑。支持多人共享 Photoshop 文件并进行编辑，还可以组织和管理跨媒体的文件。

（4）照片恢复。由 Illustrator 提供支持的照片恢复滤镜可以快速恢复旧照片和损坏的照片。

（5）无缝移除图像中不需要的污点。只需单击即可创建无瑕疵的图像，使用内容识别移除工具移除照片中的顽固污点、干扰和其他不需要的元素。

（6）自动选择图像中的人物、对象和背景并对选区进行调整。

（7）定义区域并增强编辑。在全新的蒙版中允许定义区域并满足个性化设计需求。

（8）支持新型相机和镜头：提供了更丰富的相机和镜头的完整数据列表，用户可以直接选择以匹配 Photoshop 文件。

图 5-39　Photoshop 2023 版提供了更多智能化的设计工具

作为设计工具，Photoshop 的最大特点是可以对图像进行综合处理，如扭曲、变形、拼贴、蒙版、柔焦、镜像、复制、彩绘和叠加文本矢量图形等。Photoshop 的色彩处理功能可以在画面中表现强烈炫目的色彩效果。作为手绘创意的"百宝箱"，Photoshop 还提供了笔刷工具、印章工具、图形工具和绘图工具，使设计师更容易实现数码影像创意。Photoshop 提供了丰富的矢量图形素材库，可以让位图和矢量图完美结合，可以实现更好的设计效果。

在第 12 届中国大学生计算机设计大赛上，插画作品《璀璨民族，鲜族神韵》就结合了图像软件 Photoshop 和插画软件 Illustrator 实现了非常有特色的创意。该作品从朝鲜族的服装和民俗活动入手,先绘制典型人物草图,再通过计算机绘画的形式重点刻画民俗活动中人物的姿态、表情等,通过手绘得到生动的人物形象,并在插图软件 Illustrator 中勾线,随后再利用 Photoshop 进行上色和加工(图 5-40)。插画作者选取了几个极具代表性的朝鲜族民俗活动,如荡秋千、长鼓舞、顶水罐和婚礼庆典等,从中提炼出典型元素,并加以整合,从历史、文化、地域等多方面进行展示(图 5-41)。

图 5-40　插画作品《璀璨民族,鲜族神韵》的人物设计步骤

图 5-41　插画作品《璀璨民族,鲜族神韵》中的朝鲜族民俗活动典型元素信息

5.8　插画与图表设计

插画与图表设计是平面设计师的主要工作内容之一。无论是商品推广、公司年报、宣传海报、广告招贴,还是图书插画、绘本设计,以及基于 iPad 或手机的宣传页设计,都离不开平面设计师的创意,而图形软件就是他们工作的利器。Illustrator、CorelDRAW 等可以直接绘制由矢量化的直线或曲线组成的图形,如直线、圆、圆弧、任意曲线和图表等。矢量图最大的特点就是可以无级缩放和反复叠加,同时不会损失插画的精度或图像的质量,特别适合制作清晰美观的商业彩绘、建筑效果图以及书刊插图(图 5-42)。由于图形软件根据图形的几何属性(如方向、长度、曲率)描述图形,因此容易进行移动、缩放、旋转和扭曲等变换,复制和属性的改变(如线条变宽变细、颜色的改变)也很容易做到。因此,图形软件被广泛用于技术插图、工程蓝图、线框图、图表和字体设计等领域。常用的矢量图文件格式有 EPS、人工智能、CDR 等。随着数字媒体的普及,设计师手中的"兵器"也越来越丰富。但是,无论技术工具怎么发展,简洁、清晰、高效、可交互、个性化、实用和大众化仍然是当代设计趋势,以人为本是平面设计的基本法则。

图 5-42　矢量图适合制作商业彩绘、建筑效果图及书刊插图

插画设计的核心是信息的有效传达。图 5-43 是美国 Mint 网站展示的《汉堡包经济学》的封面设计。该作品清晰地显示了设计师应该具有的逻辑思维和形象思维的能力。其中既有工程师般严谨的学术研究、资料收集与数据整理，又有视觉设计师准确的形象表达能力与整体布局设计能力。由此可见，插画设计应该是一门能够激发设计师想象力、创造力，同时又融知识性、趣味性和功能性于一体的充满创意与智慧的工作，综合体现了字体设计、版式设计、色彩设计与图表设计的能力。

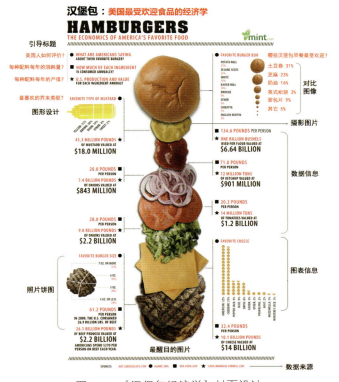

图 5-43　《汉堡包经济学》封面设计

图形软件的最大优势是对图表的处理。Illustrator 提供了饼状图、条形图、柱形图等多种平面或仿 3D 立体效果的图表设计工具。除了可以通过输入数据生成图表外，也可以将图表解组后单独对每个形状进行处理。在实践中，这两种方法可以相互结合，实现既有丰富的信息量又有统一、优雅而清晰的设计感的图表。例如，在 2019 年第 2 届全国大学生计算机设计大赛上，信息可视化设计作品《中国古字》获得了评委一致好评（图 5-44）。该作品以图表的形式生动地展示了中国文字从结绳记事、甲骨文开始的演变历史，从地域、文化、历史和考古等多个角度展示了中国象形文字所具有的丰富文化内涵，内容丰富，信息量大，并有明确的视觉线索与文字导引。从设计角度看，该作品颜色统一而有变化，版面均衡又富有张力，内容主次分明、张弛有度，形成了独具特色的历史文化挂图，实现了知识性、美观性和可用性的有机融合。

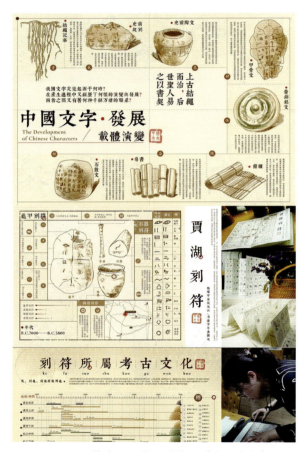

图 5-44　信息可视化设计作品《中国古字》

本课学习重点

文字、图形与图像处理是数字媒体技术三大领域之一。本课以计算机图形学为核心，围绕字体设计、版式设计、数字色彩设计、数字绘画、数字图像处理与插画与图表设计这 6 个主题进行研究（参见本课思维导图），重点为计算机图形学、数字色彩空间和图形图像设计软件应用。读者在学习时应该关注以下几点：

（1）文字是如何进化的？文字的意义在哪里？

（2）什么是字体与版式设计？什么是超文本与超媒体？

（3）什么是位图和矢量图？二者在艺术风格上有何不同？

（4）什么是数字色彩模型？如何进行数字色彩设计？

（5）数字绘画的主要工具有哪些？它们的特点是什么？

（6）数字插画与图表设计应用在哪些领域？

（7）Photoshop 的主要应用领域有哪些？如何利用图层进行图像合成？

（8）比较 Photoshop、CorelDRAW 和 Procreate 作为绘画软件的异同。

（9）调研设计师论坛（如 Behance、Dribbble）的作品风格与设计趋势。

（10）什么是色彩心理学？色彩心理与文化有何联系？

（11）计算机图形学的研究领域有哪些？CGI 技术的前沿在哪里？

（12）国内常用的计算机字库有哪些？如何设计计算机字库字体？

（13）什么是超媒体？说明超媒体在当代社会的价值和意义。

本课学习思维导图

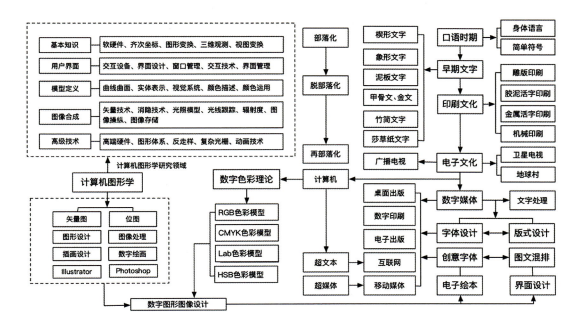

讨论与实践

思考以下问题

（1）印刷技术是什么时候开始出现的？其主要原理是什么？

（2）如何设计基于计算机字库的艺术字体？

（3）创意字体的设计原则是什么？如何进行版式设计？

（4）超文本与超媒体的原理是什么？

（5）计算机图形学的主要研究领域有哪些？

（6）什么是位图与矢量图？它们的特征与格式是什么？

（7）数字色彩有哪些模型？色彩空间有何意义？

小组讨论与实践

现象透视：掌握字体设计、版式设计与图像合成最直接的方法就是公共海报、广告与宣传品的设计与制作。其中，校园里的各种学术讲座海报、公益讲座海报、社团活动海报、服务照片等广告形式都会涉及本课介绍的专业知识与计算机技能（图5-45）。

图5-45　学校课程作业展海报和艺术讲座海报

头脑风暴：海报是公共场所宣传活动的主要视觉传达形式。其中，主标题、副标题、内文、主插图、装饰因素与色彩构成是海报设计的考量重点。字体、字号和颜色不仅需要对比清晰、一目了然，而且需要与插图相呼应。版式采用色块网格结构往往会产生强烈的视觉冲击，达到宣传主题的目的。

方案设计：各小组可以参考学校近期的大型主题活动，利用本课介绍的知识与软件工具，对活动进行海报设计。为了满足跨媒体需要，设计作品需要有户外粘贴的纸质彩色喷绘（90cm×120cm）以及用于手机媒体宣传的手机版（900×1200像素）两种规格。前者分辨率为300dpi，后者分辨率要大于72ppi。

练习与思考

一、名词解释

1. 位图和矢量图

2. CMYK模式

3. 版式设计

4. 甲骨文

5. 计算机图形学

6. Lab 模式

7. 超文本

8. 活字印刷

9. 计算机字库

10. 电子绘本

二、简答题

1. 文字出现有什么历史意义？印刷文化如何影响人类文明？

2. 为什么说超文本更接近人类大脑的思维方式？

3. 简述超媒体的两个含义并说明超媒体在当代社会的意义。

4. 试比较 Photoshop、CorelDRAW 和 Procreate 作为绘画软件的异同。

5. Photoshop 的主要应用领域有哪些？如何利用图层进行图像合成？

6. 数字绘画的主要工具有哪些？它们的特点是什么？

7. 数字插图与图表设计应用在哪些领域？

8. 在 Photoshop 中如何切换色彩模型（如将 RGB 图像转换为 CMYK 图像）？

9. 为什么说网格系统是版式设计要遵循的原则之一？

三、思考题

1. 什么是色彩心理学？色彩心理与文化有何联系？

2. 调研网络设计师论坛（如 Behance、Dribbble）的作品风格与设计趋势。

3. 数字矢量插图被广泛用于商品写真、广告设计等领域，请说明其原因。

4. 计算机图形学主要研究什么问题？什么是计算机生成图像（CGI）？

5. Photoshop 的核心功能有哪些？它对图像的处理包括哪些技术手段？

6. 为什么智能聊天软件 ChatGPT 能完成高质量的故事、程序与论文？

7. 版式设计基于平面构成的黄金分割比，人工智能可否代替设计师进行版式设计？

8. 网站 Midjourney 能够生成高质量的插画，请说明它对插画师的影响。

9. 网络调研计算机图形学的最新进展并说明它与数字媒体技术的联系。

第 6 课
声音、视频与特效

6.1 数字音频基础
6.2 数字音频工作站
6.3 数字视频技术
6.4 流媒体技术及产业
6.5 数字视频编辑
6.6 非线性编辑软件
6.7 数字后期特效
本课学习重点
讨论与实践
练习与思考

6.1 数字音频基础

声音（sound）是由空气振动产生的声波，是通过介质（空气或固体、液体）传播并能被人或动物听觉器官所感知的波动现象。最初导致空气振动的物体叫声源。声音以波的形式传播。声音是声波通过介质传播形成的运动。因此，可以说声音本质上是一种模拟现象，是不断变化的声波不断传到人们耳朵里的结果。然而，要与计算机进行通信，声波的变化必须转换成离散的数字信号并以数字方式进行传输（图6-1，左上）。数字音频是一种利用数字化手段对声音进行录制、存放、编辑、压缩或播放的技术，它是随着数字信号处理技术、计算机技术、多媒体技术的发展而形成的一种全新的声音处理手段。数字音频的主要应用领域是音乐后期制作和录音。

数字音频首先需要将模拟电平信号转化成二进制数据保存，播放的时候就把这些数据转换为模拟的电平信号再送到喇叭播出。数字声音和一般磁带、广播、电视中的声音就存储播放方式而言有着本质区别。收音机上的音量旋钮可以连续向顺时针或逆时针方向转动，但数字音频则是非连续的采样信号（图6-1，下）。数字音频具有存储方便、存储成本低廉、存储和传输的过程中没有失真、编辑和处理非常方便等特点。音频（audio）指人类能够听到的所有声音，它可能包括噪声等。声音被录制下来以后，无论是说话声、歌声、乐器都可以通过数字音频软件处理（图6-1，右上）。

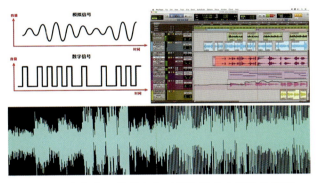

图6-1 声音信号的数字化过程和数字音频软件界面

模拟音频是把原始声波信号以物理方式录制到磁带上，然后加工、剪接、修改，最后录制到磁带等广大听众可以欣赏的载体上。这一系列过程全是模拟的或者说是基于物理声/电转换的。

数字音频的数字化需要进行3个处理过程：采样、量化和编码。

声音都有其波形，模拟音频信号是一个时空连续的过程。音频的采样是用一系列单个脉冲代替这些连续的模拟声波信号。数码信号就是在原有的模拟信号波形上每隔一段时间进行一次"取点"，赋予每一个点一个数值，这就是采样，然后把所有的点连起来就可以描述模拟信号了（图6-2）。很明显，在一定时间内取的点越多，描述出来的波形就越精确，这个指标就称为采样率。最常用的采样率是44.1kHz/s，它的意思是每秒取样44 100次。这个数值是经过了反复实验得来的，人们发现这个采样精度最合适。低于这个值，声音就会有较明显的损失；而高于这个值，人的耳朵已经很难分辨，而且增大了数字音频所占用的空间。

数字音频有以下技术指标：

（1）采样率。简单地说就是通过波形采样的方法记录1s的声音需要多少数据。44.1kHz采样率

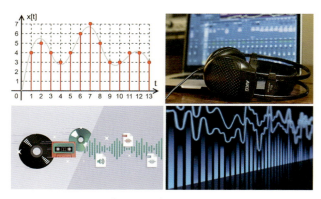

图 6-2　模拟声音的采样、量化和编码

的声音就是用 44 1000 个数据描述 1s 的声音波形。原则上，采样率越高，声音的质量越好。

（2）压缩率。通常指音乐文件压缩前和压缩后大小的比值，用来描述数字声音的压缩效率。

（3）比特率。是另一种数字音乐压缩效率的参考性指标，表示记录音频数据每秒所需要的平均比特值，通常使用 kb/s（每秒 1024 比特）作为单位。CD 中的数字音乐比特率为 1411.2kb/s（也就是记录 1s 的 CD 音乐，需要 1411.2×1024b 的数据）；接近 CD 音质的 MP3 数字音乐需要的比特率是 112~128kb/s。

6.2　数字音频工作站

数字音频处理技术离不开计算机软硬件系统的支持。数字音频工作站（Digital Audio Workstation，DAW）就是一个集作曲、编曲、混音于一体的计算机系统（图 6-3）。它是数字音频技术和计算机技术相结合的新型设备。数字音频工作站的出现，实现了广播系统高质量的节目录制和自动化播出，使广播电台、电视台的音频节目录制、编辑和播出工作有了全面改变，同时也创造了更加良好高效的工作环境。数字音频工作站以计算机控制的硬磁盘为主要记录媒体、具有很强的功能和性能以及良好的人机界面的设备。广义的数字音频工作站在配置上多种多样，从笔记本计算机上的单一程序到集成的独立装置，再到由中央计算机控制的众多组件。无论配置如何，现代的数字音频工作站都有一个主界面，功能包括录音、混音、音频剪辑等，并允许用户编辑和混合多个录音文件和音轨到最终的作品中。典型的数字音频工作站软件有 FL Studio、Ableton Live、Logic Pro、Pro Tools、Cubase、Reaper、Garage Band、Studio One、Cakewalk 等。其中，FL Studio 和 Ableton Live 更侧重于电子音乐的制作。

数字音频工作站用于节目录制、编辑、播出时，与传统的模拟方式相比，具有节省人力和物力、提高节目质量、节目资源共享、操作简单、编辑方便、播出及时安全等优点，因此数字音频工作站的建立是声音节目制作由模拟走向数字的必由之路。根据不同的使用目标和使用场合，数字音频工作站的组成差异比较大，典型的数字音频工作站系统包括计算机（带有音频卡与音频处理软件）、声音采集设备（如麦克风和乐器等）、音频处理接口（如音频模数转换器）以及扩音器和监听耳麦等（图 6-4，上）。一般用于家庭或小型专业数字音乐工作室还需要配置 MIDI 键盘控制器、音效合成器、外置硬盘等外设。如果需要使用数字音频处理设备进行现场表演，还需要麦克风、调音台（数字混音器）、数字功放器等设备（图 6-4，下）。

图 6-3　数字音频工作站

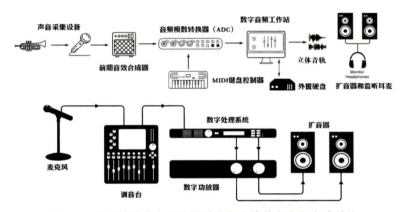

图 6-4　典型的数字音频处理系统和户外数字音频合成系统

数字音频工作站的主要优势如下：

（1）音频编辑便捷。由于数字音频工作站采用人机交互控制界面，再加上数字音频工作站对音频文件的非线性编辑功能，使用者可以从听觉和视觉两个维度实现对音频文件的灵活编辑，对音频素材进行逐字、逐音符的处理。

（2）声音质量的提高。利用数字音频工作站进行音频制作的过程中，可将采集到的音频信号变成计算机可识别的二进制代码，从而能够有效提高音频质量。

（3）易于检索与编辑。数字音频工作站软件可以对各种音源采样素材进行分类和快速检索，由此大大提升了工作效率。

（4）处理长样本文件的能力。硬盘录音时间只受硬盘大小的限制（通常 44.1kHz 取样频率、16 比特精度下 1min 立体声信号需要 10.5MB 硬盘存储空间），相比传统的开盘录音磁带，体积更小，成本更低。

（5）设备统一，功能强大。在数字音频工作站中，不仅可以使用原有的功能处理音频，还能安装扩展插件，这些插件可以是乐器，也可以是效果器。

总的来说，数字音频工作站不仅可以用来编曲、混音，而且可以运用在广播剧、电视剧、电影等多个领域。

数字音频工作站的核心就是音频编辑软件（也叫宿主软件）。对于个人来说，可以选择的准专业级的音频处理软件有以下几个：

（1）Sound Forge。它是 Sonic Foundry 公司的产品，目前版本为 Sound Forge Pro 15。它是一个非常专业的音频处理软件，具备录音、母带处理和音频编辑等多种功能，无论是现场录音、音频编辑还是后期制作都可以圆满完成。

（2）CoolEdit。它是美国 Syntrillium 公司开发的音频文件处理软件，主要用于对 MIDI 信号的处理加工，它具有声音录制、混音合成、编辑特效等功能，支持多音轨录音，操作简单，功能全面。

（3）GoldWave。它是一款容易上手的专业数字音频编辑软件，从普通的声音录制和编辑到复杂的音频处理和编辑合成都有很好的表现。该软件支持众多格式音频文件的转换，包括 WAV、OGG、VOC、IFF、AIFF、AIFC、AU、SND、MP3、MAT、DWD、SMP、VOX、SDS、AVI、MOV、APE 等音频格式。

专业级数字音频工作站软件主要有以下几个：

（1）Avid Pro Tools（图 6-5，左上）。它类似于一个多轨磁带录音机和混音机，以时间代码、节奏地图、自动化和环绕声的功能为特色，并有着良好的音质、较小的延迟以及强大的计算能力。该软件内置了杜比（Dolby）全景声插件，在制作电影方面具有很好的兼容性。

（2）Apple Logic Pro X（图 6-5，右上）。该软件有大量的实用效果器、音源插件以及智能鼓手（Smart Drummer）等。该软件不仅插件丰富、功能完善，而且简洁方便，在国外有大量的专业用户和发烧友。

（3）FL Studio（图 6-5，下）。它在国内也被称为水果编曲软件，是一款有着 23 年历史的经典音乐创作软件，目前的版本是 FL Studio 21 中文版（2022 年）。目前全球已有上千万用户每天在使用它编曲，创作自己的音乐。它被公认为最适合新手的编曲软件之一，在其官网和网络社区有着大量的视频教程供新手参考。该软件不仅有着业内领先的工作流以及丰富的插件，同时也是唯一一款支持用户终生免费升级的数字音频工作站软件。目前已有上百位获得格莱美等音乐大奖的制作人加入 Fl Studio 编曲的名人堂栏目，为其做免费推荐。FL Studio 集编曲、录音、混剪和剪辑等功能于一体，功能完整，上手快，灵活性高，能够充分地发挥用户的想象力和创造力。目前 FL studio 中文版已经成为最受年轻人欢迎的编曲软件之一。

图 6-5　Avid Pro Tools、Apple Logic Pro X 和 FL Studio

6.3 数字视频技术

大家一定接触过"翻页连环画",如果快速地翻页,让每一页图片连贯地进行展示,原本静态的图片就变成了动态的画面。这体现了人眼的视觉暂留特性:当物体从视线中移去时,视神经对物体的印象不会立即消失,会延续几百毫秒。当旧图像消失、新图像出现的频率足够快时,前后图像在视觉上就产生了动态画面,也就是通常所说的视频。因此,视频(video)的本质其实是一帧帧连续展示的画面。对这些画面以电信号方式加以捕捉、记录、处理、存储、传送与重现的各种技术就是视频技术。从原理上讲,视频是连续地随着时间变化的一组图像(24帧/秒、25帧/秒或30帧/秒)。

6.3.1 数字视频及其特征

数字视频是对模拟视频信号进行数字化后的产物。模拟视频可以通过视频采集卡将进行模数转换,这个转换过程就是视频捕捉或采集过程。与数字音频工作站类似,数字视频技术也有一整套计算机软硬件系统(图6-6)。但两者工作对象不同:数字音频技术重点解决声音录制、混音合成、编辑特效等功能;而数字视频技术则是指将动态影像以电信号的方式加以捕捉、记录、处理、存储与重现的一系列技术。同数字音频技术相似,数字视频技术也是对模拟视频按一定的间隔进行采样,然后以数字格式存储。在光盘上,其采样频率为每秒44 000个样本。对于数字视频来说,原始图像的格式是位图,1s的数据量就是1M左右。同样,视频也存在压缩算法,如H.264。压缩后1s的数据就叫码率。假设用H.264压缩1080p的视频,码率是10Mb/s,则1s的数据量为10Mb。

图6-6 数字视频系统

虽然数字视频、电影和动画看起来都是动态的影像,也都可以在电视或者计算机上播放,但这三者在制作工艺和表现对象方面却存在着很大的差别。电影是利用照相技术将动态影像捕捉为一系列静态照片,再通过放映机回放的艺术形式(图6-7,左)。动画也是利用照相技术捕捉一系列手绘或计算机产生的帧画面,再通过放映机回放得到的动态影像(图6-7,右上)。而数字视频是指将一系列静态影像以电信号方式加以捕捉、记录、处理、存储、传送与重现的各种技术。在传统媒体时代,电影和动画主要通过自己独立的空间——电影院放映,而视频则是随着电视工业的兴起而产生的。在新媒体时代,电影院与电视的逐渐式微与手机和移动媒体的兴起形成了鲜明的对照。今天的融媒体除了有抖音等社交媒体外,也成为包括爱奇艺、Netflix(网飞)在内的电影、网剧、动画与综艺展现的舞台。

数字视频的影像可以通过以下几条途径获取:

(1)通过数字摄像机(DV)、数字摄像头、数码相机等直接获取自然影像(图6-7,右下)。

（2）通过视频采集卡把传统模拟视频信号转换成数字视频信号。

（3）通过网络下载获得电影、动画或综艺内容，包括直接下载和流媒体文件下载，也可以录制屏幕并转存为视频文件。

（4）通过视频处理软件（如 Adobe Premiere CS、After Effect CS 等）制作视频，或者通过三维动画制作软件（如 3ds max、Maya、Cinema 4D 等）把动画转换成数字视频文件。

图 6-7　数字视频与电影和动画存在许多不同

6.3.2　视频技术参数

模拟视频的数字化涉及不少技术问题。例如，电视信号具有不同的制式，而且采用复合的 YUV 信号方式，而计算机工作在 RGB 空间；电视机是隔行扫描，计算机显示器大多为逐行扫描；电视图像的分辨率与计算机显示器的分辨率也不尽相同；等等。因此，模拟视频的数字化主要包括色彩空间的转换、光栅扫描的转换以及分辨率的统一。在数字视频编辑过程中有一些相关的专业术语需要掌握，包括帧速率、像素比、SMPTE 时间码和 YUV 色彩空间。

1. 帧速率

帧速率是播放时每秒扫描的帧数（fps）。例如，PAL 制式的帧速率为 25 帧/秒，即每秒连续播放 25 帧画面。帧速率源于电视工业。电视制式就是指一个国家的电视系统所采用的特定制度和技术标准。全球的电视制式包括 3 种，大部分国家采用 PAL 制式（包括欧洲一些国家、非洲、大洋洲和中国），这种制式采用 25 帧/秒的帧速率；美国、日本、加拿大等国家采用的是由美国国家电视标准委员会制定的 NTSC 制式，这种制式采用 30 帧/秒；第三种制式是 SECAM，主要用于法国以及东欧一些国家。帧速率不同会导致视频播放的时间长度发生变化。

随着计算机信息产业与数字电视产业的发展，无论是高分辨的计算机显示屏还是隔行扫描的液晶电视，其分辨率与屏幕尺寸都在不断增大，目前主要有 1080p、2K、4K 和 8K 等，成为数字视频的新标准（图 6-8）。

2. 像素比

所谓像素比是指像素的长宽比。对于电视而言，不同制式的像素比是不一样的。在计算机显示器上，像素比是 1∶1；而在电视上，以 PAL 制式为例，像素比为 1∶1.07，这样才能保证良好的画面效果。一般视频处理软件，如 Adobe Premiere Pro CS 或 Sony Vegas 6 等，均提供关于像素比的选项或设定。

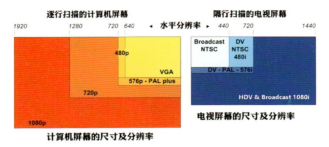

图 6-8　数字视频的标准尺寸及分辨率

3. SMPTE 时间码

通常用时间码识别和记录视频数据流中的每一帧。从一段视频的起始帧到终止帧，其间的每一帧都有一个唯一的时间码地址。根据电影和电视工程师协会（SMPTE）使用的时间码标准，其格式是"时：分：秒：帧。"例如一段长度为 00：02：31：15 的视频片段的播放时间为 2 分钟 31 秒 15 帧，如果以每秒 30 帧的速率播放，则播放时间为 2 分 31.5 秒。这就是 SMPTE 标准时间码。电影、录像和电视中使用的帧率的不同，各有其对应的 SMPTE 标准。SMPTE 时间码是数字视频剪辑的基础（图 6-9）。

图 6-9　SMPTE 时间码是数字视频剪辑的基础

4. YUV 色彩空间

数字色彩常用 RGB 模型，但由于 RGB 模型 3 个通道的分量是彼此相关的，这导致它不便于做编码压缩，如果用于视频存储或传输，会占用大量的带宽。因此，彩色电视系统中采用的色彩模型是 YUV。其中，Y 分量表示明度（luminance），决定一个像素的明暗程度；U、V 分量表示色度（chrominance）或者色彩饱和度，U 分量为蓝黄轴，V 分量为红绿轴。这样，YUV 色彩空间就可以定义色彩的特征。电视的亮度信号带宽是色度信号带宽的两倍，因此其在数字化时可采用幅色采样法，即对信号的色度分量的采样率低于对明度分量的采样率。用 Y：U：V 表示 Y、U、V 3 个分量的采样比例，则数字视频的采样格式有 4：2：0、4：1：1、4：2：2 和 4：4：4 多种。分量采样时得到的是隔行样本点，因此要把隔行样本组合成逐行样本，然后进行样本点的量化，随后还要进行 YUV 色彩空间到 RGB 色彩空间的转换，最后才能得到数字视频数据。RGB 与 YUV 的相互转换存在于视频处理过程的各个环节。视频采集设备一般输出的是 RGB 数据，需要将其转换为 YUV 数据再进行后续的处理、编码和传输；同样，显示设备通过传输、解码环节获取 YUV 数据后，也需要将其转换为 RGB 数据再进行显示。色彩空间的转换可以根据相关的转换公式完成。

6.4 流媒体技术及产业

流媒体（streaming media）是指将一连串的媒体数据压缩后，经过网上分段发送数据，在网上即时传输影音以供观赏的技术。此技术使得数据包得以像流水一样发送。流式传输可传送现场影音或预存于服务器上的影片。当观看者在收看这些影音文件时，影音数据在送达观看者的计算机后立即由特定播放软件播放。而观看者不需要将整个多媒体数据下载到本地，就可以开始播放。流媒体实际上指的是一种新的媒体传送方式，有声音流、视频流、文本流、图像流、动画流等，而非一种新的媒体。流媒体文件格式是支持采用流式传输及播放的媒体格式。常用的实时视频或音频的流媒体包括 RM、MOV、MP4 以及针对手机媒体的 3GP、FLV 等格式。

流媒体的基本特征如下：

（1）内容主要是时间上连续的媒体数据（音频、视频、动画和多媒体）。

（2）内容可以不经过转换就采用流式传输技术传输。

（3）具有较强的实时性和交互性，适用于网络视频和直播等。

（4）启动延时大幅度缩短，减少了用户的等待时间。

流媒体平台有音频、视频、动画、多媒体等内容数据，然后能够传输到各种终端解码播放，包括手机 App、电视点播、计算机应用以及网页、iPad 的各种应用等。流媒体和传统电视以及电影院的区别是：电视依靠频道资源；电影院依靠物理空间；而流媒体平台依靠的是内容数据，各种终端用户主动选择内容观看。优酷、爱奇艺、腾讯视频、B 站、芒果 TV、快手、抖音都受益于流媒体技术。以美国为例，尼尔森市场研究有限公司统计表明：2022 年美国流媒体播出占电视总时间的 1/3 以上，Netflix、Hulu、Disney+、Apple TV+、YouTube TV、Amazon Prime Video、HBO 等流媒体已成为北美电视频道竞相争夺的重要视频资源（图 6-10）。

图 6-10 流媒体快速兴起

互联网的迅猛发展和普及为流媒体业务发展提供了强大的市场动力，流媒体业务正变得日益流行。流媒体技术广泛应用于多媒体新闻发布、在线直播、网络广告、电子商务、视频点播、远程教育、远程医疗、网络电台、实时视频会议等互联网信息服务的方方面面。流媒体技术的应用为网络信息交流带来了革命性的变化，对人们的工作和生活将产生深远的影响。

一个完整的流媒体技术解决方案应是相关软硬件的完美集成，它大致包括以下几方面的内容：内容采集、视音频捕获和压缩编码、内容编辑、内容存储和播放、应用服务器内容管理发布及用户管理等，其中视频编辑与影视特效是多媒体设计师的主要工作内容（图6-11）。

典型的流媒体系统由以下5部分组成。

（1）编码工具，用于创建、捕捉和编辑多媒体数据并形成流媒体格式。

（2）流媒体数据。

（3）服务器，存放和控制流媒体的数据。

（4）网络，提供多媒体传输协议以及实时传输协议。

（5）播放器，供客户端用户浏览流媒体文件。

不同的流媒体标准和不同公司的解决方案会有所不同。

流媒体技术包括五大部分：推流器、收流器、编解码器、流媒体服务器和播放器。推流器用于推送本地视频或摄像头或实时流；收流器用于接收远程媒体流实时流；编解码器用于对数据流进行压缩/解压缩；流媒体服务器用于发布直播、录播；播放器用于播放发布的流媒体。

图6-11　视频编辑与影视特效是多媒体设计师的主要工作内容

流媒体最主要的技术特征就是流式传输。实现流式传输主要有两种方式：顺序流式传输和实时流式传输。顺序流式传输的特征是顺序下载，用户在观看在线媒体的同时下载文件。在这一过程中，用户只能观看下载完的部分，而不能直接观看未下载的部分。由于标准的HTTP服务器就可以发送这种形式的文件，它也被称为HTTP流式传输。由于顺序流式传输能够较好地保证节目播放的质量，因此比较适合网络点播视频。顺序流式文件存放在标准HTTP或FTP服务器上，基本上与防火墙无关。顺序流式传输不适合长片段和有随机访问要求的视频（如讲座、演说与演示），它也不支持现场直播。实时流式传输必须保证匹配连接带宽，使媒体可以被实时观看到。在观看过程中用户可以任意播放媒体前面或后面的内容。但在这种传输方式中，如果网络传输状况不理想，则收到的图像质量就会比较差。实时流式传输还需要特殊网络协议。在有防火墙时，有时会对这些协议进行屏蔽，导致用户不能看到一些地点的实时内容。实时流式传输总是实时传输数据，因此适合现场采访或网络直播节目。

6.5 数字视频编辑

6.5.1 影视剪辑的意义

数字视频编辑（digital video editing）源于影视剪辑技术，后者是一门以影视技术为基础的独立技术。剪辑是指影视声像素材的分解、重组的整个流程。剪辑传统上指通过蒙太奇视听语言对电影胶片素材进行镜头组接的后期加工流程。通常将一部影片拍摄的大量素材经过选择、取舍和组接，最终编成一个连贯流畅、含义明确、有艺术感染力的电影作品。剪辑不仅是电影艺术创作的重要组成部分以及电影制片不可缺少的工序，而且也是对导演工作的整理汇总和对拍摄素材的二度创作。剪辑不是只有剪和接的技巧，还包括创造性。导演做的都是原创性工作，把非视觉化的剧本或概念化的故事板转换成真实的影像画面；而剪辑师要把导演拍摄的素材根据导演的意图进行编辑并完成作品。因此，剪辑师除了完整地体现导演创作意图外，还可以在分镜头剧本的基础上提出新的剪辑构思，建议导演增加某些镜头或删减某些镜头，重新调整和补充原来的分镜头设计，以使影片的某个段落、某个情节的脉络更清楚、含义更明确、节奏更鲜明。这就是二度创作。从这个角度看，影视剪辑与编辑无疑是一个富有想象力与创造力的工作（图6-12）。

图 6-12　影视剪辑是一个富于想象力与创造力的工作

例如，苏联著名导演维尔托夫根据他的"电影眼睛"理论摄制了抒情的纪录片《带摄影机的人》（1929年），而该电影的剪辑师就是他的夫人维尔托娃·斯维洛娃。她不仅是维尔托夫全部电影的剪辑师，而且还深刻理解了"电影眼睛"美学并将纪录片变成了一种视觉化的音乐。维尔托夫的成功与他的剪辑师伴侣分不开的。剪辑师同摄影师、美工师、录音师一样，是导演的亲密合作者。剪辑师从摄制组的筹备阶段开始就参加与导演有关的一切创作活动，如讨论分镜头剧本、排戏（即拍摄前的分镜头排练）等。剪辑师必须充分理解编剧、导演、演员的构思和设想，然后根据导演提供的分场、分镜头剧本和拍摄时更为具体的方案剪辑影片。分镜头剧本与蒙太奇是同一事物的两个方面。前者是意图，后者是实施。因此，也有人称剪辑为"分镜头的后期工作"。但"后期"并不意味着单纯的工艺操作，它是一个富有创造性的劳动。镜头组接是否恰当，直接影响到银幕形象的完整性和感染力，决定了完成影片的质量。

6.5.2 非线性编辑系统

所谓非线性编辑（简称非编）就是对视频素材不按照原来的顺序和长短，随意进行编排、剪辑的方式，制作完成以后的节目可以任意改变其中某个段落长度或者插入、删除某个段落。计算机在编辑音频、视频信号的同时，还能实现众多的处理效果，如计算机特效等。20世纪90年代初，得益于JPEG压缩标准的确立、实时压缩半导体芯片的出现、数字存储技术的发展和其他相关硬件与软件技术的进步,非线性编辑系统进入了快速发展的时期。同时,由于多种主要的媒体都以数字化的形式存在,在存储和记录形式上实现了真正的统一,因此非线性编辑系统的应用范围也大大超越了传统的编辑设备,它不仅能够编辑视频和音频节目,还可以处理文字、图形、图像和动画等多种形式的素材,极大地丰富了电视和多媒体制作的手段。非线性编辑系统通常由计算机、视频卡、声卡、音频输入输出卡(即非线性编辑卡)、高速硬盘、大容量 SCSI 磁盘阵列、DVD 刻写盘、专用板卡、相关非编软件以及外围设备构成(图 6-13)。

图 6-13 非线性编辑系统

非线性编辑相比线性编辑更加方便、高效。在数字技术越来越成熟,信息存储量几乎可以无限扩展的今天,非线性编辑在广播、电影、电视、短视频、微电影、网剧及网络直播节目制作中的应用越来越广泛。其实,线性编辑与非线性编辑最本质的区别在于是否可以任意访问每一帧。非线性编辑中的"非线性"是从物理意义上描述数字硬盘信息存储的样式。在数字硬盘上存储的信息是按照操作系统规则进行分配的,与接收信息的顺序无关。因此,非线性编辑系统可以直接在计算机的硬盘上存取数字影视素材并进行可视化轨道编辑。对素材不仅可以随意地改变顺序,随意地缩短或加长某一段或添加各种效果,还可以进行不同视频轨道上的叠加,创造出丰富的视觉效果。数字化的存储方式则使文件剪辑、复制等操作不再出现损耗。非线性编辑系统相当于通过一台计算机集传统的线性编辑设备(如 A/B 卷编辑机、特技机、编辑控制器、调音台、切换台、时基校正器等)于一身。其工作原理是:首先把来自录像机或其他信号源的音视频信号实时采集、压缩并存储到高速硬盘上;采集自录像机、摄像机、磁带或其他信号源的视音频模拟信号分别经过图形卡和声卡转换成数字信号(即模数转换),再经过数字压缩后存储到硬盘上(图 6-14)。若电视系统配备的是数字录像机,则不需要经过模数转换,可直接采集数字信号送到硬盘存储,然后按照编辑人员的意图,运用非线性编辑软件对存储在硬盘中的视频、图像、音频等各种素材进行编辑以及特技、字幕和动画等综合加工,最终完成数字视频产品或节目的制作。为了正常播放,这些数字文件还需要经过视频卡和声卡的解压缩及数模转换,还原成模拟的音视频信号后播出。

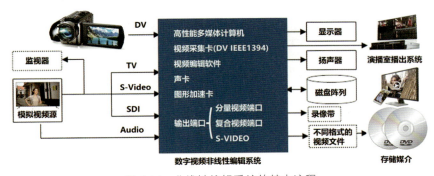

图 6-14 非线性编辑系统的基本流程

6.6 非线性编辑软件

无论是在抖音上发短视频的智能手机拍摄者，还是拥有自己的媒体工作室的专业创作者，合适的视频编辑软件都必不可少。目前非线性编辑软件包括专业级的 Adobe Premiere Pro 2023、Apple Final Cut Pro X、Vegas Pro 19 等，而免费或较为便宜的软件包括苹果计算机上的 iMovie、PC 上的 Davinci Resolve 以及智能手机上的"剪映"App 等。随着智能手机的普及和短视频直播的兴起，越来越多的专业级软件的功能已经渗透到消费者级别，包括多机位编辑、运动跟踪和高级颜色编辑等都实现了质的飞跃，这种趋势对非专业背景的网络视频编辑、视频博主与直播网红来说无疑是一个福音，因为现在的各种视频编辑软件不仅简化了专业软件中复杂的程序，而且还提供了一些更实用的功能，如动态图形（GIF 动画）、色度键控、画中画和音频过滤器等。下面介绍一些目前国内外常用的视频非线性编辑软件。

6.6.1 Adobe Premiere Pro 2023

2023 年，美国《个人计算机》杂志评选 Adobe Premiere Pro 2023 为最佳视频编辑软件。它能够为用户提供视频编辑、视频调色、音频编辑、字幕添加等一整套工作流程，再加上色彩修正、音频控制和多个嵌套的时间轴等功能，能够给用户带来更流畅的编辑体验。它不仅可以提升用户的视频创作能力，而且也是一款易学、高效、精确的视频剪辑软件。Premiere Pro 与其他 Adobe 应用程序和服务的集成可帮助设计师实现无缝的工作流程，成为专业视频编辑软件的工业标准（图 6-15）。Premiere Pro 被广泛应用于电视台、广告制作、电影剪辑等领域，成为 PC 和 MAC 平台上应用最为广泛的视频编辑软件。Premiere Pro 的主要优点包括清晰而灵活的操作界面、丰富的编辑工具、更快的响应速度（硬件加速）、与 Adobe 其他软件的兼容性等。此外，该软件还包括大量过渡和特效、视频降噪、音频混合器以及与包括 Borix FX 库在内的各种插件的集成。Premiere Pro 可输出高清晰度的视频，支持导入和导出 FLV、F4V、MP4、GIF、QuickTime、MPEG2-DVD、MP3、人工智能 FF、JPEG、PNG、PSD、TIFF 等文件。Premiere 支持 Photoshop 图层文件置入，可以将每一个图层作为一个视频轨编辑，这些集成的特性有助于创建一个灵活的工作流程，为用户节省制作时间并提高工作效率。

图 6-15　Adobe 公司的 Premiere Pro 软件成为专业视频编辑软件的工业标准

6.6.2 Apple Final Cut Pro X

数字影视、动画和视频节目设计不仅与软件有关，而且与硬件的集成性也有密切的关系。目前许多专业工作室采购的非线性编辑系统涉及从素材采集、字幕和特效合成、音乐声效制作到复杂的输出（如 DVD 刻录、流媒体发布、电影剪辑、母带制作等）一整套工作流程。因此，如果能为用户提供一整套从软件到硬件的非线性编辑解决方案就显得非常重要。苹果公司的 Final Cut Pro X 就可以满足这种需求，它不仅速度快、效率高，具备入门级视频编辑软件的简洁性，而且其丰富的工具也可以达到专业级软件的要求。尽管 Adobe Premiere 也适用于 Mac 平台，但许多用户更青睐 Final Cut Pro X，因为后者不仅具有更快的渲染速度和更简洁的操作界面，而且在导出文件过程中仍可以继续使用该软件，而 Premiere Pro 不仅在导出时会锁定程序，而且渲染速度也赶不上 Final Cut Pro X。此外，Final Cut Pro X 对于新手来说更加友好。例如，该软件的界面是基于磁性时间线的，并且可以随时调整为单轨平台，这对于普通用户而言更为方便。Final Cut Pro X 支持几乎所有的视频格式。它有超过 150 个滤镜和特效，同时可以自动调节图像质量和帧频以获得最佳的播放效果。Final Cut Pro X 不但可以完成从视频捕捉、素材剪辑、特效制作到渲染合成的全部过程，对于音频处理的专业性和操作便利也尤其出众。2023 年，美国《个人计算机》杂志评选 Final Cut Pro X 为 Mac 计算机最佳视频编辑软件（图 6-16）。

图 6-16　Final Cut Pro X 被评选为 Mac 计算机最佳视频编辑软件

6.6.3　iMovie 10

苹果公司出品的 iMovie 是在 Mac 计算机上预安装的非线性视频编辑软件，面向普通用户而且免费使用，并有同款的 iPhone 和 iPad 版本。虽然 iMovie 定位于家庭视频编辑工具，但是其功能却一点都不弱，足以满足一般用户的视频剪辑和特效的需求，如支持影像倒退、分屏画面、画中画、绿屏抠像等高级功能。iMovie 还为普通用户的快速剪辑视频内置了大量的视频模板，即使用户缺乏专业的剪辑知识，也能做出大气美观的视频。iMovie 处理音频也是可叠加的，同一时刻除了原声外，最多可以叠加 4 种音频片段，由此可以满足混音、伴奏或背景音乐的需要。此外，iMovie 也提供了叠加视频字幕的功能，同时也提供了多种字幕的呈现转场方式和字幕的位置控制。尽管 iMovie 不适用于 Windows 平台，但适用于苹果的 iPhone 和 iPad，而且支持 4K 的视频。如果用户有多台苹果设备，这意味着可以同时在移动媒体上随时随地剪掉不需要的素材，然后再回到 Mac 计算机上进行更多的后期加工。用户剪辑好的影片也可以无缝转移到 iPhone 和 iPad 上发布。总体而言，iMovie 是新手或中级用户的不错选择，其颜色校正、色键控制、字幕以及丰富的转场模板、视频模板是该软件的特色。2023 年，美国《个人计算机》杂志评选 iMovie 10 为 Mac 计算机最易用视频编辑软件（图 6-17）。

图 6-17　iMovie 10 被评选为 Mac 计算机最易用视频编辑软件

6.6.4　DaVinci Resolve 18

DaVinci Resolve 18 是一款将剪辑、调色、视觉特效、动态图形和音频后期制作融于一体的解决方案工具。它采用美观、新颖的界面设计，易学易用，能让新手用户快速上手操作，还能提供专业人士需要的强大性能。2023 年，美国《个人计算机》杂志评选 DaVinci Resolve 为最佳专业级工具和功能强大的免费软件（图 6-18）。不仅是从事影视节目制作的专业人士的得力助手，也是专业调色师、剪辑师、视效师、音响师所共同使用的专业制作工具，特别是其出色的调色工具、音乐品质和创意工具在业界也有着良好的口碑并拥有大量的粉丝。

DaVinci Resolve 拥有荣获艾美奖的 32 位浮点图像处理技术、获得专利的 YRGB 色彩科学以及用于新型 HDR 工作流程的广色域色彩空间。除此之外，它还有传奇品质的 Fairlight 音频处理功能，可以提供专业级的音效。DaVinci Resolve 18 采用全新的远程协作方式，引入基于云技术的工作流程。通过基于数据云的存储项目素材库，设计师可以与全球多个用户在同一条时间线上展开实时协作。DaVinci Resolve 的新型代理菜单可以使工作更为流畅。苹果神经网络引擎支持能在苹果新一代智能芯片笔记本及计算机 M1 上实现高达 30 倍的播放速度提升。DaVinci Resolve 的 Ultra Beauty 超级美化和 3D 深度贴图等 Resolve FX 特效为剪辑师改善了字幕功能，并且添加了 Fairlight 固定总线转 FlexBus 转换等功能。DaVinci Resolve 还支持用户的个性化定制工作流程，允许用户基于本地和远程协作共享设计项目及素材库，而且也不会产生因为导入导出文件、项目转码、丢失数据或者项目管理调整带来的烦恼。

图 6-18　DaVinci Resolve 被评选为最佳专业级工具和功能强大的免费软件

6.6.5 Vegas Pro 19

Magix 公司推出的 Vegas Pro19 是一款知名的非线性编辑软件。该软件最初由 Sonic Foundry 公司开发，该公司旗下还有在音频领域极为著名的软件 Sound Forge、ACID Pro 等。2003 年日本索尼公司并购了 Sonic Foundry 公司桌面软件部门。2016 年，Vegas Pro 被 Magix 公司并购。该软件集视频剪辑、后期特效与多轨道合成于一体，结合高效率的操作界面与丰富的工具，可以让用户更流畅地创造出丰富的影像，因此成为 PC 上最佳的入门级视频编辑软件之一。Vegas Pro 作为整合影像编辑与声音编辑的软件，其丰富的功能媲美 Premiere Pro 并挑战 After Effects。该软件的特色包括：无限制复合轨道；支持不同分辨率的视频素材编辑；集成特效与轨道合成工具；支持 24 位音频文件；支持 DirectX 和 VST、OFX 特效插件；支持 GPU 硬件加速和 64 位操作系统，利用 GPU 硬件加速实现系统的稳定性、快速的渲染和流畅的播放。

Vegas Pro 19 在视频编辑与特效处理上的优势包括：广泛的格式支持、故事板和时间线同步、场景检测、修剪、随机播放、滑动、时间拉伸、反转等。该软件使用数百个预设模板，可以创建不同的场景，拥有超过 390 种效果，包括模糊、镜头光晕、网格变形、平移和裁剪、运动追踪、Open FX 插件支持、多通道调音台、混响和回声、音频均衡工具和 VST 支持等。该软件在字幕设计与转场特效上也有出色的表现，包括动画标题、预设字幕、二维 和 3D 过渡、擦除、溶解、扭曲、波浪、显示和交叉效果的转场等。Vegas Pro 使用色轮、通道、HSL 控件和曲线进行精确的颜色校正，通过 Vectorscope 使复杂的颜色分级变得直观而灵活。该软件通过预设颜色过滤器和配色效果，使得用户能够轻松地进行色彩修正与管理。综上所述，Vegas Pro 19 通过易于使用的专业工具，使得用户既可以创建简单的视频博客，也可以编辑专业的视频节目或者创建微电影，由此成为专业人士和小型工作室所青睐的对象。Vegas Pro 19 是面向数字媒体、网络视频、动画、多媒体简报、广播节目或音乐制作的专业解决方案之一（图 6-19）。

图 6-19　Vegas Pro19 是面向影视编辑或音乐制作的专业解决方案之一

用户往往需要在上述软件中进行选择。通常来说，在决定使用哪种视频编辑软件之前，用户首先应该考虑该软件是否支持或满足个性化需求。专业级软件有一些高级选项。例如，多机位编辑可以允许用户在使用多个摄像机拍摄同一场景时随意切换视角。普通用户可能不会考虑应用该功能，这些专业功能，如运动跟踪、8K 影像支持等，可能需要额外的费用，这对普通用户来说是不必要的。同时，专业级软件往往体积庞大、菜单复杂，也不能够提供足够的便携性。而一些免费的视频编辑软件与专业级软件相比，在色彩控制、音乐编辑、滤镜效果以及视频合成效果等方面会有所欠缺。因此，选择合适的视频编辑工具不仅要货比三家，而且还应该明确制作需求与预算。例如，Final Cut Pro 是一个看似简单的应用程序，在界面和易用性方面类似于 iMovie，但它还提供了非常深入的功能，结合了许多第三方软件，因此有强大的功能。Premiere Pro 则使用更传统的时间轴，并拥有庞大的配套应用程序和插件生态。它还在远程协作功能方面表现出色，并且可以与 After Effects 和 Photoshop 等软件配合使用。Davinci Resolve 面向专业视频编辑，并已被用于许多顶级好莱坞制作（如电影《阿凡达》和《沙丘》）中。虽然该软件免费，但运行时需要大量系统资源，同时其复杂的功能也需要用户花费更多的时间学习。

6.7 数字后期特效

6.7.1 电影特效及分类

数字特技是在近百年电影特效技术的基础上不断摸索和探求的结果。20 世纪 40—50 年代，电影工业的发展推动了机械、光学、化学、道具模型、电子技术的有机融合，成为打造银幕各种梦幻场景的幕后功臣。电影特技设备和技术，如光学印片机、轨道拍摄控制系统、前景投影技术、道具模型材料工艺等，都为电影的数字化腾飞打下了基础。1968 年，库布里克的《2001：太空漫游》横空出世，前景投影、激光技术与早期 CG 的使用打造了恢宏的画面，而丰富的想象力、富有诗意的宇宙探索、对人性与高科技的反思使得该片成为科幻电影的里程碑（图 6-20，上）。1972 年，电子蓝屏技术的发明推动了好莱坞电影特效的普及。1977 年，乔治·卢卡斯的《星球大战》揭开了数字特技电影的帷幕（图 6-20，下）。1991 年，詹姆斯·卡梅隆的《终结者 2》开创了计算机生成影像的先河（图 6-20，右）。到 2006 年，美国 50% 以上的影片运用了计算机技术制作画面，90% 以上的影片利用计算机处理声音。

图 6-20 《2001：太空漫游》《星球大战》和《终结者 2》

电影特效分为下列几类：

（1）美术特技，如背景绘画、玻璃绘画、胶片绘画等。

（2）模型与布景，如前景模型、背景模型、可活动模型与布景等。

（3）摄影技巧，如中途停拍、倒放、逐格拍摄、多次曝光、镜头透视、摄影运动控制、背景色差拍摄、航拍与水下拍摄技术等。

（4）光学合成，如遮片的制作、前景与背景投影、照片合成技术等。

（5）影像记录与输出，如电影胶片扫描仪、电影影像记录仪等。

（6）数字合成特效，如背景色差抠像、多画面合成技术。

（7）三维动画，如虚拟影像生成、三维扫描仪、动作捕捉、智能动画技术等。

利用计算机图形图像技术实现的影视特效称为数字特效。数字特效的制作流程大致分为前期策划、中期制作、后期制作3个主要的环节。前期策划主要由导演、特效师、剧本作者、原画师等主创人员共同确定故事板，也就是形象化的剧本。该过程需要完成动画元素（如角色、环境、道具等）的整体规划和设计。确定后的特效制作方案还要进行测试以确定人员的职责和协调等工作。中期制作过程围绕着动作捕捉、CG动画与虚拟环境生成等工作开展，包括模型的建立、材质与灯光的设定、特殊效果的生成、图像的渲染等。此外还有一些相关的工作也是必不可少，如提供三维扫描数据的泥塑模型的制作、纹理贴图的绘制、运动数据的捕捉等。绿屏抠像（色键抠像）技术是电影中期拍摄与后期合成的重要工作，真人演员的表演与虚拟背景的叠加是数字特效软件大显身手的地方（图6-21）。数字后期特效的主要目标是在剪辑与特效软件中对拍摄好的素材进行数字加工，即通过分层合成完成影片的视觉效果；同时借助颜色校正与烟火滤镜等对影片的艺术风格进行处理。随着虚拟拍摄、虚拟场景生成、表情动作捕捉、实时引擎渲染、虚拟摄影机追踪等技术的应用，数字特效已经渗透到电影创作的全流程，并由此改变了传统电影工业的生产流水线，这成为20世纪90年代电影工业革命的导火索。

图6-21　演员与虚拟背景的叠加是数字特效软件的功能之一

6.7.2　数字影像处理

数字影像处理是利用软件对摄影机实拍的画面或软件生成的画面进行加工处理，从而产生新的影片视觉效果。数字影像处理在影视特效中有着非常广泛的应用，例如，对在摄制过程中"穿帮"画面的擦除——抹去演员身上的一根安全带、隐去特效中的支架、一支不经意穿帮的话筒或古代题材影片中出现的电线、手机或空调等景物。数字影像处理也可以把新拍影片"做旧"，即对拍摄的电影画面与历史资料片在对比度、光度、颗粒度、焦距等进行一致性的处理，以保证合成画面的真实感。数字复制技术用一小部分演员进行一次或几次拍摄，然后通过数字复制的方式克隆出千军万马的场景。例如，曾荣获奥斯卡最佳视觉效果奖的《指环王3：王者归来》以其拥有1400个特效镜头而享誉影坛。人与魔的最后决战更是堪称影史上的奇迹：成千上万的人类战士、马匹、魔兵和猛犸象混战在一起（图6-22）。数字特效正是电影造梦的功臣。

从影视制作中的应用过程和技法上，数字特效可以分为两大部分，即前期拍摄中的数字特效和后期制作的数字特效。前期拍摄中的数字特效主要为变速特效，即运用拍摄速度和播放速度的不同实现的视觉效果，同时也包括利用计算机控制实现的一系列特殊拍摄技术，如时间冻结特效等。变

图 6-22　电影《指环王 3：王者归来》的战争场面

速特效主要有快动作、慢动作、时间冻结、倒放与定格等。后期制作中的数字特效主要是由文字、影像以及画面之间的转场过渡所构成的，所以可以将后期制作中的数字特效分为文字特效、影像特效和转场特效。文字特效是在文字上所加的特效效果，如光效和动画等。转场特效是影片连接技法的集合，其中主要包括三维空间运动、融合、分割、翻页、滑动、伸展、擦除、缩放等转场效果。

影像特效是一种综合特技，指画面上除了文字之外所表现出来的各种特技效果，主要包括动画特效、滤镜特效、三维特效、虚拟特效与合成特效等。动画特效是运用动画技术方法在画面中加入动画的元素，增加动感效果，可以分为音画同步、动态变形、变速运动、运动跟踪等。滤镜特效是为影视画面增加的各种不同的特效，主要包括颜色、模糊、透视、扭曲、抠像、涟漪、风格化、粒子和燃烧等。三维特效是在画面中表现出三维空间的效果，包括光线与投影、三维场景等。虚拟特效是运用虚拟现实技术实现的效果。合成特效是将实拍画面、数字生成的虚拟角色、虚拟场景等各种素材进行合成而成的特效，主要有角色合成、场景合成等。

近年来，数字特效大放异彩，现场虚拟拍摄技术的出现将导演和主创人员带入了全新的"异域世界"。在这个世界里，既有光怪陆离、天马行空的无尽想象力，又有真实的角色、表演、场景、道具和光影。现场虚拟拍摄将文学剧本虚拟的无尽想象和现实影像的纤毫毕现巧妙地融为一体，为电影人开启了新的创作之旅。与传统实景拍摄相比，蓝绿幕拍摄仍然无法让所有主创人员身临其境，实现多部门高效、精准的协同。而现场虚拟拍摄就通过实时追踪、实时抠像、实时渲染技术，将摄像机拍摄与 CG 元素实时合成，将数字化的空间、透视、运动、光影带到拍摄现场，为导演提供了实时的画面预览（图 6-23）。这种实时预览作为前期动画预览（Previz）的延展，结合现场实拍画面可以有效传达导演叙事与视效相结合的创作意图，从而使整个团队的协同与创作更加顺畅。它可以看作蓝绿幕拍摄技术的现场升级版，为影视数字化全流程的贯通提供了保障。

6.7.3　数字后期特效软件

与影视后期剪辑软件（如 Premiere Pro）相比，数字后期特效软件更强调抠像、遮罩、动画控制、轨道图层叠加（合成）与视觉特效（自然动力学特效、烟火、雨雪与爆炸等粒子特效）。而 Adobe 公司旗下的 After Effects 就是一款专门用于视频特效的数字后期合成软件（图 6-24）。和 Adobe 旗下的 Premiere Pro 一样，After Effects 已经成为专业动态图像和视觉效果的工业标准，在精确控制的前提下，可以充分展示用户的创造性。After Effects 引入了 Photoshop 图层的概念，可以对多层的合成视频进行控制，能够打造出无缝的合成效果。关键帧和路径使得 After Effects 对于控制高级

图 6-23　现场虚拟拍摄技术为导演提供了实时的画面预览

的二维动画游刃有余。此外，After Effects 的三维合成工具可以将二维、三维场景合成在一个作品中。它们的动态图层都可以水平或垂直移动，三维图层还可以继续保持动画与灯光、阴影和相机的交互。After Effects 可以无缝导入 Premiere Pro、Photoshop 和 Illustrator 等软件的图层文件或视频文件。高效的视频处理系统确保了高质量的视频输出，而令人眼花缭乱的特技系统更使 After Effects 能够实现更多的创意。After Effects 使用时间轴面板中的轨道遮罩下拉菜单，可以将任何图层用作轨道遮罩，使合成更简单、灵活。用户也无须将遮罩放置在目标图层的上方，不管合成图层位于图层堆叠的什么位置，均可将其用作轨道遮罩。用户还可使用遮罩层的 Alpha 或亮度通道，并在必要时进行反转。After Effects 可以创建包含三维模型的动态图形。用户可以导入三维模型并为其制作动画，然后无须使用任何其他增效工具即可进行渲染。After Effects 2023 还通过多帧渲染（Multi-Frame Rendering, MFR）提高渲染的工作效率。

图 6-24　After Effects 是一款视频特效的数字后期合成的专业软件

因此，无论是电影、视频、多媒体创作还是网页开发，After Effects 都提供了全套的工具。After Effects 的特点如下：

（1）图层合成能力强。After Effects 在这方面有良好的表现，并且提供了众多的图层叠加方式。

（2）图层之间时间和位置关系明确，操控方便。拖动式操作可快速移动、旋转、缩放多层图像，其父子关系使得视频的制作和修改更为方便。

（3）插件众多，不下 1000 种，并且涵盖面广。After Effects 可以制作海洋、天空、烟火、爆炸等特效。

（4）遮罩能力强大。单层最多可以建立 128 个遮罩，并且遮罩之间可以有逻辑运算。

（5）交互性强。After Effects 支持画面的自动对位以及数个画面的首尾相接、重叠、自动叠化等。画面运动轨迹和摄像机运动轨迹也可以用手绘曲线输入。

（6）三维合成。在三维环境下，After Effects 借助光源、阴影和相机实现 Z 轴动画并可以营造立体视觉效果。

（7）动效设计。After Effects 是常用的动效输出软件。随着用户界面设计的流行，动效设计在 App 与网页转场预览、交互控制以及媒体音效设计方面越来越重要。After Effects 常用的动效格式包括 GIF、MP4、PNG 序列、SVGA、JSON、APNG 和 WebP。虽然上述部分格式在 After Effects 中不能直接导出，但借助第三方插件就可以轻松实现。例如，通过使用 Aftercodecs 插件，就可以导出小巧、高清的 MP4 格式。

本课学习重点

声音、视频与数字特效是数字媒体技术的主要应用领域之一，也是随着手机短视频、网络直播与网络综艺节目的崛起而迅速发展起来的重要就业领域。本课的学习重点是数字音频理论与技术、数字视频理论与技术、非线性编辑系统、流媒体技术与产业以及数字特效理论与技术（参见本课思维导图），读者在学习时应该关注以下几点：

（1）什么是数字音频？数字音频有哪些格式？

（2）如何解决声音采样率与数据压缩率之间的矛盾？

（3）什么是非线性编辑系统？影视剪辑的意义何在？

（4）数字视频剪辑主要有哪些软件？它们的优缺点都有哪些？

（5）什么是数字视频技术？有哪些技术参数可以描述数字视频？

（6）常用的数字视频格式有哪些？其主要特征是什么？

（7）什么是数字后期特效？有哪些数字后期特效软件？

（8）什么是流媒体和流媒体产业？流媒体对电视工业有什么影响？

（9）数字视频编辑师与特效师、音效师应该具有哪些知识和技能？

（10）什么是电影蒙太奇与视听语言？它们与视频剪辑有何联系？

（11）以 Premiere Pro 为例说明非线性编辑的操作特点。

（12）视频卡和音频卡的主要功能是什么？有哪些主要组件？

本课学习思维导图

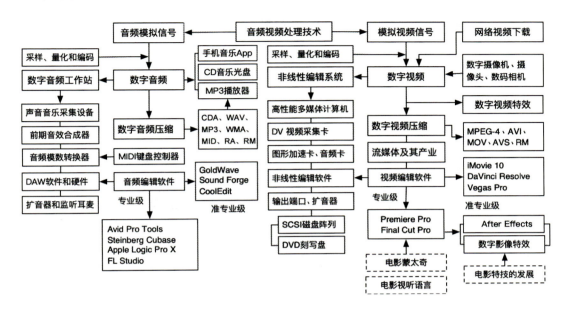

讨论与实践

思考以下问题

（1）什么是数字音频？数字音频有哪些格式？

（2）如何解决声音采样率与数据压缩率之间的矛盾？

（3）什么是非线性编辑系统？影视剪辑的意义何在？

（4）数字视频剪辑主要有哪些软件？它们的优缺点都有哪些？

（5）什么是数字视频技术？有哪些技术参数可以描述数字视频？

（6）数字视频技术主要包括哪些工作目标？

（7）数字视频编辑与数字特效在软件操作上有哪些区别？

小组讨论与实践

现象透视：当前，互联网的内容形态正从图文向视频跃迁，用视频记录和表达成为日常生活的一部分。剪映 App 由此异军突起（图 6-25）。该软件以智能化、云端化提升效率，同时为创作者提供灵感。如今，剪映 App 提供的各种视频模板每天会被使用 5410 万次。

头脑风暴：互联网内容的视频化成为大势所趋。新技术会产生新工具，使用这些工具又能聚集更多用户形成新的内容生态。剪映 App 实现的云端创作颠覆了人们的创作习惯，突破了时间和空间的限制。这也是剪映 App 未来发展的新故事。

方案设计：下载剪映 App 或者或在笔记本计算机上下载其专业版，然后以班里的同学互为角色，以校园为背景，拍摄一部表现当代大学生校园生活的励志微电影（5min）。需要根据剧本，利用手机拍摄不同场景的视频素材，然后通过剪映 App 模板进行加工剪辑，最后合成一部短片。注意，内容应该主题鲜明、自然流畅、音画同步，可添加特效。

图 6-25 "剪映" App 及笔记本计算机专业版界面

练习与思考

一、名词解释

1. 采样率
2. 非线性编辑
3. 运动跟踪
4. 色度键控
5. 前期预览（Previz）
6. 数字特效
7. QuickTime（MOV）
8. 流媒体
9. YUV 色彩空间
10. 帧速率

二、简答题

1. 数字非线性编辑平台主要包括哪些系统或组件？
2. 前期预览与现场虚拟拍摄技术的出现对电影工业意味着什么？
3. 什么是数字后期特效？有哪些数字后期特效软件？
4. 什么是流媒体和流媒体产业？流媒体对电视工业有什么影响？

5. 数字视频编辑师与特效师、音效师应该具有哪些知识和技能？

6. 什么是电影特效？简述电影特效的发展历程。

7. 以 Premiere Pro 为例说明非线性编辑的操作特点。

8. 视频卡和音频卡的主要功能是什么？有哪些主要组件？

9. 数字视频是如何进行数据压缩的？常用的格式有哪些？

三、思考题

1. 什么是电影蒙太奇与视听语言？它们与影视剪辑有何联系？

2. 请观摩《带摄影机的人》并分析该电影的镜头语言。

3. 音频录制中常常会产生声音失真，说明其原因及解决方法。

4. 简述 JPEG、MP3 与 MP4 的主要差别及应用场景。

5. 15s NASC 制的 640×480（24 位）视频的数据量是多少？

6. 为什么电视工业要采用 YUV 色彩空间标准？YUV 色彩空间与 RGB 色彩空间如何转换？

7. 以 After Effects 为例说明数字后期特效主要有哪些功能。

8. 10min 双声道（16 位）、采样频率 44.1kHz 的声音数据量是多少？

9. 数字电视的 NASC 制式和 PAL 制式有哪些区别和联系？

第 7 课
数字动画技术与设计

7.1　动画定义及分类
7.2　计算机动画概述
7.3　数字动画的算法
7.4　数字动画软件
7.5　数字动画设计原则
7.6　数字动画制作流程
7.7　动画的起源与发展
7.8　数字动画简史
7.9　数字动画发展趋势
本课学习重点
讨论与实践
练习与思考

7.1 动画定义及分类

7.1.1 动画的定义

Animation 一词源自拉丁文字根 anima，意为"灵魂"；动词 animate 是"赋予生命"的意思，引申为使某物活起来。所以，动画可以定义为通过绘画创造生命运动的艺术。著名动画艺术家诺曼·麦克拉伦（Norman McLaren）指出：动画不是"会动的画"，而是"画出来的运动"的艺术。动画创作同时汲取了纯绘画艺术以及漫画的通俗文化精神。这种包含前卫精神与通俗文化的两极特性一直都是动画吸引人的地方。我国动画前辈，中国传媒大学动画艺术学院首任院长路盛章曾经说："众所周知，让画面动起来、活起来，是人类的一个愿望，也是一百年前电影发明的动因。但是为什么静止的图像动起来了，写实的、纪实的或称反映生活的电影发明之后，人们还是不满足，还是不停地探索和追求新的表现形式呢？这是值得深思的，这是因为人类爱好自由幻想的心理本性还是没有得到彻底的满足。而动画艺术恰恰是能够最大限度满足人类想象空间的艺术，它是上帝之手，它无所不能，是它满足了人类自由想象的心理需求！所以，它才最受欢迎。爱幻想是青少年的天性，而人的幻想力是随着年龄的增长而减少的。所以，青少年因为爱幻想而喜爱动画，成年人因想象力下降而喜欢充满幻想的动画。"因此，动画片中的夸张与趣味是动画艺术的生命与灵魂。例如，法国著名导演西维亚·乔迈（Sylvain Chomet）的《疯狂约会美丽都》就是一部情节感人、寓意深刻和表现夸张的动画片（图 7-1）。

图 7-1　西维亚·乔迈导演的动画片《疯狂约会美丽都》截图

7.1.2 动画的分类

根据不同的目的，动画可以分成不同的类型。例如，按动画的性质可以分为商业动画和实验动画，按照播放媒介可以分为电影动画、电视动画、LED 户外广告屏动画、手机动画等。根据百度百科与维基百科，现代动画可以分为三大门类：传统动画、定格动画和计算机动画。传统动画也被称为经典动画或手绘动画，是一种较为流行的动画形式和制作手段（图 7-2，上）。20 世纪大部分动画电影是以传统动画形式制作的。传统动画表现手段和技术包括全动作动画和有限动画。定格动画（stop motion）则是一种以现实的物品为对象，同时应用摄影技术制作的一种动画形式（图 7-2，下）。这种动画根据物品使用的材质可以分为黏土动画、剪纸动画、拼贴动画、模型动画、实体动画、真人定格动画和木偶动画等。定格动画具有很高的艺术表现性和真实的材质纹理。制作时，先对对象进行拍摄，然后改变拍摄对象的形状、位置或者替换对象再进行拍摄，反复进行这一步骤直到这一场景结束，最后将这些连续照片合成为动画。因此，这种动画的制作技术也被称为关键帧动画或者位置动画。计算机动画是本课的重点内容，会在 7.2 节进行详细的说明。现代动画的主要类型可以总结为表 7-1。

图 7-2　传统动画与定格动画的不同制作流程与技术

表 7-1　现代动画的主要类型

动画类型	动画子类	技术简要说明
传统动画	全动作动画	精准和逼真地表现各个动作，色彩丰富，接近自然的高质量动画
	有限动画	较少追求细节和大量准确真实的动作的动画，是电视动画的主要类型
定格动画	黏土动画	使用黏土或者橡皮泥等可塑材质制作的动画
	剪纸动画	以纸张为材质制作的定格动画
	拼贴动画	以报纸或杂志上的图画、照片或剪报等通过拼贴制作的定格动画
	木偶动画	以带关节的木偶制作的定格动画，由传统木偶戏发展而来
	物体动画	使用积木、玩具、娃娃等制作的定格动画
	真人定格动画	使用人作为动画角色的定格动画，往往带有超现实的风格
	沙土动画	在一块前光或背光的玻璃上用沙子绘画的定格动画
	水墨动画	以中国水墨画手法通过透明玻璃等媒介制作的定格动画
计算机动画	二维动画	借助计算机软件制作的二维动画
	三维动画	借助计算机软件制作的三维动画
	人体动画	借助动作捕捉技术与人体关节动力学实现的人体动作动画
	过程动画	利用 CGI 物理引擎模拟动力学实现的爆炸、云雾、碰撞等动画

7.2　计算机动画概述

　　计算机动画是现代动画的三大门类之一，也是本课介绍的重点。计算机动画也称电脑动画、数字动画，是指采用计算机图形图像处理技术，借助于编程或软件制作或生成一系列景物或画面的动画。根据动画的表现形式，计算机动画具体可以划分为二维动画、三维动画、人体动画和过程动画。如果从动画本身涉及的制作技术划分，计算机动画还可以分为关键帧动画、变形动画、过程动画及人体动画等。下面对此进行详细说明。

7.2.1　关键帧动画

　　无论是传统动画还是数字动画，其连续画面都是由一系列静止的画面表现的，但在制作过程中并不需要逐个画面进行绘制，只需选出少数几个画面加以绘制。这些画面一般都出现在动作变化的转折点处，对这段连续的动作起着关键的控制作用，因此称之为关键帧（传统动画称之为原画，往往由资深动画师完成）。计算机通过对关键帧进行插值完成动画，因此称作关键帧动画（图 7-3，上），插值代替了设计中间帧的动画师。所有影响画面图像的参数都可成为关键帧的参数，如位置、旋转角度、表面纹理等。计算机插值有线性插值和非线性插值两种类型，并分别采用不同的算法实现。路径动画就是由用户根据需要设定好一个路径后，使场景中的对象沿路径运动，例如模拟飞机的飞行、鱼的游动等现象（图 7-3，下）。运动路径就是用户画出的动画对象运动曲线，计算机通过关键点控制使得物体沿路径运动，因此路径动画也是一种特殊形式的关键帧动画。许多二维或三维动画软件支持路径动画，如 3ds max、After Effects 和 Aobe Animate。

7.2.2 变形动画

变形动画可以是二维或三维的（图 7-4）。基于图像的变形（morph）形成动画是一种常用的二维动画技术，包括图像之间的插值变形和图像本身的变形。变形动画首先需要定义图像的特征结构，然后按特征结构使图像变形。图像间的变形动画可以先按特征结构对两幅图像本身进行变形，然后通过渐隐、渐显的方式合成两个图像系列。对于传统动画来说，变形是动画的精髓。动画大师诺曼·麦克拉伦说："每两帧之间的动画效果要比每帧的效果重要得多。"因此，动画师的手绘能力、表现力、想象力是变形动画能够成功的关键。三维变形动画基于不同的变形算法，如 FFD（自由网格变形）。变形动画在动画角色表情与性格塑造、口唇同步等方面非常重要。

图 7-3　关键帧动画与路径动画

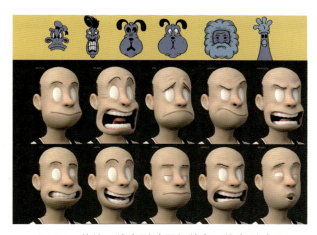

图 7-4　传统二维变形动画与数字三维变形动画

7.2.3 过程动画

过程动画就是基于物理模型的动画，包括粒子动画和群体动画。过程动画能逼真地模拟各种自然物理现象，这是基于几何的动画技术所无法比拟的。三维动画建模软件，如 Maya、3ds max 或者 Blender 等，在构建基于动力学的动画方面已相当成熟，它们能处理诸如重力、风力、碰撞检测等在内的复杂动力学模型。过程动画也用来模拟地震、海啸或火山爆发等自然现象，模拟布料等柔性物体的变形运动以及模拟流体动力学现象，等等。

1. 刚体、柔性物体、动力学及粒子系统

过程动画需要基于一定的数学模型或物理规律（如牛顿动力学三大定律）等。在刚体运动模拟方面，其研究重点集中在采用牛顿动力学的各种方程模拟刚体系统的运动，如保龄球碰撞等动力学过程的模拟（图7-5，上）。由于在真实的刚体运动中任意两个刚体不会相互贯穿，因而在运动过程模拟时，必须进行碰撞检测，并对碰撞后的物体运动响应再进行处理。柔性物体动画不仅包括人体衣服或布料的动画，还包括旗帜、窗帘、桌布等的动画。布料动画的一个特殊应用领域为时装设计，它将改变传统的服装设计过程，让人们在衣服做好之前就可看到服装的式样和试穿后的形态。借助弹性理论模型可以模拟布料的重力、阻力、弹性等物理性质，使得布料在运动中更加逼真。这种方法可以很好地模拟布料在风力、人体运动等情况下的运动（图7-5，左下）。对一些非具体形状的随机景物，如火焰、气流、瀑布等的建模，可采用粒子系统的原理，将这些景物想象成由大量具有一定属性的粒子构成，每个粒子都有自己的参数，如初速度、加速度、运动轨迹和生命周期等（图7-5，右下）。粒子动画与群体动画广泛用于自然景观模拟。

图 7-5 保龄球碰撞动画布料动画和粒子动画

2. 流体动力学、空间场与随机模型

刚体、柔性物体或流体的过程动画涉及不同的物理模型以及相关的计算公式。例如，水流过程的模拟可以从流体力学中选取流体运动的偏微分方程，然后进行适当的简化，通过数值求解获得各个时刻流体的形状和位置。波浪可以选用平行波模型，即一种三维空间的正弦波状曲面进行造型，不同强度的波浪动画效果可通过对振幅、相位、风力场等参数的调节进行设置。现在已有许多模拟水流、波浪、瀑布、喷泉、溅水、船迹、气流等流体效果的模型。用稳定流取代非稳定流拟合运动模型方程可使计算速度大大加快。三维动画建模软件，如 Maya、3ds max 或者 Blender 等，均支持波浪、湍流及海洋等流体动画。采用流体动力学模拟软件 Realflow 也可以模拟出具有真实感的水流和波浪效果（图7-6）。在自然景物的动画模拟中，随机方法是非常有效的。例如，一个自然景物在风中的随机运动模型包括 3 部分：风模型、动力学模型和变形模型。其中，风模型产生风速度场，动力学模型描述系统的动力学响应，变形模型根据动力学系统的结果和物体的几何模型产生物体的变形。随机运动模型的优点在于它的一般性和一致性，随机运动模型可应用于树、草、叶子等自然景物随风摆动的动画。水平对流扩散方程可以模拟烟火、烟雾等与气体有关的现象。

图 7-6　三维动画建模软件或流体动力学模拟软件制作的波浪与湍流效果

3. 粒子动画与群体动画

　　粒子系统是一种用来创建大量粒子效果的计算机图形技术。粒子系统可以用来制作火焰、烟雾、爆炸、瀑布、喷溅、云彩、龙卷风、粉尘、风雪等各种粒子动画效果（图 7-7，上）。粒子系统同时可以模拟粒子之间的相互作用，例如粒子的发射、运动、排列、碰撞等。粒子系统通常由粒子发射器、粒子模拟器和粒子渲染器 3 部分组成。粒子发射器用来生成粒子，粒子模拟器用来控制粒子的运动轨迹和行为，粒子渲染器用来将粒子效果呈现在屏幕上。动画特效软件 After Effects 可以使用粒子插件（如 Particular、Trapcode Form 等）制作粒子动画。三维动画软件（如 Maya、3ds max、Houdini、Blender 等）都具有粒子系统模拟功能。粒子动画的制作过程是：首先确定粒子的大小、颜色、运动轨迹等参数，随后通过给粒子系统加入纹理、材质、灯光等元素使粒子动画更加逼真。

　　在生物界，许多动物（如鸟类、鱼类等）均以某种群体行为的方式运动。这种运动既有随机性，又有一定的规律性。群体的行为包含两个对立的因素——既要相互靠近，又要避免碰撞。因此，控制群体的行为有 3 条按优先级递减原则：①碰撞避免原则，即避免与相邻的群体成员相碰；②群体合群原则，即群体成员之间应该尽量靠近；③速度匹配原则，即尽量匹配相邻群体成员的速度。群体动画（crowd animation）可以用于模拟大量人群或动物的运动。群体动画通常使用算法（如鸟群算法、蜂群算法等）模拟人群或动物的行为，使动画更为自然和流畅。这种技术可以让动画师创建出逼真的群体行为效果，而不需要对每个人或动物都进行控制。例如，皮克斯动画工作室在《虫虫危机》中就塑造了蚁群的动画场面（图 7-7，左下）。群体动画可以使用各种不同的方法模拟人群行为，包括基于规则的方法、基于行为学的方法和基于深度学习的方法。1995 年，迪士尼公司推出的电影《狮子王》里有一幕非洲角马群狂奔的动画（图 7-7，右下），就是工业光魔公司（ILM）的工程师利用群体动画系统完成的，其万马奔腾的场面令人惊叹。

7.2.4　人体动画

　　在计算机图形学中，人体的造型与动作模拟一直是最具挑战性的问题。这是因为常规的数学与几何模型不适合表现人体形态，人的关节运动特别是引起关节运动的肌肉也十分难以模拟。另外，由于人类对自身的运动非常熟悉，不协调的运动很容易被观察者所察觉。因此，一种常用于电影、动画及游戏制作的技术就是利用传感器记录真人的实际运动，并转换为仿真的人体动画，这就

图 7-7　粒子动画与动画片中的群体动画

是动作捕捉（motion capture）。动作捕捉的前身源于传统动画的"转描技术"，即利用摄影装置拍摄演员的动作，并把胶片投影在动画师的桌面上，动画师便可以根据真人画面一帧一帧地描摹下来。此技术的优点是简单快捷，所以其在动画电影的初期颇受欢迎，许多迪士尼动画，如《白雪公主和七个小矮人》，均是以此技术为基础制作的。2000 年，哥伦比亚公司出品的 CG 电影《最终幻想：灵魂深处》全部使用了动作捕捉技术，呈现出彼时最接近真实效果的画面（图 7-8，左上）。2009 年上映的电影《阿凡达》可以说是将动作捕捉与表情捕捉技术成功结合的先驱者。詹姆斯·卡梅隆与团队使用了头戴式面部捕捉相机，并建立了有史以来最大的拍摄与动作捕捉影棚。这种虚拟表演的场地到处都是摄像头、动作捕捉服和道具模型，演员们无须走出摄影棚就可以完成角色的全部表演（图 7-8，中上）。《阿凡达》也是动作捕捉技术走向成熟的标志。随后，好莱坞许多大片也采用了动作捕捉与表情捕捉系统，如《猩球崛起》（图 7-8，右上）。

从技术的角度说，动作捕捉的实质就是测量、跟踪、记录物体在三维空间中的运动轨迹并将其赋予"虚拟演员"。典型的光学动作捕捉设备一般由传感器、信号捕捉设备、数据传输设备、数据处理设备、三维动画软件（如 MotionBuilder 等）组成（图 7-8，下）。光学动作捕捉技术会直接在人的身体上进行简单的标记，标记点会直接反射到提前设定好的摄像机上，然后通过反射的不同位置的成像信息预算标记点的空间运动信息，最终利用这些信息进行定位以及输出。这种方法的优点在于表演者活动范围大，不受电缆或机械装置的限制，表演者可以自由地表演，使用很方便。另外，其采样速率较高。

图 7-8　数字电影中的动作捕捉和光学动作捕捉设备

除了光学动作捕捉技术外，另外两种技术路线是惯性动作捕捉技术以及视觉动作捕捉技术。惯性动作捕捉技术直接在人身上佩戴陀螺仪，人在运动的时候，陀螺仪也会跟着进行旋转。陀螺仪通过测量表演者运动加速度、方位、倾斜角等特性实现动作捕捉。视觉动作捕捉技术在操作的时候不需要标记和佩戴设备，只要在人的活动范围内通过普通的摄像头进行动作的录制，对人体的关键信息进行识别,然后采用特殊的人工智能算法实现动作捕捉。随着动作捕捉技术的进一步成熟,其成本会进一步下降。它极大地提高了人体动画制作的效率,而且使动画制作过程更为直观,效果更为生动流畅。

7.3 数字动画的算法

简单地讲,数字动画就是指采用计算机图形与图像的数字处理技术,借助于编程或动画制作软件生成一系列景物画面的流程与方法。数字动画的工作包括数字建模、动作绑定、材质贴图、灯光与环境、动画与渲染、后期配音等。动画师可以使用软件设计角色的运动轨迹,控制运动的速度和平滑度,调整物体的外观。最终,这些数据被渲染成动画。和传统动画相比,数字动画通常有着严格的步骤和工序,如创建模型、相机定位和照明、角色的运动或变形设计、灯光和相机的运动、模型的渲染等。这个过程也允许重复使用模型和照明设置。而在传统动画中,这些过程都可以在绘制每个帧画面时同时进行。传统动画也可能重复使用背景,例如迪士尼公司早期使用的赛璐珞多层透明背景的叠加方法以及借助多平面相机实现控制景物缩放和透视效果的技术。

因此,从整体上看,数字动画的原理与传统动画并不存在很大的差异,传统动画创作与表现所遵循的法则与创作规律对于数字动画师来说同样重要。数字动画与传统动画最大的差异在于制作的手段与方法。例如,传统动画中的原画(关键帧)以及它们之间的中间画(插值帧)同样也是数字动画中的一项基本技术,只是后者不是由人工手绘而是由数学公式计算完成的。动画中的插值技术用于在关键帧之间创建平滑的运动。其中关键帧是动画中由动画师明确定义的帧,而中间的帧则由计算机使用插值法生成。数字动画常见的插值技术是线性插值,它在关键帧之间创建直线运动。另一种技术是样条插值,它能够创建一个可以产生更自然的轨迹的曲线运动,其插值函数是 Hermite 插值公式(图 7-9,左)和 Catmull-Rom 插值公式(7-9,右)。计算机将数学公式转换为算法,通过人机交互的方式协助动画师实现动作的平滑过渡。

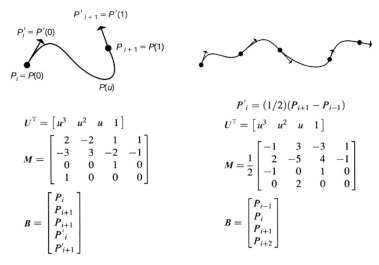

图 7-9 Hermite 插值公式和 Catmull-Rom 插值公式

另一个范例就是变形动画技术。变形技术也是传统动画和数字动画所共有的一种重要技术,它可以让角色和物体在动画中发生形状变化。但不同之处在于：传统动画依靠动画师逐帧绘制来产生动画物体"形变"的幻象，这个过程不仅依靠动画师丰富的经验与高超的手绘记忆，而且也是非常消耗体力与脑力的过程；数字动画则是借助一系列算法完成这个过程。变形动画技术包括骨骼动画、网格变形、FFD、点云变形和动力学变形等。变形动画技术中的骨骼是一组带有关节的、类似于生物骨骼的虚拟点或线段。骨骼可以模拟身体的运动，如移动和旋转，并通过绑定物体（如肌肉）控制它的形状变化。网格变形是通过控制网格上的顶点改变物体的形状，这种技术可以模拟许多复杂的形状变化，例如面部表情和肌肉收缩等。另外还有基于点云的变形动画技术，这种技术通过对角色或物体表面上的点云进行变形实现变形动画效果。利用动力学模拟控制物体的形状变化也是数字动画的特色之一。例如，可以使用虚拟引擎技术模拟风暴、海啸、重力、弹力等物理过程，以控制物体的形状变化。

FFD 也是一种网格变形技术。它可以让动画角色或物体在动画过程中平滑变形。这种变形是通过在物体表面上放置一组虚拟控制点以控制物体的形状变化。这些控制点可以被移动、旋转或缩放，从而改变物体的形状（图 7-10，左）。FFD 技术可以用于模拟各种类型的变形，包括局部变形和全局变形。与骨骼绑定变形相比，FFD 具有较高的灵活性和自由度。它可以在保持物体整体形状的同时进行局部变形，使得动画效果更加逼真。通常 FFD 算法分为 4 个步骤：①构造一个足够大的三参数网格体，如张量积（tensor product）Bezier 网格体；②将要变形的物体嵌入网格中，变形物体上各点都可以对张量积 Bezier 网格体反求参数；③张量积 Bezier 网格体通过改变控制顶点进行变形；④对变形物体上各点由参数按新控制的顶点计算出变形后的新位置，并由此得到新的变形体。该算法包括 NURBS 基函数的 FFD 方法和直接操控 FFD 函数的方法（图 7-10，右上）。FFD 技术广泛应用于数字动画、三维建模、游戏开发等领域。多数动画软件（如 Maya、3ds max、Cinima4D、Aobe Animate 等）也都支持 FFD 变形。

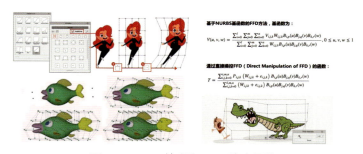

图 7-10　FFD 技术和 FFD 算法函数

数字动画中使用的算法有很多种，其中常用的算法有以下 6 类：

（1）关键帧动画。通过设置物体在关键时间点上的姿态，然后让计算机在这些关键帧之间平滑插值来控制物体的运动。

（2）运动算法。这些算法根据物体的运动学原理（如牛顿运动学）模拟物体的重力和其他物理现象。例如，使用数学曲线描述物体在运动过程中的位置、速度和加速度，从而控制物体的运动。

（3）物理模拟算法。使用物理学原理模拟物体的运动，如重力、弹跳、碰撞和动量等。

（4）行为树算法。这些算法使用树状结构控制物体的行为，每个节点代表一种可能的行为或状态。

（5）反向动力学算法。这些算法模拟骨骼动画，让物体的骨骼按照预定的路径运动。

（6）人工智能算法。使用人工智能算法（例如神经网络）预测和控制物体的运动。

这些算法的选择取决于动画的具体应用场景和需求。

7.4 数字动画软件

数字动画的关键技术体现在动画软件中。软件是一系列按照特定顺序组织的计算机数据和指令的集合，是封装后的数学公式、算法与程序。使用软件一般不需要用户编程，动画师可以通过人机交互操作来实现各种动画效果。常见的数字二维动画的创作工具包括 TVP Animation Pro、RETAS PRO、Moho 或更轻量级的 After Effects、Aobe Animate，数字三维动画软件包括 Maya、Cinima4D、3ds max、Blender、Houdini、Zbrush 等。动画的创作本身是一种艺术实践，因此动画师不仅需要熟悉软件，而且对于动画编剧、角色造型、画面构图、色彩渲染等也需要掌握专业的造型知识与故事建构能力。

1. Adobe Animate 2022

Animate 是由 Flash Professional CC 发展而来的专业软件，为二维动画和交互媒体创作提供了音频、图片、视频、动画等支持，是目前应用较为广泛的网络二维动画创作工具（图 7-11），并能通过可扩展架构支持包括 SVG 在内的几乎任何动画格式。Animate 的动画时间轴功能强大，提供了分层深度和摄像机等功能。该软件的 HTML5 画布可以为动画添加更多的效果，同时用户也可以使用预设功能管理动画的速度等。Animate 适用于设计游戏、应用程序、Web 的交互式矢量动画和 MG 图形动画等。

图 7-11 Animate

从 Flash 到 Animate，从功能看有两个主要的变化：第一个变化是升级了软件开发互动多媒体内容的性能，使开发过程更专业，而且运行性能上有了很大的提升，使得工作效率更高；第二个变化就是该软件更具有针对性，其开发的内容主要是二维动画、网络动画与互动 App 等，这对于智能手机、平板计算机、触摸屏等基于网络的娱乐及服务来说很重要，特别是国内广泛流行的短视频媒体，如抖音、快手与 B 站等。Animate 还备受儿童与青少年教育系列动画课件制作人员的青睐。Animate 不仅能制作《喜洋洋与灰太狼》这类针对儿童的动画，也能制作《罗小黑》等老少皆宜的动画。

2. TVP Animation Pro 10

除了 Animate 与 After Effects 外，国内专业二维动画公司也广泛采用 TVP Animation Pro、RETAS 与 Moho 等专业工具进行二维动画的创作。TVP Animation Pro 是法国 TVPaint 公司推出的一款二维动画制作软件，也是针对互联网上动画的专业解决方案。该软件将传统手绘动画与数字动画相结合，形成了连贯的工作流程与工作环境，无论是前期绘制故事板、中期动画制作还是后期的特效处理，该软件都能完全胜任。动画师可以一条龙完成绘画、动画、特效以及合成等工作。TVP Animation Pro 10 还提供了 iPad 版本与 PC 版本，进一步方便了团队的协同工作。该软件支持 PSD 图层文件导入、AVI 视频逐帧导入和多种图像和视频音频格式。该软件也实现了全部汉化版，功能全面，兼容性也很高，是国内许多专业动画公司和小型工作室所青睐的动画工具（图 7-12）。

图 7-12　TVP Animation Pro10 的 iPad 版和 PC 版以及动画操作界面

3. RETAS

RETAS 是获得第 48 届日本电影电视技术协会优胜奖和 *Animation* 杂志金奖的二维无纸数字动画制作系统，广泛应用于电影、电视、动画、游戏和网络视频等领域。它将传统动画制作的几乎所有工序数字化并保持了一定的灵活性，包括描线、上色、制作摄影表、特效处理、拍摄合成的全部过程。RETAS 在日本动漫界有着良好的口碑，占有日本动画市场 80% 以上的份额并雄踞近年日本动画软件销售额之冠。目前日本已有 100 家以上的动画制作公司采用该软件。很多脍炙人口的 TV 动画，如《海贼王》《火影忍者》《机器猫》等，都是由其制作而成的（图 7-13，右上）。RETAS 由 Stylos、TraceMan、PaintMan 和 CoreRETAS 四大模块组成，用户可先在 Stylos 上绘制线稿，然后在 PaintMan 中进行上色，最后使用 CoreRETAS 合成。对于传统动画创作来说，用户可以将手绘原画在 TraceMan 中扫描和手绘描图并将纸质图像转化成数字线稿，随后的上色和合成工作也将分别在 PaintMan 和 CoreRETAS 中完成。RETAS 不仅可以制作二维动画，而且可以合成实景以及计算机三维图像。

Stylos 为画笔绘制模块（图 7-13，左下）。其画笔工具绘制的线条能自动添加出锋和入锋，并能自动进行抖动修复，确保线条平滑、笔触真实自然，更加接近手绘的感觉。此外，Stylos 同时支持矢量和点阵两种作画模式。动画师在矢量图层中绘制的线条为矢量文件，可根据需要任意修改线条，并保证图像线条清晰；当在点阵图层中绘制时，软件也能以高于必需值 8 倍的分辨率处理数据，以确保图像的高分辨率。在 Stylos 中处理完的线稿即可提供给下一个流程的工作人员在 PaintMan 中进行上色。

PaintMan 为上色工具模块（图 7-13，左上和右下）。其颜色丰富，色彩鲜艳明亮，可实现超过 3 种颜色的渐变效果，并可调整颜色透明度，可充分满足动画师的需求。在上色过程中，软件特有的未闭合区域填充功能支持动画师对未完全闭合的区域进行设限，以防止填充颜色时超出目标区域；细长区域填充功能则支持对细长区域进行快速填充。这些功能大大提高了上色效率。软件还支持批量上色，操作简便又快捷。

图 7-13　RETAS 软件的绘画、上色模块

TraceMan 主要用于手绘原画的扫描、提线（矢量化）等图像处理。它的批处理功能支持将扫描图像保存到指定文件夹中，图像可自动编号，有效提高了扫描效率。TraceMan 支持 48 比特高清扫描，并能将扫描后的图像通过描摹功能进行提线而生成矢量文件。提取生成的矢量线条连续而平滑，十分接近手绘的自然感觉。不仅如此，TraceMan 能将纸张底纹和角色的轮廓线分在不同图层，并把高光线、阴影线等彩色线条与黑色轮廓线条分开，更加方便图像在 PaintMan 中上色及修改。

CoreRETAS 为动画拍摄及合成模块，支持多种摄影技法。动画师可沿着直线或曲线的轨迹移动摄像机或图像，也可对图层进行三维旋转，使画面产生空间感；还可在同一律表中集中管理多个摄像机。镜头合成后，后期人员可根据用途或不同分辨率导出动画文件或矢量图形序列。

4. Moho

Moho 是 Lost Marble 公司推出的制作二维卡通动画的工具。它的最大亮点在于其智能化的骨骼系统，它实现了利用骨骼系统设计各种复杂动作，能够自动生成中间动画并自动为其上色，是动画师理想的制作工具。Moho 的智能骨骼是一种革命性的方法，可以使角色完全按照动画师想要的方式表现。角色的关节将弯曲而不会变形。动画师还可以将智能骨骼用作控制杆，控制面部表情动画。通过创建骨骼和使用正向和反向运动学，Moho 可以快速制作人类、动物或其他物体的角色动画（图 7-14）。

图 7-14　Moho iPad 版和 PC 版以及智能骨骼系统

Moho 的骨骼系统应用起来并不复杂。其过程包括：设置目标骨骼，添加骨骼以进行特殊控制，设置层次结构的动画，添加骨骼绑定约束，自动挤压和拉伸到任何骨骼，在具有相似骨骼的不同角色之间复制和粘贴动画，等等。Moho 可以设置目标骨骼控制角色运动。维特鲁威人骨骼系统使动

画师可以替换不同的图形和骨骼集，受达·芬奇的《维特鲁威人》的启发，Moho 的维特鲁威人骨骼系统是装配角色的一种新颖的方法。这种独特的方法使得装配角色变得更加容易。此外，Moho 还通过粒子系统与动力学实现了过程动画。

5. 三维造型及动画软件

三维造型及动画软件是制作数字三维动画产品的工具。除了广泛用于动画电影创作、影视片头、游戏制作及广告栏目包装外，这些软件也经常用于科普及教育领域，例如科学原理的诠释、技术或工程再现、历史场景还原等都需要虚拟建模或动画展示。同样，三维造型及动画也常常用于社交媒体及网站的内容设计。随着元宇宙的兴起，三维造型及动画软件已经成为虚拟现实环境构建不可或缺的工具。目前常用的三维造型及动画软件主要是 Sketchup（草图大师）、3ds Max、Maya、Cinema 4D、Blender、Houdini、UE4、Zbrush、Unity3D 等，而 VUE、Poser、Bryce、SpeedTree 和 Lumion 6 则是人物和三维自然景观的设计工具。Unity3D 除了可以实现动画外，还可以提供交互、游戏、动态媒体、展示设计等多种用途。多数三维造型及动画软件工具提供了建模、灯光与环境设计、绘画特效、布料、毛发、自然景观（花草、树木、山脉等）等实用模块。此外，专业建模工具，例如 Poser 11（图 7-15），对于人物角色、树木、机械、建筑、山景与江河湖泊等的表现也非常出色。

图 7-15　Poser 11 的人物建模与场景合成

3ds Max 和 Maya 都是 Autodesk 公司传媒娱乐部开发的全功能三维计算机图形软件（图 7-16）。其中 3ds Max 是目前中端三维软件的代表，可以运行于苹果与 PC 双平台，现已成为三维动画制作软件中的佼佼者。与 Maya 相比，3ds max 擅长建筑可视化和室内设计，更适用于游戏的建模和纹理。该软件有用户友好的界面，适合多边形建模和角色设计，同时也有高级粒子系统，可以模拟许多动力学效果。3ds Max 还有强大的插件生态系统，几乎可以满足各种景观特效的需求。同时该软件对于一般用户来说上手相对轻松。也是学校和小型动画工作室的常用工具。Maya 是高端三维软件的代表，广泛应用于电影、动画和游戏行业。该软件主要使用灵活的 NURBS 建模方式，拥有角色动画和绑定的高级工具，强大的视觉效果（VFX）和动态模拟（粒子、布料等）的高级脚本和编程能力。虽然对于初学者来说 Maya 需要一定的时间才能掌握，但它使专业用户真正实现了自由创作，它的角色动画、动力学系统、3D 画笔与雕刻画笔等为用户提供了实现想象力的自由手段，并且用户可以通过编写 MEL 脚本对软件实施个性化控制。

除了广为应用的 3ds Max 与 Maya 外，数字建模与动画常用的开发工具还包括 Cinema 4D、ZBrush 以及近年来异军突起的开源软件 Blender。Cinema 4D 由德国 Maxon 公司开发，在广告、电影、工业设计等方面都有出色的表现。Cinema 4D 包含建模、动画、渲染、骨骼、动力学、粒子、毛发

图 7-16 3ds max 2022（左）与 Maya 200（右）开机画面及操作界面

系统、三维纹理绘画、MoGraph 图形处理器等多个模块，形成了一个完整的三维创作平台。其渲染模块可以渲染出极为逼真的效果。BodyPaint 3D 绘画提供了多种笔触，支持压感和图层功能，特别是其中的雕刻系统使有机建模变得非常简单。该软件把基础网格转化成虚拟的油泥，动画师可以利用小刀和刮刀等工具塑形。动力学模块提供了模拟真实物理环境的功能，通过这个模拟的空间可以实现重力、风力、质量、刚体、柔体等效果。网络渲染模块可以将几台计算机用网络连接起来进行同时渲染，大大提高了渲染速度。Cinema 4D 还包括二维渲染插件，可以模拟二维动画效果，如马克笔、毛笔和素描效果等。其光照系统提供 50 多种光线和照明模式。此外，Cinema 4D 不仅支持批成像和 Alpha 通道，而且还支持十多种输出文件格式。

ZBrush 是一种数字雕刻和绘画软件，允许动画师使用数字笔刷和多重细分技术创建高细节的三维模型。该软件通过模拟传统雕刻的手法为动画师提供了一种自然和直观的方法来创建三维模型，使动画师能够通过控制笔刷形状、大小和强度创建复杂的艺术品。ZBrush 还支持多种纹理和材质，使用户能够轻松地创建具有逼真细节的三维图形。

Blender 是一款开源三维动画制作软件，它结合了多项技术，包括三维建模、动画、渲染、后期制作等，以帮助动画师创建和呈现三维场景和作品。Blender 基于 OpenGL 图形库并拥有强大的图形处理引擎，能够实现高效的图形渲染和物理模拟。此外，Blender 还拥有丰富的工具和插件，支持多种三维文件格式并可以与其他软件无缝整合。因为 Blender 是开源软件，所以此动画师可以自由使用和修改源代码，这使得该软件异军突起，成为动画设计软件的一匹黑马。

7.5 数字动画设计原则

数字动画设计原则也就是动画创作中的理念与方法。无论是传统动画还是数字动画，一切视听手段都是为了让观众得到感官与心灵的体验。它的创作基本原则就是充分调动所有的视听手段让观众融入剧情中，感受剧中人物的喜怒哀乐，在观赏中得到情感的释放和满足。数字动画设计与传统动画中使用的原理之间存在着密切的联系。皮克斯动画工作室及迪士尼公司前首席创意官约翰·拉塞特就要求数字动画师掌握迪士尼公司的 12 条规则，即挤压与伸展、时间与节奏、次要动作、缓入缓出、弧线运动、跟随动作与重叠动作、夸张性、吸引力、预期性、演出布局、立体造型、连续动作与姿态对应。1981 年，迪士尼公司资深动画师奥利·约翰斯顿与弗兰克·托马斯共同编写了《生命的幻象：迪士尼动画》(*The Illusion of Lift: Disney Animation*) 一书，深入诠释了迪士尼公司的上述动画制作"黄金规则"（图 7-17）。

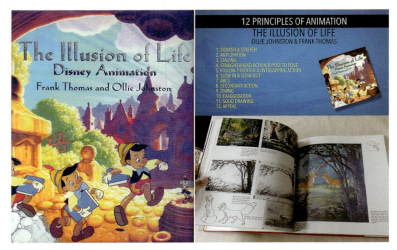

图 7-17 《生命的幻象：迪士尼动画》与迪士尼公司的 12 条规则

1. 物理现象的模拟

迪士尼公司的 12 条规则中的挤压与拉伸、时间与节奏、次要动作、缓入缓出和弧线运动为动画角色的动作提供了物理学基础。例如，角色的动作具有一定的刚性与重量感——拳击运动员的出拳肯定会造成被击打对象的扭曲变形（挤压和拉伸）。物理学原则的目的是赋予重量感和灵活感去画一个物体。这个原则可以运用于简单的物体，例如一个反弹的球；也可以运用于更加复杂的结构，例如人脸的肌肉运动。以极端例子考虑，一个被挤压或者拉伸到夸张程度的人物可以呈现滑稽的喜剧效果。同样，运动是动画中最基本和最重要的部分，而表现运动最重要的是时间与节奏。时间控制是动作真实性的灵魂，过长或过短的动作会减弱动画的真实性。除了动作的种类影响到时间的长短外，角色的个性刻画也需要以时间控制来配合表演。时间与节奏同样与角色的重量、大小和个性有关，例如，胖子或老人往往行走节奏缓慢，而小孩子则更灵活。此外，控制时间与节奏也与运动的物理特性（如爬山或打篮球）以及动画的艺术方面有关。

动画师需要分清角色的主要动作和次要动作。例如，行人的腿部动作是主要动作，而手臂摆动就是次要动作。在主要动作中加入次要动作可以增强或减弱画面效果。抽烟的行人、打手机的行人与赶公交车的行人，其手臂动作肯定会对主要动作（行走）产生影响。因此，次要动作应该加强主要动作，而不是分散观众的注意力。

人体或物体的运动大多数不是匀速的，往往需要时间去加速和减缓。缓入缓出和弧线运动与事物对象如何在空间移动有关。通常这种速度变化可以模拟物理惯性、摩擦和黏性，同时也与人们的日常体验相吻合。同样，由于重力等自然物理定律，物体通常不会沿直线运动，而是沿弧线运动。弧线运动也有助于动作力量的表达（图 7-18）。

2. 动作设计的美学

吸引力、立体造型、跟随动作与重叠动作、连续动作与姿态对应这 4 条原则是解决动作或动作序列设计的美学。卡通人物的吸引力与演员的魅力是相呼应的。一个有吸引力的角色不一定是英雄，一个恶棍或者怪物也可以很有吸引力，重要的是观众感觉到人物是真实而有趣的。例如，由索尼动画公司于 2012 年制作的动画电影《精灵旅社》演绎了"好爸爸"吸血鬼德古拉和他青春反叛女儿梅菲丝的故事（图 7-19，左上）。电影中各种怪物（如科学怪人、狼人、木乃伊、隐形人等）纷纷

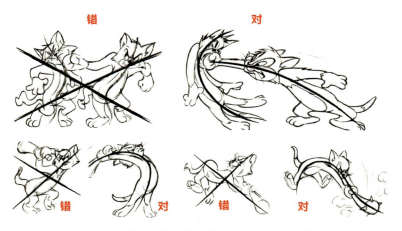

图 7-18 动画角色的弧线动作有助于动作力量的表达

登场,打造了一出诙谐幽默的喜剧。同样,迪士尼公司于 2016 年制作的动画电影《美女与野兽》(图 7-19,右上)也打造了动画史上最为经典的动画角色。立体造型是指使角色看起来应该生动形象而不死板僵硬。动画师需要考虑角色在三维环境里的形式,包括解剖、重量、平衡与光影等因素。

　　一部好的动画片,无论是传统动画还是数字动画,角色的动作应该是连贯和流畅的(跟随动作与重叠动作),整个镜头看起来在不断演变,而不是前后脱节,松鼠的跳跃的尾巴就是典型的例子(图 7-19,左下)。跟随动作与重叠动作代表了两个相互影响的技术,这两个技术能够将角色动画表现得更加生动。跟随与重叠也是自然界常见的物理现象,伴随人物动作的布料动画就是跟随与重叠的范例(图 7-19,右下)。此外,连续动作与姿态对应代表了动画生产工艺的两个重要环节:原画(关键帧)与中间画(插值帧)。对于数字动画来说,姿态对应就代表了关键帧,而计算机更擅长的就是插值帧(连续动作)的制作过程。

图 7-19 《精灵旅社》与《美女与野兽》的角色塑造以及松鼠尾巴与布料的运动规律

3. 角色动作的有效性

　　在迪士尼公司的 12 条规则中,夸张性、预期性和演出布局占有很重要的地位。因为这些规则决定了动画角色动作的有效性与合理性，也是动画电影能够吸引观众的基本因素。夸张与幻想是人类想象力的特点，也是动画创作最基本的元素。正如迪士尼公司所说的那样："真正可信的幻想永不过时，只因它代表着超脱时空限制的一次穿越时空之旅。"但一切夸张与幻想都必须建立在真实的基础上，没有任何依据的夸张与幻想无法让人感同身受，即使能让观众在心理或视觉上得到冲击，但是他们在情感上也产生不了认同。迪士尼公司也说过：只有角色变得人性化才能让人觉得可信。没有个性的人物可以做一些滑稽或有趣的事，但除非人们能从这些角色身上看到自己的影子，否则它的行为就会让人感到不真实。因此，动画师在进行角色动作设计时，通常需要丰富的想象力与有冲击力的表现手法。预期性和演出布局关注的是如何将角色动作呈现给观众。预期性即观众对角色下一个动作的心理预感。这种感觉对于吸引观众必不可少。舞台表演扩展了动画呈现的空间与互动的方式，时间节奏会推动剧情的发展，跌宕起伏的剧情与演员的动作和对话密不可分。因此，简洁清晰、动作明确、起承转合、动作流畅是演出布局的标准。

7.6 数字动画制作流程

传统动画的制作整体上分为3个阶段：前期创意设计、中期拍摄制作和后期特效合成。前期创意设计阶段由创意策划、文学剧本、故事板及分镜、角色人物设计、场景设计、样稿设计、摄影表设计等构成；中期的重点工作在于建模与动画，包括角色制作、背景绘制、描线上色、布光、修图、动画摆拍、动画拍摄等；后期的核心在于合成剪辑与特效。数字动画的设计流程与传统动画大致相同，都是从想法到可视化图像的创作过程。数字动画与传统动画最大的差异在于制作的手段与方法，如制作过程完全无纸化、部分自动化与智能化（如大量采用数据库素材）。数字动画创作流程同样分为前期、中期、后期3个阶段（图7-20）。在前期主要完成创意和文学剧本、分镜剧本、角色设定、场景设定、模型制作、骨骼和运动系统设置等工作环节；中期包括动画制作、材质灯光、特效制作、渲染输出等；后期包括剪辑、合成（含特效）配音、配音等工作环节。

下面以二维动画和三维动画为例，说明数字动画制作的一般流程。

1. 项目策划与工作启动

创建图形动画需要综合各方面的知识与技能。从战略层、范围层、结构层、框架层到表现层，每个步骤都有关键的目标。很多创意项目是从甲乙双方的项目启动会议开始的，可以采用电话、视频会议或双方见面会谈的形式。虽然通过视频会议的形式交流是一个节约成本的方法，但面对面往往是最有效的交流形式。为了建立客户与设计团队间的信任关系，必要的见面沟通环节必不可缺。这个阶段的任务包括：确定目标、内容与受众；确定作品媒介形式、主题与风格；确定项目预算与工期。

2. 设计方案和文字脚本

通常来说，设计方案和文字脚本是乙方（动画制作方）提交给客户的第一份文件。文字脚本、大纲、草图和故事梗概对于后期的故事板设计和分镜设计非常重要。这份设计方案通常包括文字概述、脚本草图、画外音/屏幕上的文字。由于脚本内容和故事情节是任何视频或动态图形的基础，因此故事脚本和后面的场景和动画设计最好是一体化的过程。一个设计项目往往需要收集各方面的反馈意见，因此，设计师、策划师、用户研究人员、动画师和项目经理共同进行头脑风暴和细节规划。这种方法可确保故事情节能够引人入胜，并与后续的设计和动画风格很好地配合。在确定作品呈现风格时，也可以参考目前网络上的各种图形动画资源，如著名的设计师作品交流社区 Dribbble

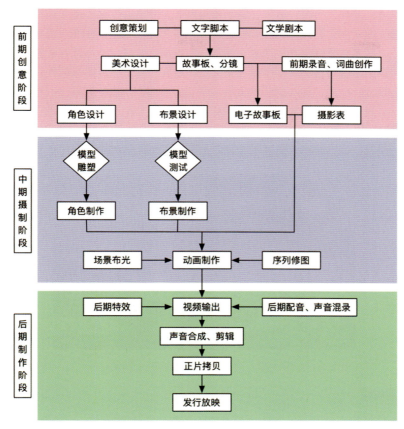

图 7-20　数字动画制作基本流程（前期、中期和后期）

和 Adobe 旗下的设计资源和交流网站 Behance 等（图 7-21）。

图 7-21　设计师交流社区 Dribbble 与 Behance

3. 故事板与分镜设计

当设计方案通过后，设计团队将继续进行深入的故事与场景设计。在此阶段，故事板将分镜画面草图、配音文字、场景与动画结合在一起，可以使最初的文字方案视觉化，成为栩栩如生的视觉故事。根据该项目的预算、时间表和制作工艺等诸多因素，故事板草图的复杂程度可能会有所不同。传统的分镜头本是一些草图的集合，看上去就像是连环画，记录了动画从开始到结束的整个过程，包括时间表、场景、动作、旁白、音乐、转场和特效等。分镜头故事板格式包括镜号、画面+转场标注、景别、解说或对白、音效和备注。但故事板也并非标准化的，往往会根据动画导演的要求采用更灵活的方式。故事板是动画片中最重要的部分，根据这些线索动画师就能知道在成片中哪些是主要的情节。早期故事板多由动画师手绘在卡纸上。现在也有很多故事板软件，设计师可以通过手绘工具直接进行设计。此外，动画的艺术指导、项目经理和客户也会参与该过程，并对动画设计方案进行最后确认。对于三维动画来说，从文字剧本到故事板与动画分镜，代表了前期设计方案与原画创作流程的结束，项目开始正式进入生产流程。动画师从接到故事板开始，就着手进行角色建模、场景建模和色彩研究，包括详细的模型描述和灯光场景。动画创意前期的主要工作如图7-22所示。

图7-22 动画创意前期的主要工作

4. 数字动画制作

动画制作阶段是数字动画设计制作的关键阶段。前期工作的脚本、设计方案、故事板、分镜、角色与场景设计、配音素材等都已到位，下面就是真正的作品制作过程。动画中最常用元素就是角色。对于二维动画来说，无论是插画人物、拟人化的图标还是机械的运动，这些角色均能够将观众带入场景，并通过展开的故事诠释动画的主旨。对于三维动画来说，不管是Maya还是3ds Max，制作的核心都是按照原画的角色人物设定进行角色建模、赋予材质或贴图、创建蒙皮与骨骼系统、动作绑定、表情设计、口唇动画等一系列具体的工作流程。复杂的动画人物通常由模型部进行参数化设计，因此角色的基本动作（如微笑、悲伤、行走、摔倒等）在该阶段已经初步完成。动画师可以使用这些动作完成角色的表演过程。

动画制作阶段的工作量往往是最大的，也是最终动画效果呈现的关键。通常，带有关节附件的人物或其他具有运动特征的模型被创建为参数化模型。这些模型被赋予布局和着色等信息，由此形成了角色的动作原型。该原型有助于动画师继续完成动作设计，并使得原动画与数字模型保持一致。对于动画公司来说，在建模部和照明部之间还有一个着色部。该部门的动画师负责角色的外观设计，即将角色外观的属性转换为纹理贴图并置换着色器和光照模型。相关的属性包括角色的性别、年龄、肤色、毛发、服饰等。在该阶段动画部是制作的中心。动画部经理或动画技术总监根据动态故事板规划动画流程与舞台布局的设计，设计角色动作发生的空间以及规划演员和摄像机的移动。随后动画师根据镜头布局分段制作角色动画，让角色表演栩栩如生。该阶段的工作也包括音频设计、场景和舞台设计。

5. 后期动画合成与特效

后期动画制作是对动画产品作最后的修饰、加工与整合。这个阶段的主要工作是剪辑、特效、合成、声音混录、录制与发行。传统动画的后期制作具体任务包括冲洗胶片、剪辑、特效、合成、声音混录、最终洗印、输出成其他放映格式等。摄制部负责实际渲染帧。例如，在拍摄《玩具总动员》期间，皮克斯动画工作室使用了一个由数百台高速服务器组成的专用阵列并称之为"渲染农场"。动画剪辑使用数字非线性编辑系统（如 Apple Final Cut Pro X）剪辑影片。比起传统胶片的线性编辑剪辑方式，数字非线性编辑更为快速与灵活。同样，数字动画的后期特效处理（如添加云雾、烟火或爆炸等场景）可能需要抠图合成场景，就需要类似 After Effects 的软件助力。

严格来说，音画同步和音效设计并非动画完成以后的"锦上添花"，而是几乎与动画制作同步进行的流程。除了录音师对动画声音进行调整和编辑外，音效设计师还需要针对动画中角色的行为，如运动、碰撞、摔倒、搏斗等画面添加各种音效。此外，调音师还要对音乐的音量进行调整，以配合动画中语音的速度。如果音乐不够长，则需要复制音乐。多数情况下，动画师需要对音乐进行剪辑以实现无缝过渡。

以上步骤就是二维动画与三维动画制作的流程，该流程可以用图 7-23 总结。当完成动画的制作后，制作团队还面临着最后一项任务：发布和推广该产品。当下的抖音、短视频、H5 等早已成为商业推广的重要载体。因此，对动画产品的发布和推广应该有明确的策划方案，并借助新媒体对年轻人的影响力对产品进行推广、宣传与营销。

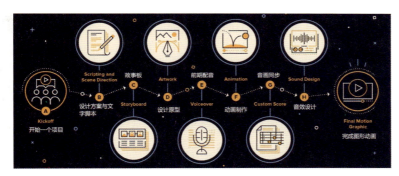

图 7-23　动画制作流程

7.7　动画的起源与发展

7.7.1　魔术灯与诡盘

人类很早就认识到，人眼具有一种视觉暂留的生物现象，即人观察的物体消失后，物体的映像在人眼的视网膜上会保留一个非常短暂的时间（0.1~0.2s）。利用这一现象，人们将一系列画面或形状改变很小的图像以足够快的速度（24~30 帧/秒）连续播放，就可以产生动画的幻觉。早在两千多年前，中国唐朝出现的皮影戏就是中国古代艺人利用光影，巧妙结合民间绘画、雕刻工艺而创造的一种"模拟动画"。1640 年，德国人阿塔纳斯·珂雪（Athonasius Kircher）发明了可视为当今投影仪鼻祖的"魔术幻灯"。他利用其发明的灯具把画在玻璃上的形象投影到一面墙上，并通过拉动玻璃片产生投影动画（图 7-24，左）。1824 年，英国医生及语言学者彼得·罗杰（Peter Roget）编写了一本谈眼球构造的书——《移动物体的视觉暂留现象》并从视网膜生理学角度解释了视觉暂留现象。由此动画幻觉的科学原理开始被人们所认识。"魔术幻灯"和"手翻书"（图 7-25，右上）就是动画幻觉的范例。1831 年，法国人约瑟夫·普拉图（Joseph Plateau）发明了硬纸板制成的诡盘，即外周画着连续图画、内圈有细缝的圆盘，当它快速转动时，两个画面便叠加在一起，观看者通过细缝就可以看到连续的"动画"（图 7-24，右）。

图 7-24　"魔术幻灯""手翻书"和诡盘

动画的出现并非偶然的事件，而是科学、技术、娱乐与发明历史交汇的产物。在 1840 年左右，工业革命和欧洲现代化运动风起云涌，技术、艺术和科学齐头并进，产生了一种新的社会时尚潮流与知识文化。一方面，蒸汽机与电磁等新技术的出现，推动了航海、交通、工厂与军事工业的蓬勃发展；另一方面，全景戏、西洋镜和幻影戏（phantasmagoria）也都出现在那个时代。法国巴黎已经有了广泛的大众娱乐活动，例如林荫大道剧院、早期漫画杂志、蜡像馆与早期电影等都吸引了众多的观众。幻影戏是一种前电影时代的恐怖剧场。它通常坐落于黑暗的小教堂，在许多节目中，使用幽灵般的装饰、烟雾、暗示性的旁边和刺激的音效增强恐怖气氛。幻影魔术师将一个或多个魔法灯笼（类似于皮影）将可怕的图像（如骷髅、恶魔和鬼魂等）映射出来，并借助机械设备使之出现跑马灯效果（图 7-25，左上）。一些幻影魔术师使用可移动幻灯机将鬼怪图像投射到墙壁、烟雾或半透明屏幕上，多个幻灯机可以快速切换不同的图像，形成类似动画的效果（图 7-25，右下）。比利时物理学家艾蒂安·罗伯逊（Etienne Robertson，图 7-25，左下）是当时最著名的幻影魔术师之一，他的第一部作品《幻想曲》于 1797 年在巴黎放映。

图 7-25　幻影戏、幻影魔术师罗伯逊和幻影动画放映

7.7.2　动画的诞生

在普拉图的诡盘基础上，1877 年，法国工程师埃米尔·雷诺（Emile Reynaud）制造了一架用

几面镜子拼成圆鼓形的"活动视镜"(又称"实用镜")。经过不断的改进,1888 年,雷诺进一步将诡盘和幻灯技术结合起来,发明了"光学影戏机"并申请了专利。该机器通过圆盘的转动带动圆盘上的图片一起转动。而幻灯机会将连续图像投影到银幕上并形成运动画面,这就是原始动画的雏形。随后,雷诺开始手绘故事图片,起初是绘制于长条的纸片上,后来改画于赛璐珞胶片上。他还于 1892 年在巴黎的葛莱蜡像馆开设了"光学剧场"并公开放映动画片(图 7-26),现场伴有音乐与音效,曾造成相当大的轰动。当时他所放映的影片都是他一个人完成的,包括编剧、绘画(角色设计、中间画、背景布景)、剪辑等。雷诺创作了《一杯可口的啤酒》《丑角和他的狗》《可怜的比埃罗》《更衣室旁》《第一支雪茄》等动画作品。这些作品都拥有一定的放映长度,包括有趣的故事情节和诙谐的角色。

图 7-26　埃米尔·雷诺通过"光学影戏机"放映动画短片

和动画的原理类似,电影实际上意味着快速摄影和快速回放两种技术的结合。摄影发明 40 年以后,英国摄影师爱德华·穆布里奇(Edward Muybridge)借助自己发明的一个高速摄影曝光装置拍摄运动状态中的人或动物的连续照片(图 7-27)。这项技术成为电影的催化剂。据说这项技术的发明源于一场赌注:当时的加州州长要和另一位政客打赌,这位州长要赌马匹在疾驰时会四蹄离地,他雇用了穆布里奇进行试验。1878 年 6 月 19 日,穆布里奇来到帕洛阿托市的赛马道上,架设了 24 台照相机并被连接到绊索上,当飞奔的马匹碰断金属丝时,每台照相机都会迅速地曝光一次。由此得到了对奔马的真实记录。该试验不仅证实了奔马在飞驰时会四蹄离地,而且也成为最早的连续摄影。穆布里奇的实验为摄影动画的发展奠定了基础。

图 7-27　穆布里奇拍摄的人体和奔马连续动作照片

1888 年,一部能够播放连续图像的机器诞生于美国发明家托马斯·爱迪生(Thomas Edison)

的实验室。当时一位报纸漫画家斯图亚特·布莱克顿（Stuart Blackton）来到该实验室工作。1906年，他用粉笔在黑板上绘制了小丑的形象，并借助逐格拍摄的方法完成了一部叫作《滑稽脸的幽默相》的短片，该片随后被公认为世界上第一部动画影片（图7-28，左上）。布莱克顿使用了"剪纸"的手法，将人的身躯和手臂分开处理，以节省逐格重画的时间。从这部短片的生产过程就可以看出，动画也是以摄影为基础的，这一点同电影一样。只是电影实际上意味着快速摄影，是连续拍摄的产物；而动画却是逐格摄影的产物，正是这种拍摄方式使一些原本静止的画面在连续放映时产生了动态效果，使那些本来无生命的内容变得看起来有生命。

除了布莱克顿外，法国漫画家埃米尔·科尔（Emile Cohl）也拍摄了一部动画片《幻影集》（*Fantasmagorie*，1908）。该片通过花朵、瓶子与小丑的变形（图7-28，右上）生动诠释了动画的本质。该动画类似粉笔画，但实际上是用铅笔绘制在纸上，然后再将每一帧摄制到电影负片上，所以看起来像是黑板。科尔信奉无逻辑派哲学，相信疯狂、幻觉和梦是艺术灵感的源泉。因此，《幻影集》成为一部诠释动画艺术精髓的短片。1915年，美国早期动画师伊尔·赫德（Earl Hurd）与芝加哥著名实业家约翰·布赖（John Bray）发明了在透明赛璐珞上分层绘制动画的技术（图7-28，下），这种可以替换背景的技术减少了动画制作的工作量，使更长、背景更复杂的动画制作成为可能。这项发明预示着动画产业的黄金时代即将来临。而今天数字动画软件广泛采用的分层技术也是基于同样的原理。

图7-28 《滑稽脸的幽默相》《幻影集》和动画分层绘制技术

7.7.3 传统动画发展历程

自从动画诞生以来，其艺术效果随着技术的不断进步而得到不断完善，从无声片到有声片，从黑白片到彩色片，每一种新技术的应用都对动画的发展产生了重要影响。在动画界举足轻重的迪士尼公司的许多作品正是依靠技术革新才获得了巨大成功。1923年，年仅22岁的华特·迪士尼（Walt Disney）来到好莱坞，成立了自己的动画制片厂。他虽然没有接受过正式的艺术教育，但头脑灵活，精力充沛，在富于艺术创造力的同时也极具商业头脑。20世纪20年代后期，迪士尼逐渐建立了自己在动画工业中的名声和地位。1927年，迪士尼公司推出的《老磨坊》首度使用多层式摄影机营造视觉深度的效果。1928年，以米老鼠为主角的卡通片《威利汽船》（图7-29，左上）是动画史上第一部音画同步的有声卡通，因此此片一经放映就产生了极大反响。继《威利汽船》后，迪士尼又推出了《骷髅之舞》并首次配上了专业的音乐，该片中许多复杂动作至今仍是典范。到了1932年，迪士尼公司又推出《花与树》（图7-29，中上），这是第一部彩色动画故事短片，它赢得了奥斯卡动画短片奖。一年后，迪士尼公司又制作了具有深远意义的《三只小猪》（图7-29，右上），该片首次创造了生动诙谐的卡通形象，成为角色动画的开创者。

1. 影院动画时期

1937 年，迪士尼公司推出了世界第一部长达 83min 的长篇剧情动画《白雪公主和七个小矮人》（图 7-29，左下）令动画艺术表现得更加完美。这部由格林童话改编的动画巨片又为迪士尼公司赢得 8 个奥斯卡奖，动画变成了一种对人们极具吸引力的事物，而不再是拿来充数的普通电影放映前的余兴节目。《白雪公主和七个小矮人》不但改写了电影史，而且开辟了动画影片的叙事方式。随后，1940 年的《木偶奇遇记》（图 7-29，右中下）被视为迪士尼公司最优秀的动画长片，并获得了当年的两项奥斯卡奖。同年推出的《小飞象》及音乐动画电影《幻想曲》则极大地发挥了动画的想象力和创造力。1941 年，迪士尼公司出品的《小鹿斑比》（图 7-29，右下）更是成为第二次世界大战期间具有深刻主题的现实主义动画的扛鼎之作。

图 7-29　迪士尼公司早期出品的部分动画短片和经典长篇剧情动画

《白雪公主和七个小矮人》巨大的商业和艺术成就奠定了迪士尼公司动画片制作的基础。当欧洲动画往前卫方向发展时，迪士尼动画的崛起使得美国成为国际知名的卡通动画中心。迪士尼重视以观众品位为主的趣味写实风格，使动画成为一种受到大众欢迎的娱乐形式。他所创造的卡通角色，如米老鼠、唐老鸭等，几乎家喻户晓。迪士尼公司作品最引人入胜的地方在于精密周详的前期作业，特别是故事板的企划设计以及流水线一般的动画制作流程成为动画行业的标准，由此传统动画进入了快速发展时期。从 20 世纪 30 年代中期到 50 年代中期，以迪士尼公司长篇动画《白雪公主和七个小矮人》为代表的影院动画达到了一个高峰。而随着 20 世纪 50—60 年代电视媒体的崛起，影院动画开始走向下坡路。电视作为家庭娱乐媒介，不仅可以播放新闻、财经、体育等广受群众欢迎的节目，还可以通过娱乐搞笑综艺节目和电视剧吸引家庭主妇和白领休闲一族。20 世纪 50 年代末期，随着电视媒体的普及，传统影院动画在媒体转型之际陷入了低谷。

2. 电视动画时期

危机也意味着新机遇的出现。正是从 20 世纪 60 年代开始，电视动画登上历史舞台。以日本漫画家手冢治虫为代表的日本电视动画和以华纳公司、汉纳 - 巴伯拉公司为代表的美国电视动画抓住了这一契机，将动画发展的平台转移到电视上，终于促成了电视动画的成功。华纳公司的《猫和老鼠》《摩登原始人》和手冢治虫的《铁臂阿童木》《森林大帝》《怪医黑杰克》等电视动画片开始流行，并成为战后几代人的温馨回忆（图 7-30）。手冢治虫主张动画必须依赖观众的类型进行创作，这使得日本动画逐渐演变成五大类型：机器人动画、体育竞技动画、言情动画、家庭生活动画以及魔法动画。同时，手冢治虫对科幻、环保、战争、和平等的关注和表现也为日本动画走向世界奠定了基础。自 20 世纪 60—70 年代，手冢治虫创作的一系列精美的动画，如《森林大帝》和《火鸟》等，将日本动画片的水平提升到前所未有的层次，也为日本动画开拓全球市场迈出了重要的一步。

图 7-30　华纳公司和手冢治虫的电视动画片

此外，手冢治虫还基于电视媒介的特点（屏幕小、视野窄、清晰度比电影低）大胆改革了以迪士尼为代表的全动画生产流程，发展出针对电视的有限动画：①以短镜头取代长镜头；②通过抽帧节省画工（8 帧/秒代替 24 帧/秒）；③镜头跳跃；④建立动作和背景数据库。这类动画较少追求细节和准确、真实的动作，画风简洁平实、风格化，强调关键的动作，并配上一些特殊的音效以加强效果。20 世纪 70—80 年代，日本动画得到了进一步发展，并出现了独特的类型，如机器人动画等。与此同时，一些动画制作人也渐渐脱颖而出，成为领军人物，如宫崎骏、押井守、大友克洋等。该时期日本涌现出大批科幻机械类动画，其中最著名是电视动画《机动战士高达》（图 7-31，右上）以及动画导演大友克洋的《阿基拉》（图 7-31，左上）。宫崎骏被喻为日本的迪士尼，他的作品富于哲理，同时人物生动，故事奇幻，具有很高的艺术价值。宫崎骏的《千与千寻》（图 7-31，左下）、《风之谷》、《幽灵公主》（图 7-31，中下）、《天空之城》（图 7-31，右下）、《龙猫》和《哈尔的移动城堡》等都属于上乘佳作，其中《千与千寻》还获得了柏林影展金熊奖和奥斯卡最佳动画长片奖。

图 7-31　《阿基拉》《机动战士高达》和宫崎骏的 3 部经典影院动画

从 20 世纪 90 年代起，日本电视动画《新世纪福音战士》《全金属狂潮》等不仅在日本大受欢迎，也吸引了众多海外观众。这些动画品牌带来的游戏、手办、电影、漫画甚至模仿秀（cosplay）已经成为世界流行文化，并对娱乐产业产生了重要的影响。20 世纪 90 年代是日本动画的鼎盛时期，出现了大批关于未来世界题材的影片。大友克洋的《蒸汽男孩》开始大胆表现赛博朋克风格的科幻故事。押井守的《攻壳机动队》和庵野秀明《新世纪福音战士》也包含了科技、幻想、写实、环保等主题。其他比较知名的日本动画长片还有今敏的《千年女优》和《盗梦侦探》。该时期的日本的影院动画表现细腻、唯美，采用电影的叙事手法，为动画创作开创了许多新的典范。极度商业化的电视动画与艺术家个人风格强烈的影院动画同时立足于日本动画界，展现了日本动画多元化的发展。日本电视动画《名侦探柯南》《蜡笔小新》《美少女战士》《猫眼三姐妹》《哆啦 A 梦》《海贼王》《七龙珠》《灌篮高手》和《花仙子》等也是中国观众非常熟悉的动画连续剧，并成为 20 世纪 90 年代成长起来的青少年的青春记忆。

1964年，著名传播学者麦克卢汉指出：媒介（技术）往往会创造一种新的环境。这种新环境使旧媒介变得过时并影响人们的社会行为（包括观赏动画的环境）。影院动画、电视动画正是与当时的主流媒介相适应的内容形式。20世纪90年代，随着计算机与数字媒体的崛起，一个动画制作、生产与传播方式的革命到来了。

7.8 数字动画简史

7.8.1 CG技术革命

20世纪60年代末至70年代初，出现了最早的计算机动画，它们是由大学实验室的研究人员和个别前卫的艺术家共同制作的。世界上最早的计算机艺术源于对电视示波器（阴极射线管）屏幕图像的摄影抓拍。1952年，美国数学家本杰明·拉波斯基在艺术画廊展出了50幅计算机图案。美国实验动画家、作曲家约翰·惠特尼（John Whitney Sr.）在20世纪50年代后期开始进行实验，将控制防空武器的计算机机械装置转用于控制照相机的运动，制作了不少动画短片与电视广告节目。惠特尼还将音乐作曲、实验电影和计算机图像联系在一起。他在1961年制作了抽象动画《目录》（*Catalog*，图7-32，上），将图案与音乐节奏进行对位。20世纪70年代，惠特尼放弃了模拟计算机，转而采用速度更快的数字计算机。1975年，他拍摄的数字动画《蔓藤花纹》（*Arabesque*，图7-32，下）成为巅峰之作。这部作品通过数字曲线的无穷变化，如万花筒般呈现出各种五彩花瓣。

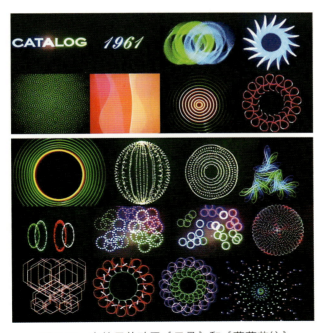

图7-32 惠特尼的动画《目录》和《蔓藤花纹》

1968年，计算机图形学之父伊凡·苏泽兰（Ivan Sutherland）应聘到犹他大学担任教授，这使得该大学在20世纪70年代成为三维计算机图形研究中心。在伊凡·苏泽兰的指导下，犹他大学的计算机科学系开发了计算机图形学的许多主要技术，如最初的多边形、Gouraud阴影、Phong阴影、图像碰撞效果处理、面部动画、Z 缓冲器、纹理图及曲面着色技术等。在犹他大学，科罗（Crow）在计算机投影、抗锯齿和渲染技术做出重要成果，其中，瑞森福德（Riesenfeld）等人对样条曲线和 B 样条曲线研究；布林（Blinn）、冯（Phong）和古拉德（Gouraud）等人对计算机三维贴图、着色处理、光影算法和大气渲染算法的研究已经成为如今三维软件渲染算法的标配。博士生艾德·卡特姆（Ed Catmull）和弗雷德里克·帕克（Frederic Parke）等人通过对人的手部和脸部动画的研究，在 1972 年制作了第一部真正意义的三维动画渲染短片（图 7-33）。该动画借助石膏模型、手绘网格、坐标输入、网格建模、纹理贴图和渲染输出等技术，生动展示了手指弯曲的过程。随后帕克还以他妻子作为模特，制作了脸部的线框。该动画还展示了同样基于脸部建模和渲染的口型动画。这部划时代的短片在 SIGGRAPH 大会上放映，得到了与会专家学者和投资商的高度关注，这也预示着三维动画时代即将来临。在犹他大学拿到计算机博士学位以后，卡特姆应聘到纽约理工大学 CG 实验室担任项目主管，并主持开发了三维动画、数字绘图和二维补间动画软件。该团队成为后来大名鼎鼎的皮克斯动画工作室的最初班底。

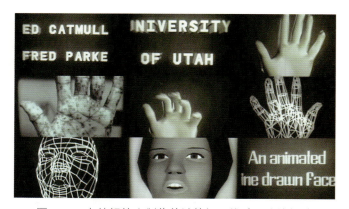

图 7-33　卡特姆等人制作的计算机三维动画渲染短片

1984 年，卡特姆与前迪士尼动画师约翰·拉塞特（John Lasseter）一起推出了世界第一部全 CG 的三维动画短片《安德烈与威利的冒险》。在这部短片中，主角威利有了简单的表情，而蜜蜂飞出了复杂的运动轨迹。该片色彩鲜明、动画流畅，草木与树叶的随机动画栩栩如生，在美国 SIGGRAPH 大会的放映单元引起了投资者的关注。1986 年，由苹果公司原总裁史蒂夫·乔布斯（Steve Jobs）领衔，卡特姆与拉塞特主持的皮克斯动画工作室成立。这个企业最终成为 CG 动画的大本营，并在后续 10 年引领了数字动画的蓬勃发展。皮克斯动画工作室制作了一系列广受好评的计算机 3D 动画短片，包括《小台灯》（Luxo Jr）、《小雪人大行动》（Knickknack）、《小锡兵》（Tin Toy）和《红色的梦》（Red's Dream）。其中，1986 年的《小台灯》获得了奥斯卡最佳短片动画电影奖提名，1988 年的《小锡兵》获得了奥斯卡最佳短片动画电影奖。1995 年，皮克斯动画工作室推出了第一部全 CG 动画长片《玩具总动员》（Toy Story）。在该片中，皮克斯动画工作室创造出了栩栩如生的三维玩具形象，同时赋予它们人类的显著特点。该片获得了巨大成功，仅在美国本土就狂收 1.92 亿美元票房，全球票房高达 3.62 亿美元。从此，数字三维长篇动画正式走上历史舞台。

计算机动画概念的形成主要是基于该时期计算机图形学理论与实践的发展，如随机数原理、插值技术、移动纹理贴图、粒子系统、分形理论以及混沌原理的研究。一些大学研究中心也参与了这一时期的图像、动画与三维图形的研究，包括犹他大学的三维建模和渲染、加州理工学院的运动动态分析、伊利诺伊大学芝加哥分校的矢量图形技术、加利福尼亚大学的样条模型、俄亥俄州立大学的分级人物动画和反向运动学、多伦多大学的过程技术和蒙特利尔大学人物动画和嘴唇同步等。此外，东京大学的气泡表面模型技术和广岛大学的辐射和灯光研究也取得了重要的成果。例如，广岛大学研究团队在 20 世纪 80 年代中期创作了 CGI 超现实动画片《女人和蛙》（图 7-34）。该片对阳光、青蛙、雨和水下世界的数字模拟令人耳目一新。这些理论和技术的形成对于后期的数字动画与数字艺术的发展至关重要。

图 7-34　广岛大学的 CGI 超现实动画片《女人和蛙》

7.8.2　数字动画时代

20 世纪 80 年代末，工业光魔公司的《深渊》（*The Abyss*）代表了当时三维动画和渲染技术的最高水平，它也是用粒子系统进行数字建模的范例。《深渊》的出现标志着以计算机图形特技为代表的数字电影时代的开始。詹姆斯·卡梅隆通过该片为电影特技的发展树立了两个里程碑。首先是该电影尝试了前所未有的水下特技效果。卡梅隆在片中创造性地运用了各种方法表现水下奇观，他的水下特技启发了一批电影人，此后的《猎杀红色十月》《红潮风暴》以及《阿凡达 2：水世界》都受到了这部影片的很大影响，卡梅隆本人后来的《泰坦尼克号》也运用了在《深渊》中实践过的很多特技手段。工业光魔公司首次在电影中使用了大量的 CGI 生成技术（如光线追踪等）设计了液态透明外星人（图 7-35，上）。其次是这部电影毫无破绽合成了计算机动画与实景片段；因为这个外星生物体是透明的，透过外星生物体身体看到的背景必须有折射效果（图 7-35，下）这个合成效果在当时一鸣惊人。《深渊》是数字电影的里程碑，也首次让亿万观众领略了数字电影的魅力。

20 世纪 90 年代是数字电影大片迭出的时期。1990—2005 年这 15 年是数字电影的黄金时代。该时期信息产业高速发展，各种新技术层出不穷。曾经主导了计算机工业的摩尔定律发挥着重要的影响力。该时期计算机的体积越来越小，价格越来越低，速度越来越快，功能更加强大，计算机从 32 位处理器跃升为 64 位处理器，性能的提升与价格的下降为数字动画的普及提供了条件。该时期互联网已具雏形，数字电影、数字动画、数字出版、数字插画、数字游戏、虚拟现实等新技术与新媒体推动了数字艺术的快速发展。而让普通人感受最深的就是这 15 年里电影的数字特效奇观。1991 年，詹姆斯·卡梅隆执导的《终结者 2：审判日》（图 7-36）上映。卡梅隆在这部影片中继续采用《深渊》中的变形特技，影片中由工业光魔公司制作的 T-1000 液体金属机器人产生了令人耳目一新的巨大视觉震撼力。T-1000 不仅能从熔融的金属中幻化成真人，他的手还可以逐渐变长成为利剑，他的脸部被炸成烂铁后还能自动愈合……这些特技镜头使得数字艺术的魅力得以完美体现出来，T-1000 已经成为科幻电影史上的经典形象。

图 7-35 《深渊》中的液态透明外星人和背景的折射效果

图 7-36 《终结者 2：审判日》中的 T-1000 液体金属机器人

该时期 CGI 技术在电影制作中大显身手，数码影片渐渐成为主流。1992 年的《剪刀手爱德华》是借助数字动画特效表现奇幻情节的精彩故事片。1993 年，《侏罗纪公园》利用三维动画＋机械模型塑造了活灵活现的恐龙形象（图 7-37）。该片是一个成功利用反向动力学、数字动作合成、虚拟景观再现等一流数字特效的典范。1994 年是数字动画和数字特效电影大放光彩的一年，以奥斯卡获奖大片《阿甘正传》(*Forrest Gump*) 为代表，数字技术在《摩登原始人》《变相怪杰》和《真实的谎言》等大片中异彩纷呈。《阿甘正传》是数字特效融入电影的经典之作，其中，主人公阿甘与肯尼迪总统"历史性的握手"，阿甘作为美国乒乓球队成员"访华"并拉开中美解冻的序幕……这些

CGI 镜头已经成为数字重塑历史的经典。工业光魔公司通过抠像、蓝幕合成和唇形同步等技术,使虚构的情节栩栩如生。而片中由 1000 多名群众演员出演的反越战示威场面被复制成 5 万人的浩大规模,可谓 CG 技术创造的一大奇观。通过将主人公穿越到虚拟历史音像资料中,通过"眼见为实"使得"时空穿越"带给观众更多的惊奇感、荒诞感和震撼感。该片获得当年奥斯卡最佳影片在内的 6 项大奖。

图 7-37 《侏罗纪公园》中的恐龙

2002 年,福克斯影业公司旗下的蓝天工作室推出了数字三维动画长片《冰河世纪》(图 7-38)。影片描述在冰河纪这个充满惊喜与危险的蛮荒时代,为了一名突然到来的人类弃婴,让三只性格迥异的动物不得不凑在一起,尖酸刻薄的长毛象,粗野无礼的巨型树獭,以及诡计多端的剑齿虎,这三只史前动物不但要充当小宝宝的保姆,还要历经千难万险护送他回家。《冰河世纪》全球票房高达 3.78 亿美元。该片首次通过粒子运算和毛发动力学生动表现了毛皮动物(如松鼠、树獭、剑齿虎和长毛象等角色)的毛发特征。继《冰河世纪》热卖之后,蓝天工作室在 2006 年推出了《冰河世纪》的续集《冰川消融》。从 2008 年起,该工作室又陆续推出了《恐龙的黎明》《大陆漂移》和《星际碰撞》等 5 部《冰河世纪》续集。

图 7-38 《冰河世纪》

进入 21 世纪，数字动画最突出的亮点就是"数字演员"的逐渐逼真化和性格化。表情捕捉、动作捕捉以及角色头发、衣服和皮肤等 CG 建模的技术突破使得数字电影更加栩栩如生。例如，《星球大战前传Ⅰ：幽灵的威胁》（图 7-39，左上）、《精灵鼠小弟》（图 7-39，右上）、《本杰明·巴顿奇事》（图 7-39，左下）、《爱丽丝梦游仙境》（图 7-39，左下）等数字电影均塑造了逼真的数字动画角色。2009 年，导演卡梅隆花费巨资打造的 3D 科幻大片《阿凡达》更是通过现场虚拟拍摄技术将真人演员的表演映射到数字纳美人身上，成为数字动画的经典。虽然 21 世纪初的数字动画与数字电影特效延续了历史的辉煌，但整体上看，数字动画的技术奇观时代已经宣告结束。

图 7-39　数字电影中的数字动画角色表现出复杂的表情与细节

7.9　数字动画的发展趋势

在过去的 40 年中，计算机图形学和计算机动画已经改变了电影、动画与娱乐产业的面貌。今天的数字技术仍在不断进步，新的科技创新也将会推动电影和动画产业进一步发展。从动画的历史发展来看，数字动画无疑是动画发展的里程碑。随着低成本云计算、高速网络、大数据以及智能科技的出现，动画创作的工具与作品的传播方式更为便捷、更为丰富，也为非艺术背景的动画创作者打开了一扇新的视窗。例如，2021 年，UNREAL（虚幻引擎）推出了一款专业虚拟人制作工具——Metahuman Creator（图 7-40）。该工具可以在 UE5 平台上轻松创建和定制逼真的人类角色。这是一款基于云计算的工具，能将数字人的创作从原来的数周或数月缩短到不到一小时，同时保证了高保真的动画效果，包含 10 种脸部动画、6 种身体姿势与 5 种面部表情，另外，还有 23 种新的毛发造型，可以打造独具魅力的光影效果，可以让角色变得栩栩如生，甚至会催生人工智能捏脸师与人工智能动画师。伴随着各种 AI 动画新工具的出现，数字建模与动画制作会变得更为轻松，元素更为丰富，而效果更加逼真。更重要的是，数字动画技术将会与数字媒体融合在一起，贯通影视、游戏与网络综艺，并成为未来元宇宙虚拟世界的建构工具。

随着智能科技以新颖而有趣的方式进入动画制作领域，传统动画设计的瓶颈和极限将得到突破。数字合成人物与真人越来越难以区分，这项技术即将对数字特效、影视后期与动画电影产生重大影响，并会带来一场数字建模、智能造型、快速渲染和动画创作生产自动化领域的科技革命。除了人物动画之外，基于算法的过程动画，如布料、烟雾、火焰、流体、碰撞等更复杂的物理数学计算，通过智能算法也会生成更复杂和更有趣的动画。这些科技成果会最终转化为新的动画软件并提供给更多的数字艺术家和设计师使用，由此会创造出令人眼花缭乱的视觉效果，使得电影和动画更加令人赏心悦目。

图 7-40　Metahuman Creator

本课学习重点

　　计算机动画（数字动画）是现代动画的三大门类之一，其核心是指借助于编程或软件制作动画的技术。与此同时，动画又是与电影几乎同时诞生的，发展了近百年的艺术形式。数字动画是典型的艺术与科技融合的产物，因此涉及一系列理论知识与操作实践（参见本课思维导图）。读者在学习时应该关注以下几点：

　　（1）什么是数字动画？数字动画的算法原理是什么？

　　（2）动画是如何进行分类的？各种类型的技术特点是什么？

　　（3）传统动画设计与制作遵循哪些规则与方法？

　　（4）数字动画与传统动画在技术、方法和制作流程上有哪些区别？

　　（5）计算机动画如何分类？从技术角度上看，这些类型有哪些特征？

　　（6）常用的数字动画设计软件有哪些？它们的特点是什么？

　　（7）请用流程图的方式说明数字动画设计制作的一般流程。

　　（8）动画公司的模型部、上色部、动画部与灯光部的主要任务有哪些？

　　（9）动画是哪一年诞生的？动画与电影在技术与美学方面有何区别？

　　（10）为什么说动画的发展历史与媒介技术息息相关？

　　（11）数字动画的发展依赖于哪些 CG 核心技术的突破？

　　（12）数字动画的未来发展趋势是什么？

本课学习思维导图

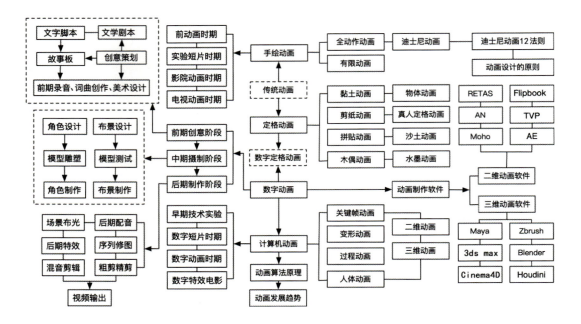

讨论与实践

思考以下问题

（1）什么是动画？如何定义动画和数字动画？

（2）视觉暂留现象与动画有何联系？简述幻影戏与诡盘的原理。

（3）迪士尼对早期动画产业的最大贡献是什么？

（4）请从技术创新的角度说明未来数字动画的发展趋势。

（5）什么是FFD？如何利用该技术实现变形动画？

（6）什么是迪士尼动画12法则？

（7）人体动画主要依靠哪些技术实现？其出现原因是什么？

小组讨论与实践

现象透视：设计师可以借助模板或插件提升动画制作效率是业内普遍的共识。图形动画（MG）体量小，变形规律性强，也易于借助After Effects插件等实现快速的特效与动作表达。因此，近年来，有数百成千的After Effects动画模板脚本或素材在淘宝网或GFXCamp（图7-41）上出售或下载，这些模板是由专业公司为满足消费者的需要而开发的。

头脑风暴：对于动画师来说，酷炫的作品艺术效果和有限的工期往往是一对矛盾。因此，利用网络资源无疑是更快捷的做法。但为了避免抄袭的问题，设计师需要对这些材料进行二次创意以保证原创性。

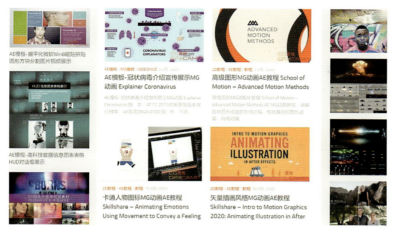

图 7-41　GFXCamp 网站提供的图形动画模板、脚本或素材

方案设计：分组调研网络的图形动画模板、脚本或素材。然后对这些元素的动画类型和艺术风格进行分类，并构建相关的数据资源库。在此基础上，可以针对国内图形动画片头普遍流行的风格，二次开发出具有本地特色的图形动画模板。

练习与思考

一、名词解释

1. 定格动画

2. 幻影灯

3. 手冢治虫

4. 动作捕捉技术

5. 图形动画（MG）

6. 粒子系统

7. 有限动画

8. 埃米尔·雷诺

9. TVP Animation Pro

10. 插值算法

二、简答题

1. 请从物理学角度举例说明数字动画依据的算法原理。

2. 为什么说手绘动画、定格动画与数字动画是现代动画三大流派？

3. 传统动画设计与制作遵循哪些规则与方法？

4. 数字动画与传统动画在技术、方法和制作流程上有哪些区别？

5. 计算机动画如何分类？从技术角度上看，这些类型有哪些特征？

6. 常用的数字动画设计软件有哪些？它们的特点是什么？

7. 请用流程图的方式说明数字动画设计制作的一般流程。

8. 从数字动画的发展历史中可以得出哪些结论？

9. 什么是过程动画？如何利用过程动画模拟自然现象或物理过程？

三、思考题

1. 什么是关键帧动画与变形动画？计算机如何实现这两种动画？

2. 比较 Moho 与 TVP Animation Pro 两种二维动画软件的异同。

3. After Effects 与 Animate 都可以进行二维动画设计，二者的区别在哪里？

4. 动画的发展可以划分为哪几个时期？各时期的动画特征有哪些？

5. 举例说明技术的发展对于动画制作工艺和动画风格有哪些影响。

6. 以 After Effects 为例说明数字后期特效主要有哪些功能。

7. 请调研手机动画的类型与风格，并借助 App 创作一个微动画。

8. 哪些三维动画软件更适合游戏场景与游戏角色的设计？为什么？

第 8 课

数字游戏设计

8.1 电子游戏概述
8.2 游戏与电子竞技
8.3 数字游戏的类型
8.4 游戏设计工作室
8.5 游戏原型设计
8.6 游戏引擎软件
8.7 电子游戏的起源
8.8 游戏产业的发展
本课学习重点
讨论与实践
练习与思考

8.1 电子游戏概述

8.1.1 电子游戏的定义

电子游戏也称为视频游戏，英文为 electronic game 或 video game，是指所有依托于电子设备平台（如计算机、游戏机及手机等）而进行的交互游戏。电子游戏按照游戏的载体（设备）划分，可分为掌机游戏、街机游戏、电视游戏（或称家用机游戏、视频游戏）、计算机游戏（PC 游戏）和手机游戏（或称移动游戏，mobile game）。此外，近年来也出现了基于虚拟现实技术的 VR 游戏以及增强现实技术的 AR 游戏，还有基于云端的游戏等。从游戏的演化历程上，大致可以看到游戏设备的世代交替顺序：石子棋→跳棋→棋盘游戏→视频游戏→计算机游戏→掌机游戏→手机游戏→平板游戏→VR 游戏→AR 游戏（图 8-1，右上）。经过多年的发展，目前电子游戏设备种类繁多，琳琅满目（图 8-1，左）。以商业及家用游戏机为例，就包括以日本游戏巨头任天堂（Nintendo）、世嘉（SEGA）和索尼（Sony）为代表的多个系列的游戏设备，以及以微软 Xbox 为代表的游戏主机（或家用主机）系列。电子游戏属于一种随科技发展而诞生的文化活动。经过 50 多年的发展，目前电子游戏已成为世界各年龄段人们的主要娱乐活动之一。这里需要说明的是，本课标题中的"数字游戏"并不是业内约定俗成的普遍叫法，游戏界多数仍沿用电子游戏的称谓。事实上，除了早期的机械类外，电子游戏就是起源于计算机的游戏，因此完全可以称之为数字游戏。

图 8-1　游戏设备的世代交替和电子游戏技术的进化史

自古以来，游戏就是人类与部分高等动物幼崽的基本娱乐活动之一，如野外狮、虎、豹的幼崽在与同伴的嬉戏打斗中学习捕猎技巧与团队配合。虽然不同专家学者对游戏的定义不尽相同，但游戏的基本属性与娱乐相关，这一点已成为大家的共识。游戏是一种能使参与者及被参与者共同快乐和愉悦的方式，这是跨越了不同时代、地域、文化而被普遍认同的一种观点。游戏的种类及规则随着时代变化逐渐演进。第二次世界大战后，由于科技进步，晶体管、电子计算机等技术的出现孕育了电子游戏。欧盟认为："电子游戏是创意和文化产业的关键组成部分，启发和影响了电影、图书等其他文化媒体和产业；电子游戏是一种复杂的创意作品，它通过创新的科技手段将多种艺术技巧结合，形成了一种跨领域的媒介；电子游戏极大地推进了数字科技的研究，具有极强的创新价值。"这个定义说明了电子游戏所具有的多重属性。

8.1.2 电子游戏产业

需要强调的是，今天的电子游戏已经成为一种全民的互动娱乐活动。2020 年，全球游戏市场规模已高达 1650 亿美元，其中移动游戏市场规模 850 亿美元，PC 游戏市场规模 400 亿美元，家用游戏机市场规模 330 亿美元、其他（街机、VR/AR 等）游戏市场规模 70 亿美元。全球数据分析和可视化机构 Visual Capitalist 还给出了 1970—2020 年电子游戏产业的发展蓝图和里程碑事件（图 8-2）。从中可以一览电子游戏的发展史并对今天游戏产业“三足鼎立”的现状有更直观的认识。

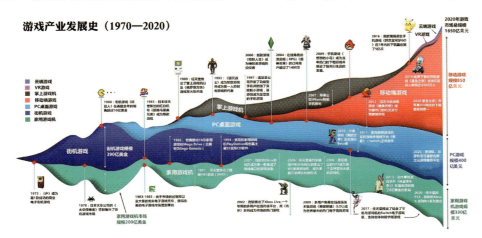

图 8-2　游戏产业发展史（1970—2020）和 5 种类型游戏平台的世代交替

电子游戏由 3 个主要的游戏平台构成，即街机、家用游戏机和 PC。本课探讨的重点在于不同研究视角之间的相互影响。从 20 世纪 70 年代中期到 90 年代末，街机与家用游戏机和 PC 之间紧密联系。直到 21 世纪初，随着互联网成为一种全球性的媒介，特别是苹果 iPhone 智能手机的出现，游戏平台发生了巨大的变化。根据国际数据分析公司（IDC）和 data.AI 的统计报告（图 8-3），2022 年第一季度全球十大高收入游戏按照平台可以划分为移动游戏、掌机游戏和网络游戏（桌面游戏）。其中，移动游戏的总收入将达到 1360 亿美元，占游戏市场总收入 2220 亿美元的 60% 以上。而米哈游公司开发的动作角色扮演游戏《原神》（图 8-4）位居手机游戏季度收入榜首，这充分体现了国内公司的开发实力。

全球十大高收入移动、掌机+PC 游戏

按平台划分 | 2022 年第一季度

由 data.ai Game IQ 提供支持

移动游戏到 2022 年的总收入将达到 1,360 亿美元。占据了游戏市场总额 2,220 亿美元的 60% 以上。

排名	移动游戏	Nintendo Switch Lite	Steam (2021)
1	原神 米哈游・中国 Game IQ 子类别：开放世界角色扮演	宝可梦传说：阿尔宙斯 宝可梦 / 任天堂・日本 角色扮演游戏 - 动作	永劫无间 网易・中国 动作 - MMO 冒险
2	ROBLOX Roblox・美国 创意沙盒	Kirby and the Forgotten Land 任天堂・日本 平台 - 动作	Battlefield 2042 Electronic Arts・美国 第一人称射击游戏 - 多人动作
3	王者荣耀 腾讯・中国 MOBA - 动作	马里奥赛车 8 豪华版 任天堂・日本 赛车 - 多人	Grand Theft Auto V Rockstar Games・美国 开放世界动作 - 冒险
4	Candy Crush Saga King/Activision Blizzard・美国 三消 - 闯关	马力欧派对 超级巨星 任天堂・日本 派对 - 多人	Dota 2 Valve Corp.・美国 MOBA - 策略
5	和平精英 腾讯・中国 大逃杀游戏 - 射击	三角战略 Square Enix・日本 角色扮演游戏 - 策略	反恐精英：全球攻势 Valve Corp.・美国 第一人称射击游戏 - 多人动作
6	金币大师 Moon Active・以色列 运气战斗 - 派对	动物森友会：新地平线 任天堂・日本 模拟	New World Amazon Games・美国 大型多人在线角色扮演
7	Uma Musume Pretty Derby Cygames/CyberAgent・日本 偶像训练模拟	Super Smash Bros. Ultimate 任天堂・日本 格斗 - 多人	Valheim Coffee Stain Studios・瑞典 开放世界生存 - 冒险
8	Lineage W NCSOFT・韩国 大型多人在线角色扮演	塞尔达传说：旷野之息 任天堂・日本 动作 - 冒险	PUBG Battlegrounds Krafton・韩国 大逃杀游戏 - 射击
9	绝地求生 腾讯・中国 大逃杀游戏 - 射击	宝可梦 晶灿钻石 / 明亮珍珠 宝可梦 / 任天堂・日本 角色扮演游戏 - 冒险	Destiny 2 Bungie・美国 开放世界动作 - 多人
10	Free Fire Garena Online/Sea・新加坡 大逃杀游戏 - 射击	超级马力欧 3D 世界 + 狂怒世界 任天堂・日本 平台 - 动作	Tom Clancy's Rainbow Six Siege Ubisoft・法国 战术射击 - 多人动作

资料来源：data.ai & IDC・注：iOS 和 Google Play 平台的 data.ai 游戏
排名数据：中国大陆仅限 iOS 数据；市场级排名

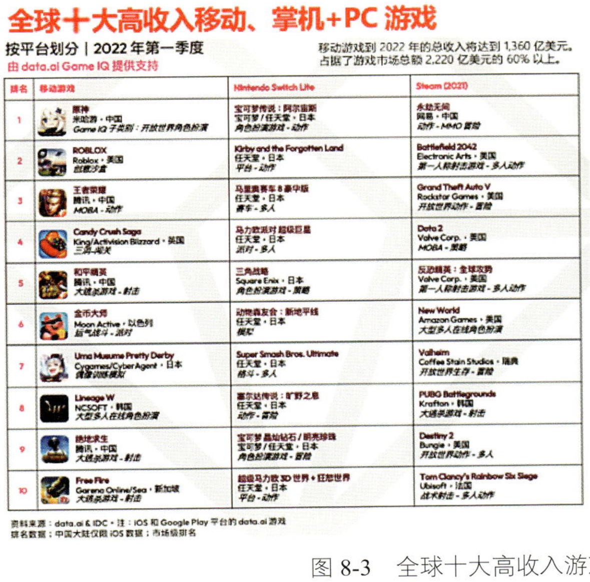

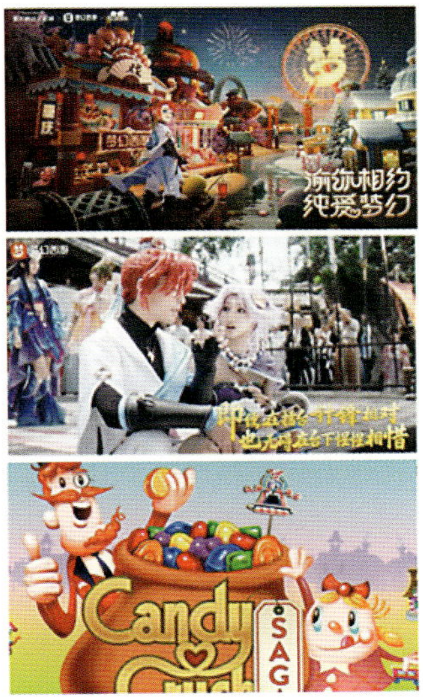

图 8-3　全球十大高收入游戏

图 8-4　米哈游公司的热门游戏《原神》

近年来，电子游戏产业得到了快速发展。2020—2022 年的疫情流行使得线下娱乐消费受到了很大的影响。电影院、剧场和室内健身运动场所的封闭与管控措施虽然对控制疫情蔓延起到了一定的作用，但同时也抑制了人们的线下消费需求。这同样影响了休闲服务产业，如酒店、度假村、主题乐园、旅游景点以及航空公司等。与此相反，线上娱乐消费、虚拟商品、网络游戏、NFT（非同质代币）等却在快速增长。据法国巴黎银行的统计表明，2020—2022 年，全球年均虚拟商品的交易额突破了 1000 亿美元。据游戏市场数据分析机构 Newzoo 统计显示：目前全球有超过 30 亿人玩电子游戏（图 8-5，左下）。Statista 是一个在线的统计数据门户网站，其数据主要来自商业组织和政府机构。该网站展示了 2020—2021 年通过区块链交易的 NFT 产品的销售额（图 8-5，右上），说明了 NFT 产品在 2021 年有了显著增长。来自 Statista 等机构的统计也说明，玩电子游戏已经成为全球各年龄段人们的主要娱乐方式（图 8-6，左上）。特别是自疫情爆发以来，各国 45 岁以上玩家以及女性玩家的游戏消费增长趋势都非常显著（图 8-6，右），由此可以看出互动娱乐在今日世界的重要性。

8.1.3　电子游戏的意义

电子游戏最大的价值在于其对科技产业的推动。事实上，电子游戏从诞生起，就与前沿科技密不可分，两者相互促进，在彼此共生中形成新的社会生产力。中国科学院在 2022 年的一份研究报告中指出："电子游戏是计算机技术和人工智能研究的'副产品'。"这份报告还首次测算出游戏技术对于芯片产业、高速通信网络、AR/VR 产业分别有着 14.9%、46.3%、71.6% 的科技进步贡献率。2013 年诺贝尔化学奖得主、美国斯坦福大学教授迈克尔·莱维特（Michael Lveitt）曾公开表示："为什么今天我们有这么强大的计算机？为什么计算机现在这么快？其中一个很重要的原因是家用计算机的诞生，另外一个原因是年轻人玩电子游戏。如果没有电子游戏，我们就不会有机器学习，不会有人工智能……"此外，电子游戏也是文化传承与创新的载体，是弘扬民族文化的重要手段与工具。例如，作为国内游戏行业的领军企业之一的三七互娱公司早在 2016 年就在 VR/AR 这一元宇宙核心技术领域进行了布局。三七互娱公司在元宇宙产业链投资的企业已涵盖光学模组、数显、AR 智能眼镜、VR/AR 内容、云游戏、空间智能技术、XR/GPU 芯片算力等领域。三七互娱公司还进行利用人工智能算法实现高精度、高性能的动作捕捉技术的研究，探索虚拟游戏形象与玩家相结合的沉浸式 UGC（User Generated Content，用户生成内容）生态。

2022 年，三七互娱公司打造了全国首个元宇宙游戏艺术馆，通过科技、艺术、文化的融合，为用户带来全景式、互动式参观体验。该艺术馆中打造了集非遗展示、数字体验、互动打卡于一体的空间，并邀请粤剧、洪拳、舞火龙等多个有代表性的非遗项目进驻并设置互动内容。玩家只要通过

图 8-5　近年来电子游戏、虚拟商品与 NFT 产品交易额均有大幅度增长

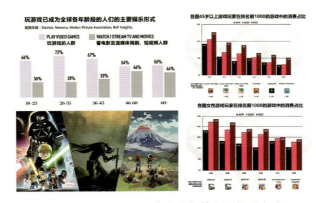

图 8-6　玩游戏已经成为人们的主要娱乐方式

手机或者 VR 眼镜进入虚拟空间,就能随时聆听别具特色的粤剧故事,近距离欣赏舞狮表演,沉浸式观看传统民俗文化活动——舞火龙。三七互娱公司也在自身发行的游戏中深度融入中华传统文化,借游戏讲好"中国故事"。以《叫我大掌柜》这款游戏为例,它以《清明上河图》为蓝本,以宋代商贸场景为主题,设置了采诗官、戏剧艺人等角色,又在游戏中加入对对子、投壶、蹴鞠等中国传统特色娱乐活动,让玩家穿越到宋代,体验 900 多年前中国人的幸福生活(图 8-7)。

图 8-7　《叫我大掌柜》游戏展现了中华传统文化的魅力

游戏发展至今,其价值和意义远远不止娱乐。增强现实和虚拟现实等游戏技术已成为解决现实世界问题的新方法。游戏还有助于教育启蒙,解决社会问题,激发创造力,塑造领导力,以及促进人际交流。近年来,更多的人认识到游戏能够在现实世界发挥作用,助力社会发展。例如,AR/

VR/3D 创作工具、音频和其他游戏技术的成果广泛应用于文化遗产保护项目。腾讯公司与敦煌研究院合作打造的沉浸式"数字藏经洞"就借助游戏技术高精度还原了古代藏经洞的场景，并通过可交互的数字体验，让洞窟中的古老壁画和文物转化成了活灵活现和引人入胜的故事。数字虚拟人"伽瑶"还作为首位数字敦煌文化大使，以虚拟直播等方式在"数字藏经洞"中与观众互动交流，让更多的人领略了敦煌的文化魅力（图 8-8）。

图 8-8 "数字藏经洞"与数字虚拟人"伽瑶"

此外，电子游戏也会激发青少年的好奇心和钻研精神。很多伟大的发明家都曾从游戏中获取灵感。以苹果公司奠基人乔布斯为例，他 19 岁辍学后供职于著名的雅达利（Atari）游戏公司并参与游戏开发。雅达利公司的从业经历激发了乔布斯的灵感和创意。乔布斯很欣赏雅达利公司开发游戏的简单性。例如，《星际迷航》游戏没有使用手册，非常简单，游戏仅有的说明就是："1. 投入硬币；2. 躲开克林贡人。"苹果 Mac/iPhone 的简洁外观和用户友好思维就源自乔布斯对雅达利公司的创意借鉴。同样，微软公司前总裁比尔·盖茨更是游戏老手。早在 1981 年，他就花一晚上的时间编写了游戏 DONKEY.BAS，其玩法非常简单，玩家只需要避开路上的障碍物（驴）即可，这是世界上第一款在个人计算机运行的游戏。正是由于在玩电子游戏的过程中经常出现操作崩溃的体验，促使比尔·盖茨投入更多研发资源，从而让 Windows 拥有 C++ 和 Dir 系列等编程语言和工具，也成就了微软公司的巨无霸地位。此外，"科技狂人"埃隆·马斯克当年也是资深游戏玩家。12 岁时，他就开发了第一款太空小游戏 Blastar 并赚取了 500 美元。马斯克说："游戏促使我学习如何进行计算机编程，我想我可以开发我自己的游戏，我想知道游戏的工作原理，我想创建一个自己的视频游戏，这是我学习计算机编程的原始动力。"这种对编程和游戏的兴趣最终驱使马斯克走上 IT 之路，而后才有了 PayPal、特斯拉和 SpaceX 等顶级科技公司的出现。

8.2 游戏与电子竞技

2003 年 11 月 18 日，中国国家体育总局正式批准将电子竞技（简称电竞）列为我国第 99 号正式体育竞赛项目，并对电子竞技进行了定义："电竞运动是利用电子设备作为运动器械进行的人与人之间的智力对抗的运动。"通过电子竞技运动可以锻炼和提高参与者的思维能力、反应能力、四肢协调能力和意志力，培养团队精神。随着 20 世纪 80 年代末至 90 年代初全球互联网的高速发展，以暴雪娱乐公司的《星际争霸》为代表的在线联机类游戏开始进入玩家的视野，并且伴随着网络游戏的流行，也推动了玩家由传统的角色扮演游戏（Role-Playing Game, RPG）向多人在线战术竞技（Multiplayer Online Battle Arena, MOBA）游戏的转变。

世界电子竞技大赛（World Game Champion, WCG）创立于 2000 年，是最早的全球性电子竞技赛事之一。随后 20 年，各游戏厂商相继举办了各种规模的地区赛事和全球赛事。作为日益庞大的游戏产业的一部分，电子竞技在最近几年可以说是风光一时无两。统计数据显示，2019 年电子竞技产业整体产值已经达到了 10 亿美元，是 2015 年游戏产业产值的两倍。2020 年，全球电子竞技观众近 5 亿人。根据 Newzoo 发布的《2020 全球电子竞技市场报告》显示，2020 年全球电子竞技观众高达 4.95 亿人，其中电子竞技爱好者 2.23 亿人。从电子竞技市场收入看，2020 年全球电子竞技总收入达到了 11 亿美元；中国市场份额最高，占全球总收入的 35%，其发展速度之快让人惊叹。与此同时，电子竞技赛事也促使了完整的电子竞技产业链的产生，电子竞技职业选手成为令人羡慕的明星，赛事也反过来促进了游戏、硬件产业以及直播平台的发展。2021 年 11 月 7 日，中国战队 EDG 在《英雄联盟》全球总决赛（LPL Worlds）中以 3∶2 战胜韩国战队 DK，获得 2021 年冠军（图 8-9，左上）。该赛事得到了全球的广泛关注，国外观赛人数超 400 万人，国内官方直播观看达 1.5 亿人次。

图 8-9　EDG 在《英雄联盟》全球总决赛上获得了 2021 年冠军

目前国际上举办电子竞技赛事的游戏主要为第一人称射击（First-Person Shooting, FPS）游戏、多人在线战术竞技游戏、格斗游戏、FIFA 足球和赛车游戏等。广为人知的电子竞技游戏包括《英雄联盟》、《魔兽争霸》、DOTA、DOTA2、《反恐精英》、《雷神之锤》、《穿越火线》、《帝国时代》等。其中，《魔兽争霸》是暴雪开发的角色扮演即时战略游戏系列（图 8-10）。该系列包括第 1 集《人类与兽人》、第 2 集《黑潮》和《黑暗之门》、第 3 集《混乱之治》和《冰封王座》。游戏中玩家控制兽人、人类、暗夜精灵、不死族四大种族中的一种，在战场上采矿，造兵攻打敌方基地，直至消灭敌方从而获得胜利。除了《英雄联盟》与《魔兽争霸》外，国际知名的电子竞技游戏还包括暴雪公司旗下的《星际争霸》和 Valve 公司旗下的 DOTA2（《刀塔 2》）。

《星际争霸》为一款于 1998 年正式发行的即时战略类游戏。该游戏被设置在一个科幻故事背景里。该游戏的故事线围绕 3 个假想的银河种族展开，它们是 Protoss（一个纯精神、纯能量的种族，俗称神族）、Zerg（一个纯肉体、纯生物的种族，俗称虫族）和 Terran（来自地球的流放试验品——罪犯，俗称人族）。

DOTA2 是由 DOTA 的地图核心制作者冰蛙（IceFrog）联手 Valve 公司并使用该公司引擎研发的多人联机对抗 RPG 策略视频游戏。与 DOTA 相比，DOTA2 拥有更好的画面和更好的特色系统（如匹配、观战、饰品系统）。该游戏中的世界由天辉和夜魇两个阵营所辖区域组成，由上、中、下 3 条作战道路连接，中间以河流为界。每个阵营分别由 5 位玩家扮演的英雄担任守护者，以守护己方远古遗迹并摧毁敌方远古遗迹为使命，通过提升等级、赚取金钱、购买装备和击杀敌方英雄等手段获得胜利。2015 年，中国战队 CDEC 和 LGD 获得了 DOTA2 国际邀请赛的亚军和季军。2016 年，在美国西雅

图 8-10 《魔兽争霸》游戏发展出了众多的电子竞技职业比赛

图举行的 DOTA2 的 2016 年国际邀请赛的总决赛上,中国 Wings Games 战队以 3:1 战胜了韩国 DC 战队并赢得了总冠军(图 8-11,左上)。

需要说明的是,电子竞技是电子游戏比赛进入竞技层面的体育项目。电子竞技运动是体育项目,而电子游戏是娱乐,这是两者本质的不同。电子竞技运动有多种分类和项目,但核心一定是对抗和比赛。它有着可定量、可重复、可精确比较的体育比赛特征,游戏有统一的规则和相同的技术手段,这与体育比赛中的技战术完全一样。选手通过日常刻苦的训练提高自己与电子设备的速度、反应和配合等综合能力和素质。选手依靠技巧和战术水平的发挥与团队的配合,在对抗中才能获得好成绩。

图 8-11 中国 Wings Games 队赢得 DOTA2 2016 年国际邀请赛的冠军

8.3 数字游戏的类型

经过数十年的发展,游戏的规则与人机交互模式也逐渐丰富,由此产生了具有不同特点的游戏类型。例如,按人机交互模式可分为单机游戏和网络游戏;按运行平台可分为 PC 游戏、控制台游戏、掌上游戏机游戏、街机游戏、手机游戏等。最广泛的分类方法是按游戏内容架构分类,可分为角色扮演类、即时战略类、动作类、格斗类、第一人称视角射击类、冒险类、模拟类、运动类、桌面等。下面对这些游戏类型进行介绍。

8.3.1 角色扮演类游戏

角色扮演类游戏提供给玩家一个游戏设定的世界,这个神奇的世界中包含各种各样的人物、房屋、物品、地图和迷宫。玩家所扮演的游戏人物需要在这个世界中到处游走、跟其他人物聊天、购买自己需要的东西、探险以及解谜,揭示一系列故事的因果关系,并最终形成一个完整的故事。这类游戏又可以分为动作型(Action RPG, ARPG)、战略型(Strategy RPG, SRPG)和大型多人在线角色扮演游戏(Massive Multiplayer Online, RPG, MMORPG)。角色扮演类游戏的代表作品有《最终幻想》系列、《仙剑奇侠传》《暗黑破坏神》《火焰纹章》和《传奇》等。其中,《暗黑破坏神》(图8-12,上)是一款非常经典的动作型角色扮演游戏,同时也兼有即时战略游戏的特征,曾经影响了一代玩家,同时也为角色扮演类游戏建立了业界标准并推动了后续同类游戏的创新;《火焰纹章》系列是经典的战略型角色扮演游戏;而《传奇》则是大型多人在线角色扮演游戏的代表。大型多人在线角色扮演游戏能同时支持大量玩家(由数千人至数十万人)。一般来说,这些玩家会在广阔的虚拟世界里进行游戏。角色扮演类游戏也是国际上的主要电子竞技赛事的类型。

8.3.2 即时战略类游戏

即时战略类(Real-Time Strategy, RTS)游戏就是玩家需要和计算机对手同时开始游戏,利用相对平等的资源,通过控制自己的作战单元或部队,运用巧妙的战术组合进行对抗,以达到击败对手的目的。即时战略类游戏要求玩家具备快速的反应能力和熟练的控制能力。即时战略类游戏早期的知名作品是《暗黑破坏神》(图8-12,上)和《沙丘魔堡Ⅱ》(图8-12,左下),其后又出现了《魔兽争霸》《红色警戒》(图8-12,右下)这些大众熟悉的游戏作品,尤其值得一提的是影响了几乎一代人的《星际争霸》。优秀的即时战略类游戏不断涌现,逐渐完善了此类游戏在平衡性和多样性方面所存在的问题,同时也促进了联网游戏甚至电子竞技类游戏的发展。即时战略类游戏的代表作品除了上面提到的以外还有《帝国时代》系列。

图8-12 《暗黑破坏神》《沙丘魔堡Ⅱ》和《红色警戒》

这类游戏的玩家会在一个广阔的场地里,利用兵棋部署的作战单元试图压倒对手。即时战略类游戏的惯用手法如下:

(1)每个作战单元使用较低解析度的模型,使游戏能支持同时显示大量作战单元。

(2)游戏通常在等高线地形画面上展开。

(3)除了部署兵力外,游戏通常准许玩家构建新的建筑物。

（4）用户互动方式通常为单击以及在一定范围内选取作战单元，再加上各种指令以及与装备、作战单元种类和建筑种类等相关的菜单或工具栏选项。

8.3.3 动作类和格斗类游戏

动作类（Action, ACT）游戏是由玩家所控制的人物根据周围环境的变化，利用键盘或者游戏手柄、鼠标等做出一定的交互动作，如移动、跳跃、攻击、躲避、防守等，以实现游戏要求的相应目标。动作类游戏是最传统的游戏类型之一，早期的电视游戏作品多数集中在这个类型上。早期动作类游戏的剧情一般比较简单，玩家熟悉了操作技巧就可以进行游戏，一般都是过关斩将。《雷曼》就是早期动作类游戏的代表作品。通过几代游戏机的变化和发展，现在的动作类游戏中已经融入了更多新鲜的元素、更完整的剧情和更复杂的机关，这些都使动作类游戏逐渐成为所有游戏类型中品种最丰富的一类。像《波斯王子》这类游戏中的仿真角色几乎可以做出和真人一模一样的动作。当然，这些华丽的动作效果还需要玩家通过熟练操作键盘、鼠标、游戏手柄等才能实现。动作类游戏的代表作品有《波斯王子》（图8-13，上）和《古墓丽影》等。

格斗类游戏（Fight Technology Game, FTG）是从动作类游戏中分化出来的特殊类别，是指两个角色一对一决斗的游戏形式。现在此类游戏又分化出二维格斗类游戏与三维格斗类游戏。早期的格斗类游戏主要出现在街机（商业游戏厅）上，后被普及到各种游戏设备上。格斗类游戏的代表作品有《街头霸王》（又名《拳皇》，图8-13，左下）和《三国志·武将争霸》等。这类游戏通常是两个玩家控制角色在一个擂台上互相对打（如《灵魂能力》和《铁拳》）。

传统格斗类型游戏注重以下技术：①丰富的格斗动画；②准确的攻击判定；③能检测复杂按钮及摇杆组合的玩家输入系统。最新的格斗游戏，如艺电公司的《拳击之夜3》（图8-13，右下），不仅包括高清的角色图形和逼真的角色动画，而且借助先进的物理引擎可以实现皮肤光散射和冒汗效果以及基于动力学的布料及头发模拟。

图8-13 《波斯王子》《街头霸王》和《拳击之夜3》

8.3.4 第一人称射击游戏

第一人称射击游戏（First Person Shooter，FPS）是动作类游戏的特殊形式。顾名思义，这类游戏就是以玩家的主观视角进行的射击游戏。玩家身临其境地体验游戏带来的视觉冲击，这就大大增强了玩家在游戏中的主动性和真实感。随着游戏硬件的逐步完善，第一人称视角射击类游戏加入了丰富的剧情、精美的画面和生动的音效，当然最重要的还是综合的可玩性。在第一人称视角射击类游戏经典作品中,最具有影响力的是曾经出现在 WCG 电子竞技大赛上的《反恐精英》(图 8-14,左上)。该游戏将第一人称视角射击类游戏快捷的节奏、激烈的对抗、逼真的游戏场景表现得淋漓尽致。此外,《雷神之锤》(图 8-14,右上)、《虚幻竞技场》、《半条命》(图 8-14,左下)和《使命之唤》(图 8-14,右下)也都属于第一人称视角射击类游戏的上乘之作。早期第一人称视角射击类游戏中的角色主要漫游于走廊或城堡等室内场景,其动作也相对简单;而现代的第一人称视角射击类游戏中的角色不仅可以在更开阔的室外空间战斗,而且还可以乘坐轨道载具、地面载具、气垫船、舰艇或飞机等。第一人称视角射击类游戏是开发技术难度极高的游戏类型之一。能与此相比的或许只有角色扮演游戏以及大型多人在线游戏。这是因为第一人称视角射击类游戏要让玩家面对一个精细而超现实的世界。除了高质量的图形引擎技术外,角色动画、音效音乐、刚体物理等技术也必不可少。因此,第一人称视角射击类游戏所涉及的技术可以说是业界里最复杂、最全面的。

图 8-14　《反恐精英》、《雷神之锤》、《半条命》和《使命之唤》

8.3.5　冒险类游戏

冒险类游戏(Adventure Game, AVG)一般会提供一个固定情节或故事背景下的场景,同时要求玩家必须随着故事的发展进行解谜,再利用冒险进行后续的游戏,最终完成游戏设计的任务。早期的冒险类游戏主要是通过文字的叙述及图片的展示进行的,比较著名的作品有《亚特兰第斯》系列、《猴岛小英雄》系列等。因为此类游戏的目的一般是冒险和解谜,所以游戏通常被设计成侦探破案的内容。但是随着各类游戏之间的融合和相互借鉴,冒险类游戏也逐渐与其他类型的游戏相结合,形成了动作类冒险游戏。冒险类游戏的代表作品有《真三国无双》和《神庙逃亡》等。

8.3.6　模拟类游戏

模拟类游戏(Simulation Game, SLG)提供给玩家一个真实处理复杂事务的环境,如建设和管理城市、经营医院等,允许玩家自由控制、管理和使用游戏中的人或物,通过自由手段以及玩家开动脑筋想出的办法达到游戏所要求的目标。模拟类游戏又分为两类。一类游戏主要是通过模拟人们生活的世界,让玩家在虚拟的环境里建立或经营医院、商店等场景。玩家要充分利用自己的智慧努力实现游戏中建设和经营这些场景的要求。这类游戏的主要作品有《主题医院》、《模拟城市》(图 8-15,上)和《模拟人生》(图 8-15,下)等。另一类主要是模拟一些现实世界的装备,让玩家操纵这些复杂的设备,以获得身临其境的感受,如《傲气雄鹰》系列、《微软模拟飞行》系列、《苏 -27》《猎杀潜航》和《钢铁雄师》等。

图 8-15 《模拟城市》和《模拟人生》

8.3.7 运动类游戏

运动类游戏（Sport Game, SPG）就是通过控制或管理游戏中的运动员或运动队进行模拟现实的体育比赛，人们所熟悉的体育运动项目几乎都可以在运动类游戏中找到。由于体育运动本身的公平性和对抗性，运动类游戏已经被列入 WCG 电子竞技项目。运动类游戏的代表作品有《FIFA 足球》系列（图 8-16，上）、《NBA 篮球》系列和《实况足球》系列等。竞速游戏或者赛车游戏为运动类游戏的子级别，包括所有以在赛道上驾驶车辆或其他载具为主要任务的游戏，如《极品飞车》系列（图 8-16，下）等。竞速游戏通常是非线性的，并经常使用非常长的走廊式赛道和环形赛道。这类游戏往往在车辆操控、仪表盘、赛道及近景等方面表现细致，强化玩家的体验。

图 8-16 《FIFA 足球》系列和《极品飞车》系列

竞速游戏有以下技术特性：

（1）使用多种方法渲染较远的背景，例如使用贴图形式的树木、山岳和山脉。

（2）第三人称视角摄像机通常追随在车辆背后，第一人称视角摄像机有时候会置于驾驶舱里。

（3）如果赛道经过天桥底及其他狭窄空间，必须花精力防止摄像机和背景几何物体碰撞。

8.3.8 桌面类游戏

有些小型游戏随时随地可玩，也不需要消耗玩家大段时间，所以称为桌面类游戏或休闲类游戏。桌面类游戏历史悠久，几乎在各种古文明甚至某些史前文明中都可以发现桌面类游戏的雏形。传统桌面类游戏就是指纸牌类游戏。而本书所指的桌面类游戏通常指以 PC 桌面或掌机为平台的游戏，并未包括智能手机。桌面类游戏提供给玩家一个锻炼智慧的环境，需要玩家努力开动脑筋思考问题。早期的 PC 桌面类游戏多数属于棋牌类游戏，如传统的五子棋、国际象棋、桥牌、麻将以及《俄罗斯方块》《德州扑克》《万智牌》和《大富翁》等，玩家必须遵守游戏所设定的规则并达成游戏目标。随着游戏本身的发展，一些以娱乐为主、需要玩家进行一些简单逻辑判断的游戏，如回合制战略游戏《国王与农夫》等，也被归入了桌面类游戏。

8.3.9 其他类型的游戏

这里所说的其他类型的游戏主要是针对主流类型游戏而言的，因为这些非主流类型游戏并没有一个共同的特点以供分类，或者说它们跟各种主流游戏既有某些极为相似的特征，但是又有某些不同。例如，《古墓丽影》可以说是格斗类与冒险类游戏的融合，《超时空英雄传说》也同时融合了角色扮演类游戏与日式策略模拟类游戏（如《三国志》系列游戏）的特征。同样，日本发行的模拟养成类游戏《怪物农场》需要玩家培养并配种组合出更强的怪物与其他怪物进行对战。从严格意义上说，该游戏具有策略类游戏的特征，但它又只能对游戏中有限的人物或场景进行控制。它既包括养成系统，又存在冒险解谜的成分，此外还有动作类游戏的特点。因此，当一款游戏不能按主流游戏分类，又存在很多主流游戏的特点时，就把它列为其他类型的游戏。其实，在游戏如此丰富的今天，很多主流类型游戏之间的渗透和融合也日益增多，所谓的分类也只能是相对意义上的划分，主要是为了方便人们更加便捷地搜索游戏和更好地了解游戏。

8.4 游戏设计工作室

数千年以来，艺术家通过文学、绘画、雕塑、建筑、音乐、舞蹈、戏剧等传统艺术形式充实了人类的精神层面。自 20 世纪 90 年代以来，计算机的发展与普及派生出另一种艺术形式——数字游戏。它结合了上述传统艺术以及近代和现代科技派生的其他艺术，如摄影、电影和动画等，并且完全改变了传统艺术欣赏这种单向传递的方式。游戏必然是互动的，玩家并不是读者或观众，而是进入游戏世界、感知并对其作出反应的参与者。基于游戏的互动本质和科技艺术的特征，游戏的制作通常比其他大众艺术作品复杂。商业游戏的设计通常需要各种专业人才的参与，并需要依赖各种软件工具和专业设备。游戏工作室就是专门从事游戏开发的公司或团队。它包含了许多不同岗位的专业人员，他们一起设计和开发电子游戏。游戏工作室可以是独立的，也可以与更大的游戏公司合作。它们的目标是创造出高质量、令人沉迷的游戏体验，以吸引玩家并获得商业上的成功。

游戏设计是创建游戏蓝图并将其转化为数字娱乐产品的过程，包括它的机制、故事情节和交互性（图 8-17）。游戏设计的任务包括定义玩家体验规则、创建系统和关卡机制以及设计相关故事情节、交互元素、叙事元素、动画与场景等。机制是定义游戏玩法的底层系统，如玩家移动、资源管理、战斗或解谜等。游戏规则是指构成游戏核心玩法的规则和系统，包括其目标、战斗、探索和资源管理等。游戏的核心玩法包括角色扮演、动作执行、技能使用、物品使用、策略组合、资源搜集、自由探索、任务完成、置换、匹配与对抗等。游戏的故事情节是使用各种叙事元素（例如角色、情节和场景）创建的引人入胜的故事，其目的是吸引玩家并让他们沉浸在游戏世界中。交互性是指玩家参与并影响游戏及其元素的能力，包括影响游戏结果的战斗方式、武器选择和决策。玩家的交互行为可以从简单的选择（如对话选项）到更复杂的交互（如探索、解决问题和战斗）。上述 3 个要素的相互作用构成了游戏设计的基础,对于玩家的参与度有至关重要的影响。

图 8-17　游戏设计包括机制、故事情节和交互性 3 个要素

典型的游戏工作室通常由不同岗位的专业人员构成,包括工程师、艺术家、游戏设计师、制作人以及相关业务人员(市场策划、法律、信息、科技/技术支持和行政等)。下面简要介绍设计人员的职责与岗位要求。

1. 游戏工程师

游戏工程师负责设计游戏的后台机制并实现游戏的平稳运行。游戏工程师的工作包括游戏逻辑的编写、通信模块的编写或优化、各应用模块的流程制作和文档的编写以及游戏引擎的开发等。有些游戏工程师专注于引擎系统开发,如渲染、人工智能、音效或碰撞等;有些游戏工程师专注于客户端的易用性、可玩性和脚本编程,例如,一些游戏工程师负责编写用户交互界面、寻路人工智能算法、网络数据接收发送模块、调用游戏世界的地图和人物以及正确实现网络数据的图像表现等。资深游戏工程师有时会被赋予技术指导的角色,如首席工程师除了设计及编写核心代码外,还需要协助管理团队的时间进度表并决定项目的整体技术方向,有时候也会直接管理项目团队。一些公司的产品经理或技术总监负责从较高层面监督一个或多个项目,确保团队能够把握潜在的技术难点、业界走势和新技术等。

2. 原画师与概念设计师

游戏界往往强调"内容为王"。原画师肩负制作游戏中所有视听元素的重任,包括设计游戏角色原画造型、设计游戏场景原画造型、设计游戏海报与游戏图形界面元素等工作(图 8-18),而这些内容的品质能够决定游戏的成败。原画师与概念设计师通过素描或彩色绘画让团队了解游戏的最终面貌。其中,角色设计师负责设计游戏中的各类人物、动物、怪物及精灵等角色的外貌、表情、行为、服装及服饰等;场景美术师负责各类场景的地表制作和渲染后的图像修改以及界面元素、道具、图标、像素绘画制作、场景地图拼接等。通常要求原画师与概念设计师有美术类专科以上学历,具有美术功底和游戏制作经验,能熟练运用 Photoshop、Painter 等软件进行平面设计及手写板绘画。原画师与概念设计师的工作始于游戏开发的概念阶段,一般会在项目的整个周期里继续担任美术指导。

3. 游戏建模师、灯光师和动画师

游戏建模师和动画师负责为游戏世界的所有对象制作三维几何模型和动作动画(图 8-19)。其中,

图 8-18　暴雪公司原画师手绘设计的游戏角色造型及道具

角色建模师负责制作物体、角色、道具、武器及游戏中的其他对象，而场景建模师则负责制作静态的背景几何模型，如地形、建筑物、桥梁等。游戏建模师也往往会负责游戏场景的角色或物体表面纹理设计。这些纹理贴图可以增加模型的细节及真实感。灯光师负责布置游戏世界的静态和动态光源，并通过颜色、亮度、光源方向等设定加强每个场景的美感及情感。动画师负责为游戏中的角色及物体加入动作。在游戏制作过程中动画师有时也充当演员。游戏动画师必须具有一些独特的技巧以制作符合游戏引擎技术的动画。动画师也会借助动作捕捉设备采集动作演员原始的动作数据。这些数据经由动画师整理并优化后置于游戏中。对游戏建模师、灯光师和动画师要求具有艺术类专科以上学历并能够熟练使用 After effects、Cinema 4D、3ds Max 或 Maya 等三维软件以及后期合成软件。

图 8-19　游戏建模师和动画师制作的游戏三维角色和骨骼绑定动画

4. 游戏设计师

游戏设计师主要负责设计玩家体验的互动部分，这部分一般称为游戏性。不同的游戏设计师从事不同的工作。有些游戏设计师在宏观层面上设定故事主线、整体的章节或关卡顺序、玩家的高层次目标；其他游戏设计师则在虚拟游戏世界的个别关卡或地域上工作，例如设定哪些地点会出现敌人、放置武器及药物等补给品、设计谜题元素等（这些人一般也被称为关卡设计师）。一些游戏设计师也参与游戏策划的工作，包括根据策划主管制定的各种规则进行公式设计并建立数学模型，对游戏中的数据进行相应的计算和调整，设定游戏关卡，绘制游戏地图，完成怪物、NPC 的相应设定或撰写文字资料，设定各种魔法和制订相关细节规则。

此外，部分游戏设计师会在技术性层面和工程师紧密合作并协调团队的工作进程，这也类似承担项目经理的工作。有些游戏团队会聘请一位或多位作家与资深游戏设计师合作编制故事主线。有些资深游戏设计师也会负责管理团队，监督游戏设计进程，保证游戏设计具有一致性。部分资深游戏设计师有时候会转行为游戏制作人。游戏设计师岗位有以下要求：具有逻辑学、统计学等知识基础；具有游戏经验和良好的创造能力；具有一定的程序设计概念；具有可量化、体系化的游戏数据管理能力；熟悉中国文化，对中国历史有深入了解，对中国神话体系等有全面了解；或者熟悉欧美历史，对魔幻体系以及基本世界观有全面了解；具备较强的文字组织能力。

5. 音效师和特效师

游戏音效师负责制作并同步混合游戏中的音效及音乐。此外，配音演员为游戏角色配音，作曲家为游戏创作音乐，这些内容的协调与整合也是音效师的任务。音效师也会参与策划文案及游戏音效的设计，整合音效以及进行背景音乐的切片，及时发现并解决声音错误等问题。音效师的岗位要求是：熟悉常用的音频软件，如 Sound Forge、CubaseSX、Nuendo 等；精通至少一种乐器，和弦乐器更好；能看懂 C/C++ 语言编写的程序；能够完成角色的动作音效、界面音效和环境音效设计。特效师类似于动画师，但主要负责制作游戏中所需法术效果，如刀光剑影、砍杀特效、风火雷电、烟雾等。特效师还负责制作游戏场景的动画特效、光照特效、粒子特效等（图 8-20）。

图 8-20　特效师负责制作游戏场景的各种动画特效

除了上述技术人员外，游戏开发团队通常需要相关的支持团队，包括工作室的行政管理部门、市场策划团队、IT 部门以及市场营销部门。IT 部门负责为整个团队采购、安装及配置软硬件并提供技术支持。部分游戏制作人还作为开发团队和其他部门（财务、法律、市场策划等）之间的联系人。通常游戏的市场策划、发行及分销通常由发行商而非游戏工作室本身负责。这些发行商通常是大企业，如腾讯游戏、网易、暴雪、微软、艺电、育碧、索尼娱乐和任天堂等。很多游戏工作室并不隶属于发行商，这些游戏工作室把他们制作的游戏卖给提出最好条件的发行商。还有一些游戏工作室让单一发行商独家代理它们的游戏，其形式可以是签署长期发行合同或是成为发行商全资子公司。例如，艺电公司直接管理下属游戏工作室。

8.5　游戏原型设计

8.5.1　游戏设计流程

正如一切设计活动一样，游戏设计同样有一个流程，其作用在于保证整体的游戏制作过程能够按时完成，使其质量具有稳定保证，并且有利于游戏工作室各部门的内部协作与交流。当游戏策划大纲完成并讨论通过后，游戏就由策划、程序、美术三方面同时开始进行制作了。例如，美术设计的主要任务就是以策划大纲为依据，进行技术评估，再制定出美术设计的规范和流程。游戏设计过程通常包括以下 6 个阶段：

（1）概念规划。定义游戏理念、目标、玩家和整体愿景。

（2）前期制作。创建设计文档，确定游戏机制并开发原型。

（3）游戏制作。开发游戏内容，包括图形、音频和编程。同步测试原型。

（4）测试迭代。进行内部和外部游戏测试，发现和修改错误，同步迭代制作。

（5）游戏发布。将游戏发布到各个平台，分发给玩家。

（6）维护支持。响应玩家反馈并修改错误，随版本不断更新游戏内容。

游戏设计过程并非瀑布式的线性过程，而是反复迭代的循环过程（图 8-21，左上）。该过程的主要流程如下：

（1）设定玩家体验的目标。

（2）构思一个想法或系统。

（3）让想法或系统成型（即设计原型）。

（4）以玩家体验的视角测试想法或系统（即对游戏性进行测试或分析反馈）。

（5）如果效果与玩家体验相违背，那么修改原型或创意。

（6）如果效果是好的，但是还没达到预期效果，那么团队就需要尝试再次修改和测试。

这个循环迭代的过程就是游戏工作室的工作模式。而对大型游戏公司来说，该过程还会涉及软件外包等开发过程（图 8-21，左下）。由于全部游戏设计流程涉及诸多环节，为了节省篇幅，本节重点介绍游戏的原型设计。

图 8-21　游戏设计过程

8.5.2　游戏设计思维

创意是每个游戏开始的地方。在编写代码之前，在制订软件开发计划之前，甚至在编制最初的文档并形成游戏概念之前，游戏就在设计师的想象中开始逐渐成形。游戏概念是游戏生长的种子和来源。例如，当你开车时突然灵光一闪："我要设计一个关于牧羊犬的游戏！"它的确可能是一个有意思的创意,但这仅仅是一个开始。游戏设计就是不断调研、集思广益、不断修订以及清除不切实际或技术不可行的想法,将最初的概念打磨成产品的过程。设计师可能发现某些想法是很棒的,但它们不一定能够成为好的游戏;而其他想法开始看起来很乏味,其中却蕴含着动人心魄的潜在游戏性。因此,游戏设计师要让潜意识任意驰骋并激发出创造性的火花。著名恐怖小说作家斯蒂芬·金把这种潜意识思考过程称为"襁褓中的孩子"。

游戏的创意几乎可以来自任何地方,但游戏设计师不能守株待兔地等待灵感出现,因为创意是主动的而不是被动的过程。游戏设计师必须将自己置于渴求的状态,然后出去寻找游戏创意。一些最为平凡的事情中可能就隐藏了游戏创意。例如,铁饼这一常见的体育运动就为游戏《愤怒的小鸟》提供了基本的灵感。开发人员修改了运动的弧线及节奏,让游戏者在玩游戏过程中体验到一定的技巧性及偶然性,从而增强了游戏的乐趣。图书、电影、电视和其他娱乐媒体都是游戏创意灵感的重要来源。电影经常成为启发游戏设计师的素材,特别是海盗或寻宝类探险片,本身就是许多游戏的主题。任何令人兴奋的故事情节都可以成为游戏的核心。例如,《诛仙》就是一款改编自同名小说的游戏(图 8-22,上)。在游戏策划阶段,借用小说故事作为游戏的创作蓝本,这不仅可以节省游戏设计师的大量时间,而且也有助于游戏的后期宣传与推广。改编自中国著名神话小说《西游记》的各种游戏,例如《梦幻西游》《大话西游》(图 8-22,下)和《西游记 online》,都取得了不错的口碑,特别是网易游戏代表作《西游三部曲》已成为回合制网络游戏的经典。

图 8-22　由小说改编的游戏《诛仙》和《大话西游》

在进行游戏创意时,游戏设计师需要认真思考以下问题:

(1)玩家将会面对哪些挑战?他们将如何克服这个挑战?

(2)游戏的获胜条件是什么?玩家要争取获得什么(如装备、技能或锦囊等)?

(3)玩家的角色是什么?玩家要扮演什么人物?

(4)游戏的场景如何?在什么地方进行?

(5)玩家的交互模式是第一人称视角还是通过替身?

(6)游戏的主要界面是什么?界面中有哪些元素?

(7)游戏的结构是什么?游戏是基于团队的还是单人的?每种模式中将加入什么功能?

(8)游戏是否属于已有的某种类型?

（9）为什么玩家想玩这个游戏？这个游戏能吸引哪种类型的玩家？

（10）可否用一两句话描述游戏的故事情节？

当设计师对上述问题都有都有明确的答案时，就可以动手撰写游戏的概念文档，并为游戏原型设计提供依据。该文档的基本内容如下：

（1）标题，即游戏的名称。

（2）平台，即游戏适合的平台，如 PC 或家用游戏机。

（3）种类，即游戏的类型是什么。

（4）基本进程。游戏是如何进行的？游戏是什么样子的？玩家可以在游戏中做什么？如何控制？如何获胜？是否有多种游戏模式？

（5）基本背景，即游戏相关的背景故事。

（6）主要角色。介绍游戏的角色，需要附加草图或者建模图。

（7）开发费用，即游戏开发的估计费用。

（8）开发时间，即游戏开发的总体时间与进度。

（9）开发团队。列出游戏开发团队的主要成员及背景。

对于游戏开发小组来说，利用 30min 完成游戏原型创意的头脑风暴是一个很好的设计实践。这里介绍一种被称为游戏设计画布的创意方法（图 8-23）。3~5 名小组成员可以围绕一张空白的海报（A1 大小），在 5min 的时间内将两个不同主题、风格的游戏融合在一起，以形成一个新的游戏概念。团队成员可以用不同色彩的即时贴表示原游戏的类型与主题，然后进行排列组合以发掘新的想法。随后，大家开始填写游戏设计画布右侧的游戏设计概述，其内容包括：新游戏的主题、类型、规则、玩家类型、故事描述等，游戏是为谁设计的，玩家可以得到哪些收获（奖励），等等。

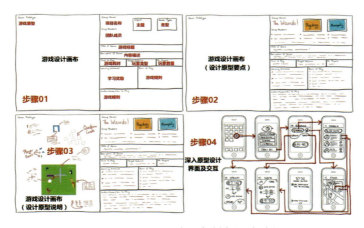

图 8-23　游戏设计画布创意设计过程

当设计团队已经完成初步的构想之后，可以继续利用头脑风暴发挥集体智慧的优势，完善和丰富这个游戏创意原型。下面的工作包括：定义玩家数量和游戏时长；构建游戏的叙事结构；设计游戏规则，详细说明游戏玩法，特别是关卡或谜题设计等；此外还有游戏的时间限制、积分奖励系统、玩家用户手册等。特别是为这个游戏起一个引人入胜的名字，同时标题和广告语往往是吸引潜在玩家的重要因素。当团队完成了游戏设计画布右侧的内容以后，就可以在游戏设计画布左侧提供更详细的游戏原型。为了更好地模拟实战，团队可以采用乐高玩具等阐明游戏的复杂概念，如玩家团队配合、武器升级、奖励系统设计等。团队可以用手绘图示的方式说明该游戏原型的玩法、创新点和价值。下一步就是将这个游戏原型设计数字化，并通过最终的游戏平台（如手机）的界面设计及交互流程展示游戏原型的实际运行状态（图8-23，右下）。

8.5.3　原型设计方法

游戏设计画布是一种基于头脑风暴的快速原型设计方法。为了更具体化、可视化游戏模型，进一步深入完成原型设计非常重要。原型分为实体原型和软件原型两种，区别在于它们的实现方式不同：一个用实物构建原型，而另一个用软件构建原型。实体原型一般使用纸、笔、实体模型（如乐高玩具）、卡片等实体构建和验证游戏的概念（图8-24，上及右下）。实体原型最适合角色扮演类游戏、策略游戏或某些休闲游戏的设计。实际上电子游戏中的角色扮演类游戏就是由纸上移至计算机上而产生的，因此广义的角色扮演类游戏还应该包括纸上角色扮演类游戏。例如，在角色扮演类游戏中发展最完善的就是著名的《龙与地下城》体系。几乎所有西方的角色扮演类游戏，如《无尽的任务》《魔兽争霸》等，都或多或少受到过《龙与地下城》体系的影响，而纸牌形式的《龙与地下城》就是最好的实体原型（图8-24，左下）。除了实体原型外，游戏原型还可以基于交互软件（如Figma、Adobe XD和Unity3D等）实现，关于这些软件，本书后面会有详细介绍。

图8-24　原型设计工具、实体原型以及《龙与地下城》纸牌游戏

8.6　游戏引擎软件

8.6.1　游戏引擎技术简介

当代数字游戏设计，无论是二维游戏还是三维游戏，都离不开对游戏引擎软件的学习和掌握。游戏引擎是用于游戏研发的软件，它在为开发者提供开发环境的同时，还提供一系列函数库和模块化组件。在游戏引擎的开发环境下，开发者可以使用一系列已经构建好的函数和组件实现游戏内容和玩家之间的交互逻辑，或搭建游戏的场景、关卡和其他内容。游戏引擎诞生之初主要是为了减少重复编程的工作量，提高游戏开发效率。虽然各个游戏引擎的结构和实现细节千差万别，但都有着

相似的结构和模式。例如，几乎所有的游戏引擎都含有一组常见的核心组件，例如渲染引擎、碰撞及物理引擎、骨骼动画、视觉效果、音频、人工智能、网络引擎以及场景管理等。而这些组件内也有着相对标准化的设计方案。

游戏引擎这个术语在 20 世纪 90 年代中期形成，并与 id 软件公司推出的热门第一人称视角射击游戏《毁灭战士》(*Doom*，图 8-25，上) 有关。该软件的架构被清楚地划分为核心软件组件、美术资产、游戏世界和游戏规则。若另一个开发商取得该引擎的使用权，只需制作新的美术、关卡、角色、游戏世界和游戏规则，就可以打造出一款新的游戏产品，由此大大提高了游戏的开发效率。*Doom* 引擎对游戏软件构架的划分还引发了 MOD 社区的兴起，也因此成为第一个商业引擎。MOD 是指游戏玩家组成的粉丝团队或小型游戏工作室，他们热衷于利用原开发商提供的工具箱修改现有的游戏，从而创作出新的游戏。1996 年，id 软件公司推出了《雷神之锤》(图 8-25，下)，该游戏使用的 Quake 引擎完全支持多边形模型、动态光源和粒子特效，成为真正意义上的三维游戏引擎。

图 8-25 《毁灭战士》和《雷神之锤》

1998 年，Epic 游戏公司发行了热门游戏《虚幻》，随之 Unreal (虚幻引擎) 也横空出世。相比于 Quake 系列引擎专注于处理三维图像，Unreal 的集成度更高，包括物理特性、动画演示、音频效果和碰撞检测等。2004 年，Epic 公司推出 Unreal 3，从此确立了其引擎技术第一梯队的地位。Unreal 3 支持 64 位 HDRR (高精度动态渲染)、多种类光照和高级动态阴影特效，还包括许多第三方游戏技术 (如 PhysX 物理引擎、SpeedTree 植被引擎等)。2020 年，Epic 公司发布的 Unreal 5 在渲染功能上新增了两大核心技术：Lumen 和 Nanite。Lumen 是全动态全局照明系统，提供漫反射间接照明技术和无限的漫反射。Nanite 是虚拟化几何系统，允许将高细节的摄影图片导入游戏，可用于处理游戏场景中复杂的几何体。2021 年，Unreal 团队推出 MetaHuman，能在几分钟内创建照片级逼真的数字人。目前 Epic 公司的代表游戏包括《战争机器》系列 (图 8-26，上)、《彩虹六号》系列、《生化奇兵》系列、《荣誉勋章》系列和《绝地求生》等脍炙人口的作品。

2005 年，丹麦一家游戏公司推出了面向苹果 Mac 系统的 Unity 游戏引擎。2008 年，Unity 引擎便开始支持 iOS 并成为唯一可以开发 iOS 游戏的工具，从而在 iPhone 引发的移动游戏市场上占据了一席之地。十几年以来的移动媒体与数字娱乐的快速增长也推动了 Unity3D 的成长。2021 年，Unity 收购了曾经参与制作《指环王》三部曲、《金刚》、《阿凡达》和《钢铁侠 3》的国际著名视觉效果公司 Weta Digital，不仅获得了电影级别的渲染能力，而且为进军电影、动画、视效和 VR/AR 铺平了道路。今天的 Unity 3D 已成为主流的游戏开发引擎并且实现了真正的跨平台。Unity 3D 开发的游戏可大可小，从简单的小游戏到高成本、高质量、高体量的游戏都可以胜任。在跨平台方面的优点使得 Unity 3D 成为目前游戏行业里使用最广泛的游戏引擎。2019 年，Unity 推出高清渲染管线(HDRP),支持光栅化、光线追踪和路径追踪渲染技术,使 Unity 引擎的渲染能力有大幅提升。目前不少精良的游戏都出自 Unity 3D,例如《王者荣耀》(图 8-26,下)、《纪念碑谷》、《新仙剑 Online》、《炉石传说》、《神庙逃亡》等。

图 8-26 《战争机器》系列和《王者荣耀》

除了上述两大引擎外,各游戏大厂也推出了各自研制的游戏引擎。2004 年 Valve 公司推出了基于自研引擎 Source 制作的游戏《半条命 2》(图 8-27,左上)。2005 年,动视暴雪公司推出基于自研引擎 IW 2.0 制作的游戏《使命召唤 2》(图 8-27,右上)。2007 年,育碧公司推出基于自研引擎 Anvil 制作的游戏《刺客信条》。2008 年,EA 公司推出基于自研引擎 Frostbite1 制作的游戏《战地》(图 8-27,左下)。同时,国内的游戏大厂(如网易和腾讯)也开发了自己的游戏引擎(图 8-27,右下)。如今,部分大型游戏厂商使用自研引擎,也有部分大型游戏厂商将自研引擎与商业引擎搭配使用,而绝大多数中小型游戏厂商则使用商业引擎。目前 Unity 引擎与 Unreal 引擎均为有限免费的商业引擎。Unreal 引擎完全开放源码,而 Unity 引擎则有限开放源码。

图 8-27 Valve、动视暴雪、育碧和触控科技研制的游戏引擎

目前 Unreal 引擎和 Unity 引擎为商业引擎中的佼佼者。不过二者在目标用户的定位上存在差异。由于画面渲染更强、实现自定义内容更容易,Unreal 引擎主要应用于 PC、主机等高性能硬件平台。对于设计师来说,只需要程序员很少的协助,就能够尽可能多地开发游戏的数据资源,并且这个过程是在完全可视化的环境中完成的。而 Unity 引擎则因为更强的兼容性和易用性被主要应用于开发移动游戏。Unreal 引擎更贴近 PC/主机游戏开发者的习惯,Unity 引擎则占据更多移动游戏开发市场。根据 Medium 与竞核的数据,2021 年 Unity 引擎在全球引擎市场中占比最高,达到 49.7%;其次为 Unreal 引擎,占比 9.68%。Unity 引擎借移动游戏的东风,其市场占有率从 2013 年开始迅速提

升。下面重点介绍 Unity 引擎软件和 Unreal 引擎在游戏设计领域的应用。

8.6.2 Unity引擎

Unity 是实时 3D 互动内容创作和运营平台，包括游戏开发、美术、建筑、汽车设计、影视在内的所有创作者都能够利用 Unity 将创意变成现实。目前基于 Unity 引擎开发的游戏和体验月均下载量高达 30 亿次，并且其在 2019 年的安装次数已超过 370 亿次。Unity 引擎提供了易用的实时平台，开发者可以在该平台上构建各种 AR 和 VR 互动体验。中国是世界第一的手机游戏大国，同时也是增速最快的 Unity 引擎市场之一。据雷锋网统计，全球销量前 1000 名的手机游戏中，与 Unity 引擎有关的作品超过 50%，75% 与 AR/VR 相关的内容为 Unity 引擎创建的。从 2019 年 1 月至今，中国所有新发行的手机游戏有 76% 使用了 Unity 引擎开发。Unity 引擎还为中国用户量身打造产品和服务。2019 年，Unity 引擎中国版编辑器正式推出，其中加入专为中国市场研发的 Unity 引擎优化 - 云端性能检测和优化工具，还有资源加密、防沉迷工具、Unity 引擎游戏云等，便于广大国内开发者使用。

Unity 3D 的网络学习资源比较丰富，有大量的视频教程。此外，Unity 3D 的官网自带教程与中文学习手册，并提供了游戏设计教学范例。Unity 3D 界面清晰，编辑器与游戏引擎融合在一起，游戏项目由若干游戏场景组成，游戏场景由若干游戏对象组成，游戏对象由若干游戏资源组成。因此，即使用户缺乏编程基础，也可以完成初步的游戏设计。

Unity 3D 界面由以下部分组成（图 8-28）：

（1）工具栏。提供了最基本的操控工具，包括游戏对象操作、预览控制、层可见菜单、编辑布局菜单等。

（2）Project 视图（素材资源库栏）。可以管理所有的游戏资源，例如脚本、着色器、场景、材质、动画控制器等。

（3）Hierarchy 视图（层级栏）。管理所有游戏对象并负责调用外部资源，通过程序控制其行为，例如三维物体、二维物体、特效、光照、视频、音频、摄像机等。层级视图显示了游戏对象之间相互连接的结构。

（4）Inspector 视图（属性栏）。承担所有游戏对象（即游戏资源组件）参数的编辑工作。该视图可用于查看和编辑当前所选游戏对象的所有属性。由于不同类型的游戏对象具有不同的属性集，因此在每次选择不同游戏对象时，该窗口的布局和内容也会变化。

（5）Scene 视图（编辑场景视图）。游戏场景的自由视角，主要负责安排游戏对象的摆放。该视图可用于直观导航和编辑场景。根据正在处理的项目类型，该视图可显示三维或二维透视图。

（6）Game 视图（游戏场景视图），显示游戏的主摄像机拍摄的内容，即游戏最终展示给玩家的画面。

8.6.3 Unreal 引擎

Unreal 与 Unity 引擎定位不同，更专注于高性能、高保真度的 3A 游戏的制作。作为免费开源的游戏制作平台，Unreal 引擎可以直接修改底层代码，由此可以实现更多的自定义功能，因此拥有大量的粉丝和开发者社区。Unreal 引擎内容商城有大量免费或付费资源，包括模型、环境、插件、音频等。该软件的学习资源也比较丰富，除了官网提供了案例教程和学习指南外，网上也内有大量

图 8-28　Unity3D 的主界面、工具栏和其他功能控制器视图

的图书、视频教程和其他学习资源。用户即使没有编程基础也可以在可视化环境中完成游戏设计。目前国外基于 Unreal 引擎的初级游戏设计课程已经进入中小学，成为青少年现代信息技术学习的重要内容之一。

　　Unreal 引擎的软件界面（图 8-29，上）与 Unity3D 非常接近，由选卡栏和菜单栏、工具栏、场景角色控制面板、游戏场景视图、内容浏览器、世界大纲视图和细节面板组成。世界大纲视图类似于 Unity3D 的层级栏，以层级化的树状图展示场景中的所有的角色，如模型、灯光、摄像机、特效等。用户可以在该视图中直接选择及修改各种元素，也可以使用信息下拉菜单显示额外的内容，如关卡、图层或 ID 名称。Unreal4 还包括可视化脚本语言（visual scripting）的编辑视图或关卡蓝图（图 8-29，右下）。关卡蓝图可以用于与蓝图中的角色类互动，以及管理某些系统，如过场动画和关卡流送等游戏设计控件。

图 8-29　Unreal 4 的主界面、工具栏和其他功能面板及视图

8.7　电子游戏的起源

　　在动物世界里，游戏是各种动物熟悉生存环境、彼此相互了解、练习生存技能，进而获得"天择"的一种本能活动。在人类社会中，游戏不仅保留了动物本能活动的特质，更重要的是人类为了自身

发展的需要而创造出的以社交娱乐、生存技能培训和智力培养为目标的综合体验活动。游戏最早的雏形可以追溯到人类原始社会流行的活动：扔石头、投掷尖头标枪等。"剪刀石头布"就是一个最早的游戏雏形。人类进入文明社会后，棋牌类和竞技类游戏开始出现。麻将的历史可追溯到三四千年以前（图8-30，右）。此外，中国古代的益智玩具，如风筝、空竹、七巧板、九连环、华容道、围棋、象棋、纸牌等，都属于历史悠久的游戏工具。

1896年，第一台商用吃角子老虎机被发明了出来（图8-30，中）。其机身由铸铁制成，外部则有一个投币孔以及一个启动机器的操纵杆。它很快便成为赌场与零售店（许多顾客会在那里以赢来的钱直接换商品）的必备道具。20世纪30年代，美国遭遇经济危机，股市大跌，失业率飙升，悲观情绪笼罩着社会。与此同时，大恐慌时期的低成本娱乐与博彩业则达到巅峰，扑克牌、跑马、弹珠台、吃角子老虎机等各式各样的投币机游戏一度风靡了全美国，成为人们逃离现实的精神鸦片。从19世纪末到20世纪60年代，投币游戏机大都采用机械或简易电路结构，场合仅限于游乐场（图8-30，左上），趣味性较差，而且内容单一。随着全球电子技术的飞速发展，1946年出现了第一台电子计算机，其技术成就渗透到各个领域，一场新的娱乐业革命也在酝酿之中。

图8-30　中国麻将、吃角子老虎机及早期投币游戏机

与传统游戏起源不同的是，电子游戏诞生于美苏两霸剑拔弩张的"冷战"高峰期，是科技与军备竞赛的副产品之一。20世纪中后期，美苏两大阵营开展了疯狂的军备竞赛。双方均大量储备了核弹头，其威力足够多次毁灭地球，尤其是1962年爆发的古巴导弹危机，使得双方兵戎相见，当时很多人相信第三次世界大战就要爆发了，核恐惧犹如浮在人们头顶的乌云（图8-31）。

图8-31　电子游戏诞生于美苏两霸剑拔弩张的"冷战"高峰期

1958年，第一个计算机游戏于美国国家核实验室诞生。当时该实验室主任威利·海金博塞姆（Willy Higinbotham）为了打消周围农场主们对这个建在他们家门口的核实验室的顾虑，希望通过展

示一些高科技的玩意儿博得他们的好感。于是，他和同事一起用计算机在圆形的示波器上制作了一个简单的网球模拟程序，他给这个游戏命名为《双人网球》(*Tennis for 2*，图 8-32，上）供访客娱乐。该游戏提供了两个轨道控制旋钮以及一个击球的控制盒。玩家通过扳动盒子上的摇杆可以控制小球运动的方向。因此，《双人网球》是世界上第一款互动游戏。该游戏吸引了许多参观者的关注。

1962 年，受到古巴导弹危机的启发，麻省理工学院（MIT）计算机科学与人工智能实验室的研究生，MIT 黑客文化学生社团 TMRC 的主要成员史蒂芬·拉塞尔（Stephen Russell）等人研发了最早的射击游戏——《太空战争》(*Space wars*，图 8-32，下）。该游戏让两名玩家对战，他们各自控制一架可发射导弹的太空飞行器，而画面中央则有一个为飞行器带来巨大危险的黑洞。这个游戏最终在早期的计算机系统 DEC PDP-1 上发布，随后在早期的互联网上发售。《太空战争》不仅是第一款射击游戏，而且被认为是第一个广为流传且极具影响力的电子游戏。作为 20 世纪 60 年代的大学生，著名的雅达利游戏公司创始人诺兰·布什内尔（Nolan Bushnell）当年就是《太空战争》的疯狂粉丝。他说："对我而言，拉塞尔有如上帝，而《太空战争》改变了我的人生。"布什内尔指出，他之所以创办雅达利公司，主要归因于在大学期间玩《太空战争》这款游戏所带来的启发。值得说明的是，《太空战争》还是第一款真正意义上的网络游戏（可支持两人远程连线）。1969 年，该游戏被移植到早期远程教学及分时共享系统 PLATO 在线学习网。该系统由美国伊利诺伊大学开发于 20 世纪 60 年代末，其主要功用是为学生提供远程教育，它运行于一台大型主机上，因此具有很强的处理能力和存储能力。1972 年，PLATO 的同时在线人数已达到 1000 多人。PLATO 系统支持多台远程终端机之间的联机游戏，这些联机游戏就是网络游戏的雏形。

图 8-32　早期电子游戏《双人网球》和《太空战争》

8.8　游戏产业的发展

8.8.1　电子游戏机的诞生

真正商业意义上的电子游戏机出自于美国的一位"留着长发、身着花里胡哨的 T 恤衫"的麻省理工学院学生、疯狂的游戏玩家诺兰·布什内尔（图 7-33，左上）之手，他甚至被游戏史家尊称为"电子游戏机之父"和"计算机游戏业之父"。布什内尔创办了世界上第一家电子游戏机公司——雅达利（Atari，意为日本象棋中的杀棋——"将军！"）并创造出年销售额 20 亿美元的天文数字。20 世纪 60 年代末，美国爆发了影响深远的反越战示威和嬉皮士运动，追求个性与自我成为一代年轻人的主张（图 7-33，右上），而街机、酒吧与家庭电子游戏机成为新宠。

1971 年，布什内尔设计了世界上第一个商用电子游戏机（街机），上面有一个名为《计算机空间》（Computer Space）的游戏。1972 年，他在酒吧改装了一台游戏机并通过模仿乒乓球比赛的《乓》（Pong）游戏而大获成功（图 8-33，右下）。《乓》的成功标志着电子游戏作为一种游戏手段开始被大众所接受。1975 年，雅达利公司继续推出了《乓》的家庭版，这也标志着家用游戏机的出现（图 8-33，左下）。《乓》是史上第一款在商业上获得成功的电子游戏及硬件。该游戏机卖了近 19 000 部，美国几乎每家酒吧、娱乐场和大学俱乐部都有这台游戏机的身影。1976 年 10 月，该公司发行了一个名字叫《夜晚驾驶者》（Night Driver，图 8-33，中下）的模拟街机游戏，这个游戏自带硬件控制器（也就是方向盘、油门和刹车等）。玩家需要扮演一个黑夜里驾车在高速公路上狂奔的疯狂车手。该游戏是历史上第一款三维赛车游戏，它用简单的透视效果（近大远小）表现汽车的前进和道路景物后退的效果。它还是历史上第一款主视角的游戏，启发了后续的《极品飞车》（Need for Speed）、《雷神之锤》（Quake）等游戏的设计。

图 8-33　布什内尔与电子游戏《乓》和《夜晚驾驶者》

1977 年，雅达利公司推出了足以影响一个时代的产品——Atari2600 家用游戏机（图 8-34，左上）。该游戏机首次确立了以电视作为显示器、用线缆连接的手柄作为控制器的标准，成为此后家用游戏机的标准结构模式。Atari2600 也首次将游戏卡带从游戏主机上分离出来，成为可以反复替换"软件"的硬件设备。Atari2600 一经推出，立刻风靡全美。第一年就以高达 3.3 亿美元的销售额成为圣诞节最抢手的礼物。截至 1982 年，其普及度已经达到了美国家庭 3 户 1 台的程度，可谓风靡一时（图 8-34，左下）。1982 年，在公司成立 10 周年之际，雅达利公司年销售额达 20 亿美元，成为美国历史上成长最快的公司，其产品占游戏市场的份额高达 80%，公司达到了鼎盛时期。

街机游戏产业随着 1978 年日本太东（Taito）公司的射击游戏《太空入侵者》（Space Invaders，图 8-34，中和右上）发行而踏进黄金年代。该游戏是第一款固定射击游戏，它利用底部水平移动的

图 8-34　Atari2600 与《太空入侵者》风靡美国及日本

激光枪击落一波又一波下降的外星人,玩家由此可以获得尽可能多的积分。《太空入侵者》一经发布就立即取得了商业上的成功。到 1982 年,它的总收入为 38 亿美元(相当于现在的 130 亿美元),净利润为 4.5 亿美元(相当于现在的 15 亿美元)。这使其成为当时最畅销的电子游戏和收入最高的娱乐产品。《太空入侵者》被认为是有史以来最具影响力的视频游戏之一,章鱼和螃蟹状的外星人甚至已经成为流行文化的标志。该游戏也成为众多不同类型的电子游戏和游戏设计师的灵感来源。例如,以创造《超级马里奥兄弟》(Super Mario Bros)游戏和《塞尔达传说》(Legend of Zelda)游戏而闻名的宫本茂(Shigeru Miyamoto)将任天堂(Nintendo)公司进入游戏领域归功于《太空入侵者》的市场影响力。此外,游戏《合金装备》(Metal Gear)系列的设计师小岛秀夫(Hideo Kojima)以及游戏《毁灭战士》(Doom)的设计师约翰·卡马克(John Carmack)也承认这款游戏对他们的影响。

　　20 世纪 70 年代末,日本进入经济腾飞时期,萌系文化与 ACG(Animation Comic and Game,动画、漫画及游戏)文化开始流行(图 8-35,左上)。1980 年,南梦宫(Namco)公司推出了街机游戏《吃豆人》(Pac-Man,图 8-35,左下)并开始风靡全球。游戏设计师岩谷彻(Toru Iwatani,图 8-35,中下)从一块缺了角的披萨饼中得到了游戏的设计灵感(图 8-35,中上)。随着《吃豆人》和《俄罗斯方块》等大众游戏的出现,彩色街机在 20 世纪 80 年代更加流行。人们经常可以在商场、传统小卖部、餐厅或便利店中看到街机和疯狂的游戏迷(图 8-35,右上)。《吃豆人》也成了 Atari 2600 家用游戏机上非常受欢迎的游戏。

图 8-35　日本萌系文化与《吃豆人》游戏发明人岩谷彻

8.8.2　计算机游戏的发展

　　1977 年,苹果公司的乔布斯发售了 Apple Ⅱ(图 7-36,左和右上)标志着个人计算机时代的来临。20 世纪 80 年代中后期,计算机制造商推出一些可以连接到电视上的个人计算机产品,价格大幅下降到 200~500 美元。很快,这些价格与游戏机不相上下的个人计算机对游戏机市场造成了不可估量的冲击。1982 年 8 月,桌面计算机 Commodore 64 公开发行并成为最早的个人计算机游戏平台,随后推出的 Amiga 500 具备在当时来说比较出色的图形及声音能力(图 8-36,右下)。它也内置了与 Atari2600 相同的端口,这使得玩家可以在该系统上使用他们的旧摇杆。该计算机成为当时德国、英国最受欢迎的家用计算机。该计算机共售出了约 485 万台,其中美国约 70 万台,并且成为最畅销的计算机。许多早期的海盗冒险游戏、足球赛车游戏、双人格斗游戏,如《猴岛的秘密》《迷宫》《詹姆斯·邦德:机械战警》《彩虹岛》《泡泡龙》《旅鼠》等(图 8-36,中下),成为 80 后和 90 后的难忘记忆。

　　1985 年,微软公司推出了图形操作系统 Windows(视窗)并在 1990 年推出微软办公套装软件 Office,快速拿下了全球办公市场大约 90% 的份额。微软公司意识到操作系统的竞争更多在于应用

图 8-36　Apple Ⅱ、Amiga 500 及早期计算机游戏

软件生态是否繁荣。而除了硬性的办公需求，以游戏为代表的休闲娱乐的需求最为旺盛。因此，微软公司开始下大力气优化 Windows 的游戏性能。中国的 80 后应该都还记得当年在网吧里面玩《传奇》《征途》《帝国时代》《红色警戒》等网络游戏的情景（图 8-37）。2001 年，微软公司发布 Xbox 游戏机，跻身游戏界并成为该领域的一匹黑马。随后由微软公司发行的科幻第一人称视角射击游戏《光环》（Halo）系列成为 Xbox 游戏机上最火爆的游戏之一。应用软件生态的繁荣使得 Windows 长期成为市场上占据统治地位的操作系统。应用软件的不断发展又反向推动了硬件性能的提高。游戏、剪辑、图形处理、三维建模等软件对芯片算力有极高要求，由此直接推动了独立显卡的发展。英伟达（NVIDIA）公司就是抓住这个机遇崛起的科技巨头。该公司从诞生起就聚焦游戏显卡，成立 6 年后又进一步提出了图形处理器（Graphic Processing Unit, GPU）的概念，专门执行复杂的数学和几何计算，推动了三维游戏在计算机上的普及。基于 GPU 的游戏引擎可以加速游戏渲染、碰撞检测、音效、脚本、计算机动画、人工智能、玩家交互、网络以及场景管理等，成为游戏的"心脏"。凭借在 GPU 领域的领先地位，英伟达公司一骑绝尘，不到 30 年就成长为全球芯片霸主之一。2021 年，它一度成为全球市值第一的芯片公司。

图 8-37　曾流行于网吧的《红色警戒》《传奇》和《帝国时代》等网络游戏

1991 年，设计师约翰·卡马克等人成立了 id 软件公司并推出了被誉为三维射击游戏鼻祖的《德军总部 3D》（Wolfenstein 3D）。而随后推出的《毁灭战士》游戏代表着游戏引擎的飞跃（图 8-38，上），游戏角色与游戏中的物品的互动性进一步增强，楼梯以及路桥已经可升可降，游戏中的光照效果也更加逼真。1996 年，该公司又发售了另一款新型游戏——《雷神之锤》（图 8-38，左下），它采用的三维引擎支持多边形模型、动画和粒子特效等，使得玩家的体验更加强烈。1992 年，西木工作室发布《沙丘 Ⅱ》，第一款标准模式的即时策略游戏出现。1998 年和 2004 年，暴雪公司分别推出了即时战略游戏《星际争霸》（Starcrift）以及多人在线角色扮演游戏《魔兽世界》（World of Warcraft，缩写为 WoW）。此外，使用 Quake 引擎的 Valve 公司开发了大名鼎鼎的第一人称视角射击游戏《半

条命》（*Half-life*，1998）以及从该游戏扩展出来的《反恐精英》（*Counter Strike*，图 8-38，右中下，1999）。这两款游戏成为游戏史上的经典之作。世纪之交的经典游戏还包括解谜游戏《神秘岛》系列、生存恐怖游戏《鬼屋魔影》以及索尼 PS 平台的《生化危机》和《寂静岭》系列、模拟游戏《模拟人生》系列（2000）等。

  2007 年以后，数字游戏的新技术、新平台相继出现。游戏引擎的渲染质量大幅提高，智能手机成为普及程度超过 PC 的新智能平台。基于 H5 标准的网页技术取代了以前的 Flash 技术，虚拟现实、增强现实等新技术也逐步成熟。这一时期的数字游戏在多个平台并行发展，整体呈现出碎片化、多元化的态势。此时数字游戏行业一举超越电影、电视等传统文化媒介，成为最大的文化创意产业分支。智能手机的出现为游戏的发展开拓了一个新的平台。从 2014 年起，国内手机游戏层出不穷，其中影响较大的有《王者荣耀》《阴阳师》《自由之战》《梦三国》《混沌与秩序》《足球世界》《绝地求生：刺激战场》等。手机已经成为数字娱乐新的主战场之一。

图 8-38 《毁灭战士》和《反恐精英》

8.8.3 手机游戏时代

  2010 年，苹果智能手机 iPhone 4 的问世标志着随着手机进化的游戏黄金时代的到来（图 8-39，左）。《水果忍者》《愤怒的小鸟》《神庙逃亡》《切水果》《植物大战僵尸》……这些貌似简单却令人上瘾的游戏构建了早期手机游戏的半壁江山。智能手机的出现颠覆了原本以 PC 和掌机为主的游戏格局，将大众化、便携式、智能化的移动设备引入游戏产业，造就了新的市场机会和游戏形态。以消费碎片化时间为特征的休闲游戏（casual game）逐渐引起了开发者的关注。休闲游戏泛指易于上手、剧情与规则简单的游戏，其题材及类型十分广泛。早在诺基亚时代，手机游戏就已经开始出现。1997 年，《贪吃蛇》伴随着诺基亚 6110 手机揭开了手机游戏历史的面纱（图 8-39，右）。虽然只是黑白像素图形游戏，但有趣的画面和上下左右的按键操纵使得《贪吃蛇》成为移动电话史上传播最广的早期手机游戏产品之一，吸引了超过 3.5 亿个用户。随后，手机版《俄罗斯方块》的出现打破了手机游戏单一颜色的历史，并引发了玩家的追捧。

  诺基亚公司极力想要开拓手机游戏市场，N-Gage 就是诺基亚公司在当时研发的手机游戏平台。一些知名的游戏，如世嘉公司的《刺猬索尼克》等，也移植到了该平台。然而，当时的 3G 移动网络无法很好地支持手机游戏下载，支付渠道也非常有限。2009 年，诺基亚公司由于亏损不得不关闭了 N-Gage 平台。而正在此时，iPhone 的诞生开创了触屏 4G 智能手机潮流，也使手机游戏脱离了物理键盘的局限，由此带给玩家更丰富的游戏体验。2010 年，芬兰 Rovio 游戏公司出品的《愤怒的小鸟》成为触控游戏的象征（图 8-40）。该游戏画面充满趣味性，但是也不乏难度和挑战，这让该游戏在很短的时间内赢得了很高的人气。该游戏需要合理利用力学原理，鸟儿的弹出角度和力度由玩家的手指控制。2010年，该游戏荣登苹果手机游戏下载量的榜首，由此也成为苹果触摸型手机游戏的经典。

图 8-39　手机的进化和诺基亚手机的《贪吃蛇》游戏

图 8-40　手机游戏《愤怒的小鸟》

从 2013 年开始，在经历过《天天爱消除》《天天酷跑》等游戏后，休闲游戏正式走入了大众的视野，由此催生了《水果忍者》《神庙逃亡》等一大批充分利用触摸屏特性的手机游戏（图 8-41）。其中，《植物大战僵尸》是一款益智策略类塔防单机游戏，由宝开（Popcap）游戏公司研发并于 2009 年 5 月发售。该游戏中玩家通过武装多种植物切换不同的功能，快速有效地把僵尸阻挡在入侵的道路上。不同的敌人、不同的玩法构成 5 种不同的游戏模式，加之黑夜、浓雾以及泳池之类的障碍增强了游戏挑战性。该游戏集成了即时战略、塔防御战和卡片收集等要素，成为名噪一时的网红游戏。

图 8-41　早期的网红手机游戏《水果忍者》与《植物大战僵尸》

智能手机游戏早期以休闲游戏为主，玩家可以在短暂休息或通勤过程中利用碎片化的时间进行娱乐。2010 年，随着安卓手机的普及，中国手机游戏产业开始快速成长。《捕鱼达人》《会说话的汤姆猫》（图 8-42）、《找你妹》《割绳子》《神仙道》《围住神经猫》等休闲游戏纷纷登场，受到了第一批智能手机玩家的青睐，在国内手机游戏市场上名噪一时。盛大、完美时空、畅游、第九城市等游戏公司群雄逐鹿，网易、搜狐、腾讯等 IT 企业也不甘落后。腾讯旗下的动作类游戏《天天酷跑》

以流畅的心流体验和简单易用见长,而休闲类游戏《开心消消乐》占据了女性玩家的大部分碎片时间。手机游戏进入了强调用户体验、加强感情深度和艺术表现力的新阶段。

图 8-42 《捕鱼达人》和《会说话的汤姆猫》

从 2014 年起,国内手机游戏层出不穷,这些游戏中影响较大的有《王者荣耀》《阴阳师》《自由之战》《梦三国》《混沌与秩序》《决战！平安京》《足球世界》《绝地求生:刺激战场》等。2017 年,移动互联网进入 4G 时代后,玩法更复杂的手机游戏开始成为市场的宠儿。2015 年年底,腾讯推出《王者荣耀》(图 8-43)。2016 年 11 月,《王者荣耀》登上了 2016 中国 IP 价值榜游戏榜首。统计数据显示,2017 年中国移动游戏用户规模达到 1.7 亿人,而《王者荣耀》领衔的移动电子竞技市场规模攀升至 462 亿元人民币,比 2016 年增长 256％。"大吉大利,晚上吃鸡"这句在《绝地求生:大逃杀》游戏胜利结尾时显示的口号成为 2017 年中国青少年游戏玩家的流行语。

图 8-43 腾讯的《王者荣耀》成为家喻户晓的现象级手机游戏

本课学习重点

数字游戏设计是艺术与科技高度融合的领域,也是数字媒体技术专业的主要就业方向之一。本课重点介绍数字游戏与电子竞技的概念、数字游戏的分类、设计流程与工具(参见本课思维导图)。本课也简要介绍了数字游戏的起源与发展。读者在学习时应该关注以下几点:

(1)什么是数字游戏？数字游戏与电子竞技的联系与区别。

(2)数字游戏是如何进行分类的？各种类型的技术特点是什么？

(3)数字游戏设计与制作遵循哪些规则与方法？

(4)数字游戏工作室有哪些成员？各自的岗位职责是什么？

（5）什么是游戏原型设计？需要采用哪些方法与工具？

（6）常用的游戏引擎设计软件有哪些？它们的特点是什么？

（7）请用流程图的方式说明数字游戏设计制作的一般流程。

（8）游戏媒体设备（如手机、掌机、主机等）对游戏内容的设计有何影响？

（9）分析说明早期的电子游戏（如《乓》）的可玩性在哪里。

（10）Unity 引擎与 Unreal 引擎在游戏设计方法上有何异同？

（11）游戏引擎技术是如何发展起来的？为什么需要游戏引擎？

（12）游戏的发展史可以分为几个阶段？每一阶段的特征是什么？

（13）数字游戏的未来发展趋势是什么？

本课学习思维导图

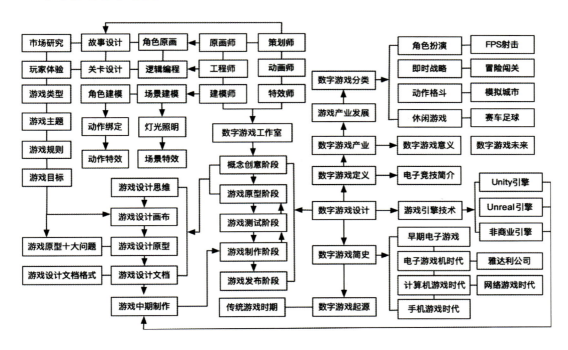

讨论与实践

思考以下问题

（1）什么是游戏？什么是数字游戏？

（2）数字游戏设计流程有哪些步骤，该过程是线性的吗？

（3）数字游戏原型设计遵循哪些规则与方法？

（4）举例说明利用 Unity3D 进行手机游戏设计的流程。

（5）游戏引擎可以分为哪些类型？其主要特征是什么？

（6）什么是游戏原型设计？游戏原型设计的文档包括哪些内容？

（7）恋爱养成类游戏属于哪种游戏类型？消除类游戏有何特点？

（8）为什么传统的街机游戏会逐渐消失？

小组讨论与实践

现象透视：游戏设计必须从一个好的故事和好的创意开始。古代中国就是一个充满幻想和故事的沃土，《山海经》《淮南子》《搜神记》《聊斋志异》等记载了大量的神话故事，这也成为我们进行游戏创意设计的源泉（图8-44）。

图8-44 基于中国古代神话故事的玄幻题材游戏

头脑风暴：《聊斋志异》创造的鬼狐世界与中华传统文化有着密切的联系，鬼狐可谓古代中国文学的一种原型。如何依据聊斋故事（如《倩女幽魂》）改编游戏？

方案设计：调研目前手机游戏市场中的聊斋题材，如《聊斋搜神记》《掌动聊斋》《蜀山正传》和《聊斋搜灵录》等，然后结合休闲游戏的特征，创新玩家体验（如角色扮演＋冒险＋三消玩法），设计一款能够体现中华文化的益智手机游戏。

练习与思考

一、名词解释

1. 数字游戏

2. 电子竞技

3. 关卡设计

4. Unity3D

5. 游戏原型

6. 雅达利公司

7. 米哈游

8. 电子游戏机

9. FPS 游戏

10. 游戏引擎技术

二、简答题

1. 游戏设备的世代交替顺序是什么？请说明其原因。

2. 什么是电子竞技职业比赛？目前国际和国内主要的电子竞技赛事有哪些？

3. 比较 Unreal 4 和 Unity 3D 之间的异同和各自的优势。

4. 休闲游戏的特征是什么？为什么人们更青睐手机休闲游戏？

5. 游戏《吃豆人》的创意是如何产生的？该游戏的特点是什么？

6. 游戏原型设计有哪些值得思考的问题？为什么？

7. 举例说明目前国内女性玩家最青睐的手机游戏类型有哪些。

8. 数字游戏的未来发展方向是什么？它和数字技术发展有哪些联系？

9. 调研腾讯游戏、三七互娱等国内游戏公司的核心产品及发展趋势。

三、思考题

1. 以美国迪士尼公司为例，分析数字娱乐产业的特征和涵盖范围。

2. 请从特征、技术、平台、管理及商业模式上说明电子竞技与数字游戏的差别。

3. 举例说明数字游戏对青少年好奇心、创新思维和钻研精神的推动作用。

4. 为什么说《毁灭战士》是游戏引擎的鼻祖？游戏引擎包括哪些主要模块？

5. 从用户终端设备的角度对电子游戏进行分类并描述基本特征。

6. 数字游戏会使得部分玩家上瘾，如何解决这个问题？

7. 基于 Unreal 引擎的游戏设计流程是什么？举例说明 FPS 游戏的设计过程。

8. 游戏工作室有哪些关键岗位与支持岗位？

9. 用流程图的方式说明数字游戏设计制作的一般流程。

第 9 课

交互产品设计

9.1 交互设计基础
9.2 交互设计的发展
9.3 用户体验设计
9.4 交互设计流程
9.5 问题导向设计
9.6 用户研究与画像
9.7 思维导图工具
9.8 产品需求报告书
本课学习重点
讨论与实践
练习与思考

9.1 交互设计基础

本书在开篇就已指出:数字媒体是当代信息社会媒体的主要形式。数字媒体是当代信息社会的技术延伸或者数字化生活方式(如微信、微博、快手和抖音),是社交媒体、互动媒体、推送媒体和流行媒体的总称。数字媒体的基本属性可以从两方面定义:从技术角度看,作为软件形式的数字媒体具有模块化、数字化、可编程、超链接、智能响应和分布式等特征;从用户角度看,数字媒体具有高黏性、虚拟性、沉浸感、参与性和交互性等特征。因此,随着人机交互技术(Human-Computer Interaction,HCI)与数字媒体的出现,人与人之间交流与互动开始转移为人与计算机之间的交互。简言之,交互可理解为计算机能够对人类行为产生的智能响应,并使得用户产生某种感受的过程。交互设计就是智能媒体与用户之间沟通与交流方式的设计。

在今天的数字信息社会中,人们每时每刻都在享受着交互媒体与交互设计所带来的数字化生活。每天全球都有数亿人在手机上发邮件、刷朋友圈、玩抖音、晒照片、美图秀秀……同样,使用微信或支付宝付款(图 9-1),用地铁触摸屏查询地址,在虚拟游戏厅体验激情或去网络咖啡厅冲浪,都得益于良好的交互设计。与此相反,有人也可能每天从下述方面深受拙劣交互设计的困扰:在公交车站候车却无法获知下趟车何时到站,在浏览器输入一个网址后没有任何反应,一个软件或服务花上 10 分钟的时间还不知道如何操作……这些违反常理和人性的交互设计也使得人们面对数字化生活而茫然失措。此外,还有周围的老人、儿童、残疾人和对计算机并不十分熟悉的庞大群体,这也使得交互设计越来越重要。

图 9-1 支付宝使人们进入无现金时代

交互设计是构建新型人机交互关系的桥梁,也是数字媒体技术专业的核心能力之一。交互设计专家琼·库珂(Jon Kolko)在《交互设计沉思录》中指出:"所谓交互设计,就是指在人与产品、服务或系统之间创建一系列的对话。"交互设计是一种行为设计,是人与智能产品之间的对话。因此,交互设计就是通过产品的人性化,增强、改善和丰富人们的体验。无论是微信还是美团,陌陌还是滴滴打车,所有的服务都离不开对用户需求的分析。无论是老年人还是儿童,都是当今信息社会的成员(图 9-2),但作为特殊群体,他们也同样面临着与当下技术环境"对话"的困惑或障碍,而交互设计师正是通过实现产品设计的人性化和通用性帮助这些特殊群体克服技术障碍的人。斯坦福大学教授、《软件设计的艺术》作者特里·威诺格拉德(Terry Winograd)把交互设计描述为"人类交流和交互空间的设计"。同样,卡内基梅隆大学的交互设计师、斯坦福大学教授丹·塞弗(Dan Saffer)在《交互设计指南》一书中指出："交互设计是围绕人的——人是如何通过他们使用的产品、服务连接其他人。"

图 9-2　无论是老年人还是儿童都是当今信息社会的成员

9.2　交互设计的发展

　　交互设计创始人之一，伊夫雷亚交互设计学院（Interaction Design Institute Ivrea）负责人格莉安·史密斯（Gillian Smith）博士认为："正如工业设计师为我们的家庭和办公环境塑造出各种日常生活的工业产品一样，交互设计是借助交互技术塑造我们的交互式生活——计算机、电信和移动电话等。如果要我用一句话来描述或总结交互设计，我要说，交互设计通过数字化产品或界面打造和丰富我们的日常生活，无论你是在工作、玩耍或是娱乐休闲。"除了衣食住行的生活服务外，媒体与社交是交互设计的重要考量因素之一。著名交互设计师比尔·莫格里奇（Bill Moggridge，图 9-3，中）指出：交互设计包括好用、实用、满足与对话这 4 个要素。此外，还应该再将社交列为交互设计的第 5 个要素。特别是在今天这样一个网络高速发展的时代，交互设计必须明确地将媒体与社交平台列入设计重点。莫格里奇曾担任伦敦皇家艺术学院以及美国斯坦福大学教授，他在 2003 年出版了该领域第一部学术专著——《设计交互》（图 9-3，左），系统介绍了交互设计的历史和方法。2010 年，他出版了另一部专著——《设计媒体》（图 9-3，右下），对数字媒体浪潮中的交互设计思想进行了阐述。

　　早在 1981 年，作为工业设计师的莫格里奇受邀参与设计一种面向旅行商务人士的便携式计算机。他提出了可折叠的计算机概念，使屏幕和键盘像蛤壳一样彼此面对。世界第一款便携式计算机（图 9-3，右上）由此诞生。正是在这台计算机的设计过程中，莫格里奇发现了交互设计的重要性。他参与了硬件和软件的设计并由此敏锐地感到这个工作的挑战性，特别是其中涉及的人的因素。因此，他指出："我们必须学会设计交互技术而不仅仅是面向物理对象。"莫格里奇指出：只有通过交互设计创建的产品才能更易于为人类使用，而避免仅仅是由工程师为执行某项任务而构建的机器所导致的一系列问题。由此，设计思维与人机工程学的理论也成为交互设计的基础。

图 9-3　莫格里奇参与设计的便携式计算机以及他的专著《设计交互》和《设计媒体》

从 20 世纪 80 年代中期开始，交互设计就从一个小范围的特殊学科成长为今日世界上百万人从事的庞大行业。交互设计不仅面向计算机，而且面向当今社会所有的智能化环境，包括智能家居、车载互联网、运动健身设备以及公共场所的娱乐设施。美国的许多大学，如斯坦福大学、卡内基梅隆大学、芝加哥大学、麻省理工学院等都开设了交互设计专业的学位课程；在软件公司、设计公司或咨询公司随处可见交互设计师的身影；银行、医院甚至博物馆这样的公共服务机构都需要有专业的交互设计师为交互设计提供解决方案。例如，大英博物馆就通过可交互的展台设计，让游客在浏览古代埃及木乃伊棺椁藏品时能够观察其内部构造（图 9-4，上）。如今的智能交互系统越来越复杂了，除了常见的手机、iPad 外，智能化的机器人、智能扫地机、智能音箱、智能手环以及智能家居等也在高速发展。博物馆的游客还能借助 VR 头盔与手持控制器和展品进行深入的互动与"对话"，并由此获得更深刻的体验（图 9-4，下）。在交互媒体与交互设备日益丰富的今天，交互设计师需要考虑各种环境因素和人的因素，考虑复杂的人机生态环境。因此，交互设计是一项包含交互、产品、服务、活动与环境等诸多因素的综合性设计活动。交互设计的理论、思想、方法，特别是创造力的培养和实践，是当代 IT 企业、科技公司与传媒公司最为关注的领域。在移动媒体时代，人人离不开智能手机，正是交互设计师帮助人们把复杂的人机交互处理得简单、有趣而且有意义。

图 9-4　博物馆触控交互装置和 VR 体验交互装置

2010 年，苹果公司总裁史蒂夫·乔布斯指出："我们所做的要讲求商业效益，但这从来不是我们的出发点。一切都要从产品和用户体验开始。"从交互设计、用户体验再到体验设计以及近年来备受关注的服务设计，虽然侧重点各有不同，但基本上都是把行为或任务等非物质内容作为设计对象,通过对行为路径和实现手段的规划,获得理想的结果和体验。如果说交互设计更多地关注行为过程的规划,那么用户体验则强调对用户行为的过程感受。体验设计是交互设计的拓展与延伸。

9.3 用户体验设计

体验通常指通过亲身实践或考察所获得的经验或感悟,也是指能够激发出情感的心理活动。体验具有以下特征:

(1)体验是人与环境(产品、工具、对话)相互作用的结果,这种交互可以是直接的(如操作手机并获得反馈)或间接的(如看到别人操作手机的感悟)。

(2)体验具有强烈的主观性,而且往往因人而异。

(3)体验和特定语境或情境有关(如工作、家庭或公共环境)。

(4)体验也是人们在交互行为过程中的感知、评价或情绪的总和,包括可用性、有用性、情感、审美、认同感、自豪感、意义与价值等,这些感知可以延伸到更广泛的文化体验和个人经验之中。因此,用户体验模型就包括文化体验、价值体验、情感体验、社交体验、功能体验与感官体验6个层面(图9-5,左)。

用户体验(User Experience, UX)一词最早是由美国认知心理学家唐纳德·诺曼(Donald Norman)在20世纪90年代中期提出的。诺曼认为,用户体验涵盖了人对系统感知的所有方面,包括工业产品、图形、界面和物理交互等。他认为,产品的设计语言(如造型、材质、表面处理和色彩等)以及功能、操作性、格调和品位都属于用户体验。随后,经济学家约瑟夫·派恩(Joseph pine)等人在1998年的《哈佛商业评论》杂志上首先提出了体验经济(experience economy)的概念(图9-5,右),进一步印证了用户体验的巨大影响力。从唐纳德·诺曼提出用户体验概念到进入体验经济时代,关于用户体验的研究呈现不断增加的趋势。近年来,情感化设计、以用户为中心的设计(User Centered Design, UCD)、用户体验设计、可用性研究等领域都成为了热点。

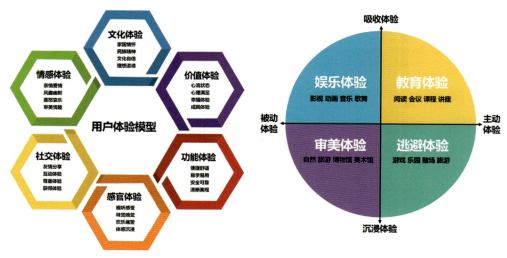

图9-5 用户体验模型和体验经济模型

如何定义用户体验?国际标准化组织在2010年给出了一个权威的解释:"用户体验是用户在使

用一个产品、系统或服务之后的观点和做出的反应。"该定义的补充说明还解释了用户体验包括用户所有的情感、信仰、偏好、认知、心理和生理反应、行为以及用户使用产品或服务前、中、后的心理结果。该定义同时列出影响用户体验的3个因素：系统、用户和使用环境。这意味着用户体验和使用有关，相比一般意义的体验，用户体验这个概念主要聚焦于用户界面的交互，涵盖了一个人对系统实用性、易用性和效率等方面的感知。用户体验专业协会（User Experience Professional Association, UXPA）认为：用户体验是用户与产品或服务的交互过程中产生的观点或感悟。用户体验设计具有跨学科和多层次的特征，与交互设计、建筑学、视觉传达、工业设计、认知心理学、人机工程学和界面设计等学科存在交集或重叠。丹·塞弗还专门绘制了一张学科关系图（图9-6）以说明用户体验设计（User Experience Design, UXD）与上述诸多学科之间的复杂关系。因此，如同交互设计一样，用户体验设计所涵盖的领域是一个具有多学科特征的、高度交叉与融合的理论与实践领域，也是动态的、不断发展的前沿设计领域。

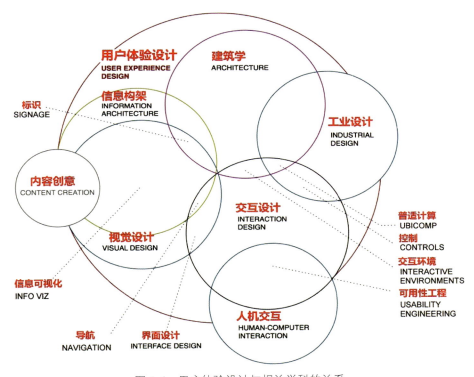

图9-6　用户体验设计与相关学科的关系

用户体验设计是以增强用户体验为核心的设计活动，是一项包含交互、产品、服务、活动与环境等诸多因素的综合性设计活动。用户体验设计之所以包含多个学科或领域，说明了当代人、技术与环境之间的复杂关系。今天的交互系统越来越多地由许多相互连接的设备组成，如桌面计算机、智能手机、智能路由器、智能音箱、平板计算机、智能手环等，还有嵌入建筑环境中（如智能家居）的控制系统。因此，设计师需要考虑各种环境因素和人的因素，考虑整体人机生态环境。因此，用户体验设计必须吸取多个学科的知识，如心理学、建筑与环境艺术、交互设计、产品设计、信息设计、人类文化学、社会学、管理学、信息技术、数据科学和计算机技术等。用户体验设计的多学科特征导致了用户体验设计的复杂性，涉及用户体验理论、用户体验现象、用户体验研究以及用户体验实践等领域。

著名的用户体验管理专家和设计咨询师朱莉·比莉茨认为，交互设计的研究方法源于工业设计、视觉传达设计、心理学、计算机科学、图书馆学、人类学、行为经济学、市场学、工业设计和建筑学这 10 个学科，而且这些学科所占的比重是不一样的，其中工业设计与视觉传达设计所占的比重最大，这不仅说明交互设计与工业设计的历史渊源，也指出了以视觉体验为核心的用户界面设计在交互设计中的重要性（图 9-7）。图 9-7 中其他 7 个较小的学科代表了计算机科学、用户体验研究、市场与环境研究在交互设计中的价值。可以发现，交互设计与用户体验研究方法论（人类学、心理学、市场学、行为经济学、图书馆学和建筑学）之间的密切联系。图 9-7 为我们理解交互设计方法以及学科基础提供了参考。

图 9-7　交互设计与工业设计等 10 个学科的关系

9.4　交互设计流程

如何进行交互设计或交互媒体设计？2007 年，美国著名 Ajax 之父、Web 交互设计专家詹姆斯·加瑞特（James Garrett）著名的《用户体验的要素：以用户为中心的产品设计》一书的中文版出版（图 9-8，左），随后成为风靡国内设计界的交互设计教材。加瑞特从设计实践出发，通过可视化草图的方式对用户体验的构成要素进行了分析和说明，提出了加瑞特模型。该模型已经被广泛应用到更多的领域，包括产品设计、信息设计、交互设计、服务设计、软件开发以及设计管理等。该书的第二版（2013 年）不再局限于 Web 网站，而是将该模型延伸到更广泛的产品及服务领域，包括游戏、手机 App 和各种智能设备软件。

加瑞特模型简称 5S 模型，就是将交互与信息产品分为表现层、框架层、结构层、范围层和战略层 5 个层面（图 9-8，右）。底层为战略层，侧重于用户需求和产品目标。顶层为表现层，是一系列由版式、色彩、图片、文字和动效组成的视觉设计。中间的 3 层从下往上依次为范围层、结构层和框架层。范围层由产品功能规格说明书组成，是产品各种特性和功能的初稿。结构层用来设计产品的信息架构和交互方式，设计师由此确定产品各种特性和功能的最佳组合方式并完成产品雏形。框架层强调界面设计、信息设计和导航设计，并由按钮、控件、照片和文本区域等页面元素组成。从时间角度，该模型自下而上代表了信息交互产品的开发流程：从抽象到具体、从概念到产品的过程；从空间角度，该模型代表了用户体验设计所包含的技术、商业及用户之间错综复杂的关系。

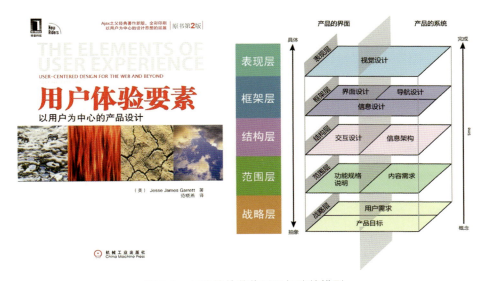

图 9-8　加瑞特的著作以及加瑞特模型

加瑞特模型对于用户体验设计来说有着重要的指导意义。从设计进程时间上看：首先是战略层，主要聚焦产品目标和用户需求，这个层是所有产品设计的基础，往往由公司最高层负责，其次是范围层，具体设计与交互产品相关的功能和内容，该层往往由公司的产品部负责监督实施；第 3 层是结构层，交互设计和信息架构是其主要的工作，通常互联网公司的体验设计就是负责这个层的业务；第 4 层为框架层，主要完成交互产品的可视化工作，包括界面设计、导航设计和信息设计等工作；最顶层为表现层，主要涉及视觉设计、动画转场、多媒体、文字和版式等具体呈现的形态。加瑞特通过该模型中间 3 层的分割将功能性产品（关注任务）以及信息型产品（关注信息）进行了区分：功能性产品注重功能规格、界面设计与交互设计，信息型产品则与内容需求、信息架构和导航设计有关，用户研究、市场分析、信息设计和视觉设计则跨越了两者的界限。加瑞特模型提供了交互产品设计的基本流程与框架，从战略层到表现层，该模型可以分解为一系列研究方法与阶段性的任务目标（图 9-9）。对于用户体验设计师来说，这个模型提供了用户分析、产品开发与界面设计"导航图"。

从交互设计流程上看，设计师前期的用户研究、需求分析、市场分析与产品定位是后期产品设计与界面设计的基石。为了帮助读者更清晰地了解用户体验设计领域的各知识点，用一个可视化流程图的形式展示这个设计过程（图 9-10）。该路线图包含 4 个主要的节点：用户行为研究、用户行为分析、体验与产品设计以及产品原型设计，其中主要的理论、步骤、方法与知识点均用黄色或橘黄色背景标示，参考的理论用绿色背景标示，相关的知识点用红色背景标示。该路线图可以作为用户体验设计的知识图谱或体系框架，为读者建立一个学习掌握用户体验设计理论与实践的指南。由

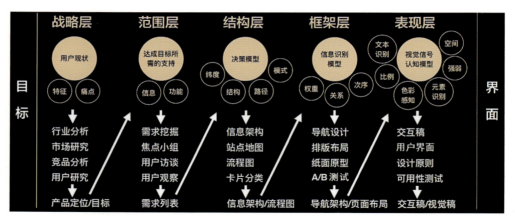

图 9-9 用户分析、产品开发与界面设计导航图

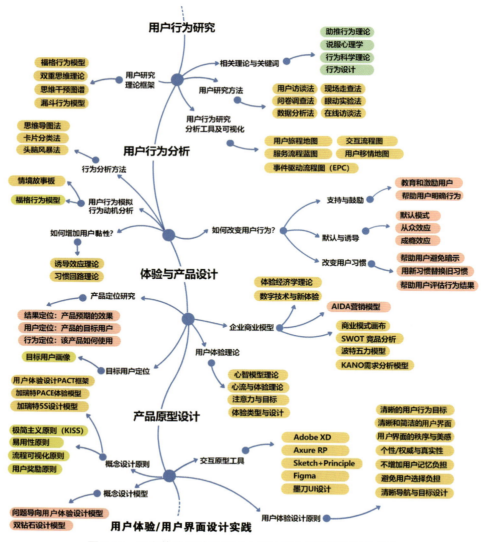

图 9-10 用户体验设计路线图（设计研究及原型设计阶段）

于路线图涉及多个学科的专业知识，限于篇幅，本课仅仅强调其中的重点环节。

9.5 问题导向设计

根据加瑞特模型可以看出：产品设计是从战略层开始，经过范围层、结构层、框架层和表现层的逐步具体化、清晰化的设计流程。问题导向的设计（Problem-orient Design, POD）可以用"微笑"模型解释（图9-11）。该模型的核心是两点：一是寻找发现值得的问题；二是为这个问题的解决选择适合的方法。产品设计往往需要根据实际情况进行变通或者修改。如果过于依赖流程步骤，可能会拉长设计工期，影响项目进度，也会限制设计师创造力的发挥。例如，快速响应的敏捷开发设计模式可以让设计团队能够因地制宜、齐头并进地同步完成设计。"微笑"模型强调移情与定义是发现问题的出发点，而好的问题是产品或服务能够真正满足用户刚需、打动人心的关键。

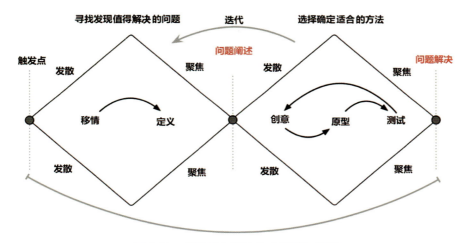

图9-11 问题导向设计的"微笑"模型

例如，随着电商的火爆，天猫双11、双12购物节、6.18购物节、周年庆等促销活动令人眼花缭乱。如何能够抓住用户的痛点和痒点就是考验设计师与商家眼光的时候。一则关于荔枝的手机促销页开门见山，以健康为卖点，强调桂味荔枝纯天然、无污染的特征，并以原产地商家郑重承诺来打消买家的疑虑（图9-12），这个创意就是发现了好问题的范例。随后，设计师围绕着健康这个主题，精心拍摄了包括荔枝特写和采摘场景等大量的照片，并根据荔枝色调进行版式设计。整体页面风格清新自然、生动感人，以照片为核心的设计风格让消费者"眼见为实"。

用户体验设计是一项包含产品、服务、活动与环境等多个因素的综合性工作流程，具体实践中包括几个步骤：挖掘需求机会点，明确需求方向，探索设计机会点，聚焦设计机会点，发酵可能的设计，定型可行的设计，跟进项目开发上线及验证产品上线结果。对于设计师来说，工作往往是从一份PPT简报和需求文档开始的。设计师的工作包括用户分析和调研摸底（用户画像和体验地图）、产品及市场分析（SWOT和竞品分析）以及项目关键风险评估和预判。要了解用户和研究用户，就要走出办公室和用户交谈，看看他们是怎么生活和工作的，换位思考，感同身受，然后才能知道用户的问题在哪里，这就是设计思维强调的移情和同理心。"微笑"模型的核心在于问题思考，就是围绕产品存在的意义、开发的目的、受众的定位及需求、经营者的利益等核心问题展开的头脑风暴。设计师需要明确用户的真实需求。有时人们买的不是产品，而是对舒适生活的体验，如"夏季清凉"

的体验需求就产生了折扇、团扇、电扇、迷你风扇、小吊扇、凉席、遮阳伞等一系列产品（图9-13）。在战略层，就是要解决为什么开发这个产品、针对哪些用户（环境）、这个产品针对用户的刚需和痛点是什么、这个产品应用的场合在哪里等问题。

图9-12　关于荔枝销售的手机促销页设计

图9-13　夏季流行的手持迷你风扇就是针对用户痛点的热销产品

9.6　用户研究与画像

无论是过去还是现在，设计的出发点都是立足于对人的思考。"以人为本"是用户体验设计的第一要素，设计师围绕用户的需求，借助新的技术手段实现产品与服务的创新是用户体验设计的出发点。无论从经验、经历或利益角度，设计师都无法完全掌握用户使用产品或服务的心理感受。因此，设计师需要用同理心模拟用户体验环境，思考用户在什么环境下，采用什么方法或技术实现他们的目标。用户画像（persona）又称为用户场景（user scenario）"，最早源自IDEO设计公司和斯坦福大学等进行产品用户研究所采用的方法之一。为了让团队成员在研发过程中能够抛开个人喜好，IDEO 设计公司将焦点放在目标用户的动机和行为上，即建立一个真实用户的虚拟代表，在深刻理解用户真实数据（性别、年龄、家庭状况、收入、工作、用户场景/活动、目标/动机等）的基础上归纳用户信息。用户画像是根据用户的社会属性、生活习惯和消费行为等信息而归纳的标签化的用户模型（图 9-14）。利用用户画像不仅可以做到产品与服务的对位销售，而且可以针对目标用户进行产品开发或者体验设计，做到按需设计、对症下药、心中有数。用户画像的建立是游戏、动画或者交互产品设计的第一步。

图 9-14　用户画像是标签化的用户模型

建立用户画像的方法主要是调研，包括定性和定量分析。在产品策划阶段，由于没有数据参考，所以可以先从定性角度入手收集数据。例如，可以通过用户访谈的样本创建最初的用户画像（定性），后期再通过定量研究对得到的用户画像进行验证。用户画像可以通过卡片分类法（图 9-15）逐渐清晰化。其操作方法是：首先将收集到的各种关键信息做成卡片，然后请设计团队共同讨论和补充。然后在墙上或桌面上将类似或相关的卡片贴在一起，对每组卡片进行描述并利用不同颜色的便利贴进行标记和归纳。图 9-16 是关于在线学习的一次头脑风暴应用卡片分类法的结果。根据目标用户的特征、行为和观点的差异，将他们区分为不同的类型，从每种类型中抽取出典型特征，赋予一个名字和照片、一些人口统计学要素和场景等描述，最终就可以形成用户画像。例如，针对旅游行业不同人群的特点，其用户画像就应该包括游客（团队或散客）、领队（导游）和其他利益相关方（旅游纪念品店、景区餐馆、旅店老板等）。

图 9-15　用户画像可以通过卡片分类法完成

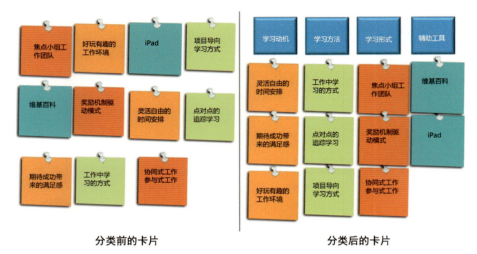

图 9-16　关于在线学习的头脑风暴应用卡片分类的结果

9.7　思维导图工具

思维导图(mindmap)又称脑图或心智图，是由英国头脑基金会总裁托尼·博赞（Tony Buzan）在 20 世纪 80 年代创建的一套表达发散思维的创意和记忆方法。博赞受到大脑神经突触结构的启发，用树状的多级分支图形表达知识结构，特别强调图形化的联想和创意思维（图 9-17）。思维导图类

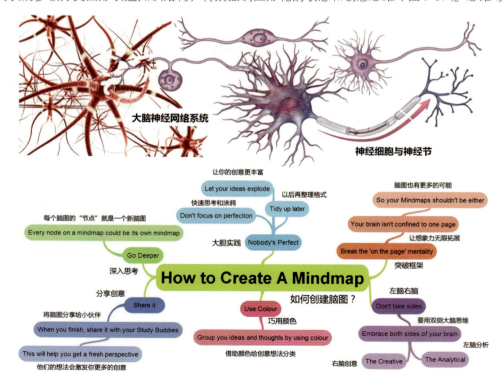

图 9-17　大脑神经突触的结构与思维导图

似于计算机的层级结构，通过主题词汇—二级联想词汇—三级联想词汇的串联，形成节点形式的知识体系。思维导图运用图文并重的技巧，把各级主题之间的关系用相互隶属的层级图表现出来，让主题关键词与图像、颜色等建立逻辑上的关联，利用记忆、阅读和思维的规律，协助人们在科学与艺术、逻辑与想象之间平衡发展。思维导图成为联想思维和头脑风暴的创意辅助工具。思维导图的优势在于能够把大脑里面混乱的、琐碎的想法贯穿起来，最终形成条理清晰、逻辑性强的知识结构。思维导图遵循一套简单、基本、自然和易于理解的规则，如颜色分类、突破框架、深入思考、分享创意和双脑思维等，适合用于"头脑风暴"式的创意活动，是思维视觉化和信息可视化的主要应用工作之一。

思维导图模拟大脑的神经结构，特别是结合了左脑的逻辑思维与右脑的发散思维（图9-18），形成了树状逻辑图的结构。每一种进入大脑的资料，不论是感觉、记忆还是想法，包括文字、数字、图形符号、食物、线条、颜色、节奏或音符等，都可以成为一个思考中心，并由此中心向外发散出更多的二级结构和三级结构，而这些节点也就形成了个人的数据库。思维导图自由发散联想，具有触类旁通、头脑激荡的特点，适用于头脑风暴式的创意活动，也成为IDEO、苹果、百度、腾讯等IT企业创新型思维的活动形式之一。虽然思维导图可以直接用水彩笔、铅笔或钢笔手绘制作，但在实践中，为了加快创意进度，设计师还是愿意选择思维导图软件制作。这种软件不仅用于头脑风暴和创意设计，同时也是创造、管理和交流思想的工具，能够很好地提高项目组的工作效率，促进小组成员之间的协作。它可以帮助项目团队有序地组织思维、资源和项目进程。

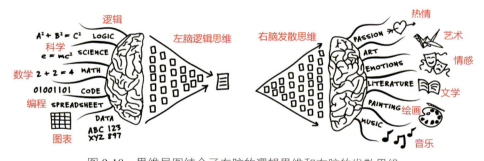

图9-18 思维导图结合了左脑的逻辑思维和右脑的发散思维

目前人们采用的思维导图软件有很多。例如，XMind就是一款国内普遍采用的思维导图软件。该软件通过不同颜色、不同格式的树状图，可以将思维图形化、条理化（图9-19），它对于交互设计前期的发散思维、中期的流程图与结构图来说非常实用。一些思维导图软件还提供专业的拼写检查、搜索、加密甚至音频笔记等功能。除了XMind外，在线脑图设计工具，如谷歌Coggle、百度脑图和墨刀等，也是设计师常用的思维导图软件。

与XMind相比，OmniGraffle的图表外观更精致、专业。OmniGraffle是一个功能更丰富的应用程序，具有形状组合、自定义模板和自动化工具等高级功能（图9-20）。而XMind功能更精简，可以轻松创建基本图表和思维导图。谷歌公司的在线脑图软件Coggle的特点是线条比较灵活、美观，设计风格独树一帜（图9-21）。

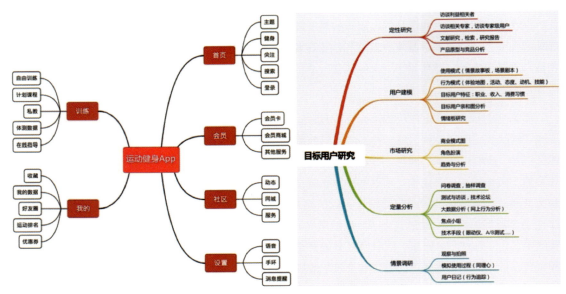

图 9-19　通过 XMind 软件制作的思维导图

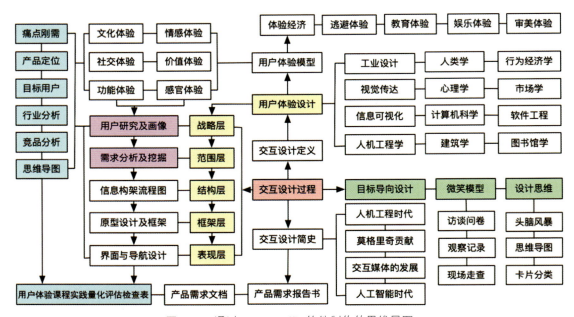

图 9-20　通过 OmniGraffle 软件制作的思维导图

图 9-21　通过谷歌 Coggle 软件设计的思维导图

9.8　产品需求报告书

用户体验设计以流程化方式呈现，虽然并非线性流程，但对于企业来说，流程管理代表了交互设计能够顺利完成的时间节点和任务分配。以手机 App 设计来说，产品开发流程包括战略规划、需求分析、原型设计、交互设计、视觉设计和前端制作 6 个阶段（图 9-22）。产品开发流程中的每个阶段都有明确的交付文档。战略规划的核心是产品战略、产品定位和用户画像。产品战略和定位确定之后，用户研究员就可以参与到目标用户群的确定和用户研究工作中，包括用户需求的痛点分析、用户特征分析、用户使用产品的动机分析等。通过定性、定量的一系列方法和步骤，用户研究员协同产品经理就可以确定目标用户群并得到用户画像（阶段交付文档）。

产品需求报告书是产品开发中不可或缺的技术文档，主要由产品开发人员负责。在产品开发团队内部，会对产品需求报告书进行严格评审，如果产品需求报告书质量不合格，则需要对其进行修改和完善，直到评审通过。用户体验团队的所有人员都应熟悉产品需求报告书，包括产品开发背景、价值、总体功能、业务场景、用户界面、功能描述、后台功能、非功能描述和数据监控等内容。按产品复杂度，产品需求报告书从二三十页到上百页不等。其内容包括以下 5 部分：

（1）文前页。内容包括封面、撰写人、撰写时间、修订记录和目录等。

（2）项目概述和产品描述。内容包括产品目标、名词解释、受众分析、项目周期、时间节点等。

（3）用户需求。内容包括目标用户、场景描述、功能优先级和产品风险等。

（4）功能描述和非功能需求。功能描述的内容包括线框图、流程图、交互设计图、导航界面设计、

图 9-22 产品开发过程

色彩与风格等，非功能需求包括安全需求、性能需求、可用性需求、易用性需求、兼容性需求和管理需求等。

（5）业务流程。内容包括总体流程图、功能总览表、运营计划、推广和开发、项目经费、人员预估、后期维护、项目进度及管理等。

产品需求报告书的结构如图 9-23 所示。不同的体验设计项目的产品需求报告书的内容也有差别。

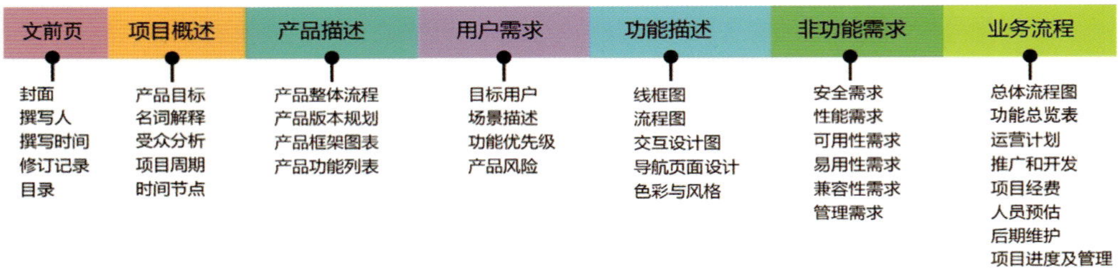

图 9-23 产品需求报告书的结构

需求分析的核心是需求评估、需求优先级定义和需求管理。要求还原从用户场景得到的真实需求，过滤非目标用户、非普遍和非产品定位上的需求。通常需求筛选包括记录反馈、合并和分类、价值评估、风险机遇分析、优先级确定等步骤。价值评估包括用户价值和商业价值，前者包括用户痛点、影响范围和影响频率，后者就是给公司收入带来的影响。需求优先级的确定次序是：用户价值＞商业价值＞投入产出比。产品设计需要考虑的因素很多。例如，飞利浦公司开发的儿童智能交互牙刷就有定时提醒、科普宣传和亲子互动等功能，将便捷性、趣味性、时间管理与口腔健康护理的功能融于一体，让儿童在刷牙时有更丰富的体验（图 9-24）。

对于公司来说，软件开发周期一般比较长，设计团队比较完整，交付的文档也比较多，涉及的部门和人员也比较多。但高校的用户体验设计课程时间比较短（4~5 周，32~40 课时），学生普遍缺

图 9-24　由飞利浦公司开发的儿童智能交互牙刷

乏实践经验。因此，高校普遍采用模拟项目实践的方式让学生掌握相关的知识与方法。该流程包括项目立项、调查研究、情境建模、定义需求、概念设计、细化设计以及修改设计等环节，最后以设计任务书、小组简报（PPT）、文件夹提交和课程作业展的形式呈现。项目团队既可以选择校内服务，如宿舍环境、校内交通、食堂餐饮、社交及文化、外卖快递、洗浴设施、健身运动设施等，也可以选择面向社会的研究，如共享单车、旅游文化、购物商场、儿童阅读、健身服务、宠物服务、医疗环境、老人及特殊人群关爱等。对于四五个人的项目小组（图 9-25），学生可以分别扮演项目经理（负责人）、调研员、设计师、厂商和用户等不同的角色。

图 9-25　用户体验设计课程以学生项目小组为核心进行实践

用户体验设计课程往往会受到时间、环境与工具的限制。为了便于控制课程的进度，量化任务管理是必不可少的环节。该课程的实践可以分为 5 个阶段：研究选题、用户调研、创意思考、原型设计、设计汇报。其中每个阶段都有明确的研究任务和需要提交的文件夹，层层推进，最后的课程作业包括期末设计任务书、小组简报（PPT）、课程作业展等。为了更清晰地分解任务，参考企业设计团队的项目管理方式，本书设计了课程实践进程量化评估检查表（图 9-26），将体验设计流程进行分解，并以项目小组的形式对产品和服务进行设计和量化评估，由此完成课程实践练习。该表将用户体验设计的流程与任务清晰化，为用户体验设计课程实践提供了基本的流程与方法，特别是其中的"核心问题"为用户体验设计各阶段提供了目标。该表可以通过进程管理与模拟实践的方法，让学生熟悉用户体验设计的基本流程和产品研发的主要环节。该流程的各环节均需要提交相应的文档，如产品概念图、业务流程图、功能结构图、信息架构图、界面与交互设计等，这与企业团队提交的文档一致。

用户体验设计课程实践进程量化评估检查表

各项目小组根据该表检查项目完成情况并对各选项进行确认　　小组组长（项目经理）：　　小组成员：

课程选题 (20%)	用户调研 (20%)	原型设计 (20%)	深入设计 (20%)	报告与展示 (20%)
□ 研究的意义与价值	□ 访谈法（对象+问题+回答）	□ 设计原型草图	□ 简单实物模型（塑料 硬纸板）	□ 规范设计报告书
□ 目标产品或服务对象	□ 问卷调查+五维雷达图分析	□ 创新服务流程	□ 高清界面设计	□ 商报设计与制作
□ 文献法（网络资源，论文检索）	□ 观察法（照片、视频等）	□ 信息结构图（线上模型）	□ 产品创新性体验分析	□ 小组项目成果汇报会
□ 商业模式画布	□ KANO 分析法（照片、视频等）	□ 交互产品界面（线上模型）	□ 服务商业模式分析	□ 展板设计与制作
□ 项目计划（时间,任务,分工）	□ SWOT 竞品分析矩阵图	□ 产品模型及说明（2D+3D）	□ 产品可持续竞争力分析	□ 课程作业汇报展览
□ 设计研究可行性分析	□ 用户体验地图+移情地图（痛点）	□ 头脑风暴图（蜘蛛图）	□ 科技趋势与 SWOT 竞品分析	□ 创新团队汇报策划书
□ 前期项目说明	□ 用户画像和故事卡	□ 商业模式画布	□ 产品体验情景故事板	□ 产品商业前景和风险分析
核心问题：同理心与观察	核心问题：用户研究与故事卡	核心问题：头脑风暴与设计	核心问题：设计与创新性	核心问题：规范化设计
• 该产品或服务的对象	• 你看到了什么（观察）	• 该原型设计的优势	• 该产品的可用性	• 报告书是否规范、美观
• 产品商业模式画布的可行性	• 你了解到了什么（资料收集）	• 该原型设计是否费钱费事	• 该产品的体验优势	• 商报设计是否简洁、清晰
• 设计调研的可行性	• 你问到了什么（访谈）	• 该原型设计是否环保	• 功能、易用性、价格、周期	• 如何进行讲解和阐述
• 相关用户调研的可行性	• 你总结出了什么（图表分析）	• 同宿舍同学是否喜欢你的设计	• 该产品的潜在问题	• 如何设计汇报展板
• 选题意义和创新	• 你对该服务或产品尝试过吗	• 该设计有何不确定的风险	• 竞争性产品或服务	• 团队分工与合作总结
• 该选题预期取得的成果	• 能列表分析同类产品吗	• 产品可持续竞争力（如技	• 该产品的 UI 设计的就绪	• 创新与创业的可行性
• 小组分工	• 能发现痛点并设想解决方案吗	术、服务、价格、品牌等）	• 该产品的民族性与认同感	• 团队项目进一步的策划
观察与思考（立项阶段）	整理与分析（调研阶段）	研讨与设计（创意阶段）	完善与规范（深入阶段）	演示与推广（展示阶段）
小组立项、初步汇报（前期调研的 PPT 项目说明）、提供设计研究的大致方向与范围、人员分工与责任	项目调研+课堂研讨・服务研究分析会（中期 PPT 项目说明）、目前同类服务的普遍问题、市场空白点、用户群、新技术与商机	创意设计说明汇报、原型设计头脑风暴（问题、前景、优势、风险、创新点、与现有产品的矛盾）	深入设计展示会（手绘、模型、实物、三维建模、操作说明图、详细设计效果图）、报告书的整理与撰写	课程设计成果汇报会、PPT 报告提交和现场演示示、设计原型分析、教师点评、展板设计与课程作业展

图 9-26　用户体验设计课程实践进程量化评估检查表

本课学习重点

交互设计是构建新型人机交互关系的桥梁，也是数字媒体技术专业的核心能力之一。本课程重点介绍了交互设计与用户体验设计的概念、意义、方法及设计流程。交互设计的重点在于用户研究、用户画像与产品需求报告书（参见本课思维导图）。读者在学习时应该关注以下几点：

（1）什么是交互设计？什么是用户体验设计？

（2）为什么说交互设计的核心在于发掘用户需求与产品的体验？

（3）交互设计是如何发展起来的？

（4）什么是用户体验设计模型？用户体验设计需要哪些学科的知识？

（5）什么是加瑞特模型？它对交互设计有何启示？

（6）为什么交互设计要从战略层开始？

（7）什么是问题导向设计？"微笑"模型中的双钻石结构代表什么过程？

（8）什么是用户画像？如何归纳与总结目标用户的特征？

（9）用户画像与交互产品设计的关系是什么？

（10）除了考虑产品的直接用户外，还要考虑其他利益相关方，为什么？

（11）什么是思维导图工具？它在开发交互产品中有何应用？

（12）什么是产品需求报告书？它由哪些内容组成？

（13）如何使用用户体验设计课程实践进程量化评估检查表？

本课学习思维导图

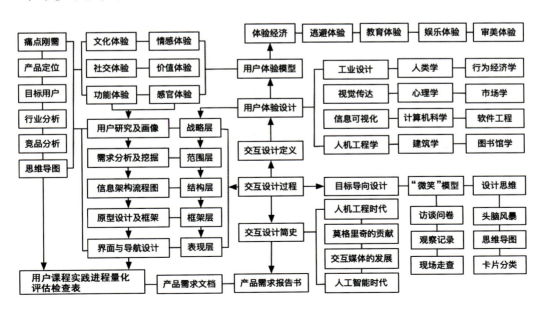

讨论与实践

思考以下问题

（1）什么是交互设计？交互设计与用户体验设计有何联系？

（2）数字媒体技术专业应该掌握哪些交互设计知识与技能？

（3）什么是交互设计的流程与方法？交互设计可以分为几个步骤？

（4）举例说明交互设计在博物馆和文化遗产保护领域的应用。

（5）什么是问题导向设计？"微笑"模型中的双钻石结构代表什么过程？

（6）什么是思维导图工具？它在开发交互产品中有何应用？

（7）交互设计的最终产品形态有哪些？

小组讨论与实践

现象透视：芝加哥千禧公园的皇冠喷泉由西班牙艺术家贾米·普兰萨（Jaume Plensa）设计。它由计算机控制 15m 高的显示屏幕交替播放代表芝加哥人的 1000 位市民的笑脸。每隔一段时间，屏幕中的人像口中会喷出水柱，为游客带来惊喜。这个互动式作品赋予了雕塑新的意义，打破了传统雕塑的刻板印象（图 9-27）。

图 9-27　芝加哥千禧公园的皇冠喷泉

头脑风暴：在城市公共广场将装置、影像与现场体验相结合，把传统雕塑变成欢乐互动体验，这成为公共环境艺术设计的新亮点。请思考在手机媒体时代如何将手机自拍、动态图像和短视频通过公共装置进行分享。

方案设计：思考如何通过 Wi-Fi 将互动装置、个人影像和创意设计相结合，打造自由涂鸦式公共艺术装置。请给出设计方案和详细技术路线，说明如何寻找公众、城市管理者和交互作品本身的契合点。

练习与思考

一、名词解释

1. 用户体验
2. 产品需求报告书
3. 比尔·莫格里奇
4. 加瑞特模型
5. 问题导向设计
6. 用户画像
7. 卡片分类法
8. 思维导图
9. 头脑风暴
10. 交互设计五要素

二、简答题

1. 举例说明交互设计在当代社会生活中的重要意义。

2. 人类的体验可以分为哪些类型？什么是体验经济？

3. 什么是加瑞特模型？它对交互设计有何启示？

4. 为什么交互设计师要掌握心理学及行为经济学的知识？

5. 什么是用户体验设计模型？用户体验设计需要哪些学科知识？

6. 调研并总结 IT 企业的交互产品（如手机 App）的设计开发流程。

7. 什么是用户画像？如何归纳与总结目标用户的特征？

8. 为什么说交互设计的核心在于发掘用户需求与产品的体验？

9. 如何寻找和挖掘用户需求？哪些用户需求是刚需？

三、思考题

1. 从交互设计的发展历程可以得到哪些启示？

2. 为什么交互设计要从战略层开始？

3. 问题导向设计的优点有哪些？什么是"微笑"模型？

4. 如何通过交互设计作品体现全球变暖的主题？

5. 从观众与作品的关系上说明交互体验的形式（如触控、声控等）。

6. 什么是卡片分类法？举例说明该方法在用户研究及产品创意中的应用。

7. 比较思维导图工具 XMind 和 OmniGraffle 的优缺点。

8. 通过小组集思广益是实现创意的方法之一，请说明其原理。

9. 什么是产品需求报告书？该报告书由哪些内容组成？

第 10 课

用户界面设计

10.1 理解用户界面设计
10.2 界面风格简史
10.3 界面设计原则
10.4 界面原型工具
10.5 列表与宫格设计
10.6 侧栏与标签设计
10.7 平移或滚动设计
10.8 图文要素的设计
本课学习重点
讨论与实践
练习与思考

10.1 理解用户界面设计

用户对软件产品的体验主要是通过用户界面（User Interface，UI，也称人机界面）实现的。广义的界面是人与机器（环境）之间相互作用的媒介（图10-1），这里的机器（环境）的范围包括手机、计算机、终端设备、交互屏幕（桌式或墙式）、可穿戴设备和其他可交互的环境感受器和反馈装置。人通过视听等感官接收来自机器的信息，经过大脑的加工决策后做出反应，实现人机之间的信息传递（显示—操纵—反馈）。在人和机器（环境）之间的这个接触层面即界面。界面设计包括3个层面：研究界面的呈现形式；研究人与界面的关系；研究使用软件的人。研究和处理界面的人就是界面设计师，这些设计师有艺术设计专业的背景。研究人与界面的关系就是交互设计师，其主要工作内容就是设计软件的操作流程、信息架构（树状结构）、交互方式与操作规范等。一部分交互设计师有艺术设计专业背景，大部分有计算机专业背景。专门研究人（用户）的就是用户测试/体验工程师，他们负责测试软件的合理性、可用性、可靠性、易用性以及美观性等。这些工作虽然性质各异，但都是从不同侧面和产品打交道，在小型的IT公司，这些岗位也往往是重叠的。因此，可以说界面设计师就是软件图形设计师、交互设计师和用户测试/体验工程师的综合体。

图10-1 界面是人与机器（环境）之间相互作用的媒介

界面设计包括硬件界面和软件界面设计。前者设计实体操作界面，如电视机、空调的遥控器；后者则是通过图形界面实现人机交互。除了这两种界面外，还有根据重力、声音、姿势等技术实现的人机交互（如微信的"摇一摇"）。软件界面是信息交互和用户体验的媒介。早期的界面设计主要体现在网页上，随着带宽的增加和4G/5G移动媒体的流行，各种炫酷页面开始出现。2000年前后，一些企业开始意识到界面设计的重要性，界面设计师与交互设计师开始出现。2010年以后，苹果iOS和安卓系统的智能大屏幕手机的已经在全球迅速普及，移动互联网、电商、生活服务、网络金融纷纷崛起，界面设计和用户体验成为火爆的词汇，界面设计也开始被提升到一个新的战略高度。国内很多从事移动网络数据服务和增值服务的企业和公司都设立了用户体验部门，还有很多专门从事界面设计的公司也应运而生，软件界面设计师的待遇和地位也逐渐上升。同时，界面设计的风格也从立体化、拟物化向简约化、扁平化方向发展（图10-2）。

今天、触控交互、人脸识别和智能语音已经成为智能时代的标志。除了听觉和视觉外，人的感官还有嗅觉、味觉、触觉和体感，未来的多模态交互设计会是所有感官的一个结合。与此同时，渐变、阴影和暗模式设计（新拟态设计）是近年来在界面设计中越来越流行的趋势。界面设计师使用这些

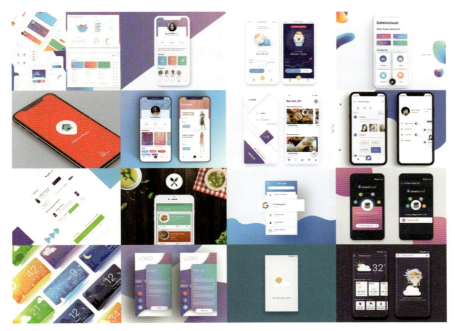

图 10-2　界面设计的风格趋向简约化和扁平化

技巧为设计元素添加深度和层次感。暗模式设计通过使用黑色或暗灰色背景降低屏幕的亮度，并降低眼睛的疲劳感和电池的消耗。为了使用户体验更加生动和贴近自然，许多界面设计师正在将自然元素应用于界面设计中，例如使用大自然的颜色和材料（木纹和石纹等）。动态设计师也可以为用户提供更具交互性和有趣的用户体验。此外，随着越来越多的用户在移动设备上使用 App 和网站，响应式设计变得越来越重要。这种设计可以使 App 在各种屏幕大小的设备上保持一致的外观和功能。虽然这些趋势不是绝对的，未来的界面设计可能会有更多的创新和变化，但是掌握界面设计的趋势可以帮助界面设计师更好地采用新的思维与新技术创新用户体验。

　　建立一个能够吸引用户的 App 或网站需要具备许多条件，拥有美观的用户界面与出色的用户体验二者缺一不可。正如第 9 课给出的用户体验设计路线图一样，用户界面设计路线图（图 10-3）也是建构设计原型所必须遵循的步骤。用户界面设计路线图是用户研究、产品战略、原型设计、交互设计以及界面设计的建筑蓝图、施工图与工作流程图。本课重点介绍界面设计工具、设计方法与设计原则等。其他相关的理论知识，例如图 10-3 中所标示的格式塔心理学、行为科学、色彩理论、可用性原则以及设计心理学定律等，读者可以从网络或其他渠道获得相关的知识。界面设计是基于实践的科学，因此学习者应该尽可能地从网络媒体中获得更多的资源，如网络社区、博客、云课堂、设计师论坛、资源网站、公众号、百度网盘等。用户界面设计路线图也给出了目前比较热门的界面设计资源，如 Adobe 旗下的 Behance 设计师论坛、著名的界面设计作品分享网站 dribbble.com 等。此外，在国内的知乎、哔哩哔哩、站酷、简书、豆瓣、花瓣、腾讯课堂、起点课堂、美啊、MANA 等网站以及当当云阅读等 App 也都能找到关于界面设计的热帖、电子书、知识问答、视频教程、最新作品以及设计素材等热门资源。最近火爆网络的人工智能 ChatGPT 聊天机器人不仅能流畅地与用户对话，甚至能写诗、撰文和编码。借助该软件也能够帮助读者更有针对性地掌握相关理论知识。在 5G 网络时代，无论是笔记本计算机、平板计算机还是智能手机，都可以让人们随时随地了解和掌握新动态、新知识与新技能，使得人们可以通过实践提升自己的设计能力。

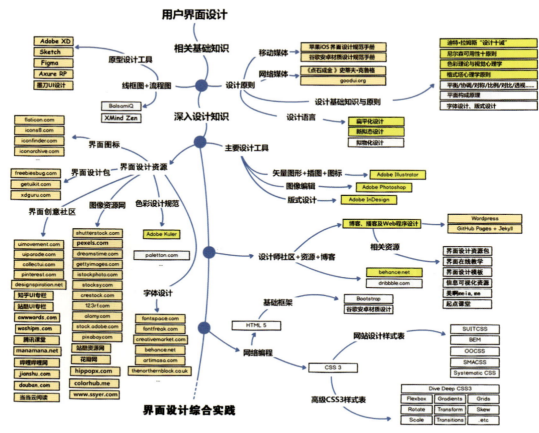

图 10-3　用户界面设计路线图

10.2　界面风格简史

10.2.1　设计风格概述

风格或者说时尚代表着一个时代的大众审美。虽然从艺术上看，视觉风格主要与绘画流派相关，但是它却渗透到生活的方方面面，如衣服的穿搭、建筑设计、生活习惯，甚至包括思维模式，无一不体现着这个时代的风格。拜占庭风格是 7—12 世纪流行于罗马帝国的艺术风格。这种代表贵族品位、华丽风格的建筑外观都是层层叠叠的，主建筑旁边通常会有其他建筑陪衬。建筑的内饰也经过精心雕琢，墙面上布满了色彩斑斓的浮雕。而现代主义风格建筑的外观更多地运用了直线，体现了现代科技感，内饰和家具也更加讲究朴素大方而非繁复夸饰（图 10-4）。风格除了具有时代性外还具有地域性，所以产生了各式各样的风格及分支，如古典主义、浪漫主义、洛可可、巴洛克、哥特式、朋克式、达达派、极简主义、现代主义、后现代主义、嬉皮士、超现实主义、立体主义、现实主义和自然主义等。

关于视觉风格，百度百科的解释是"艺术家或艺术团体在实践中形成的相对稳定的艺术风貌、特色、作风、格调和气派"。对于风格来说，"相对稳定"至关重要，因为一个风格的形成需要时间和文化的积淀，这也导致了风格是具有时代意义的。通过了解建筑、画作、服装等的风格，便能基

图 10-4　拜占庭、巴洛克和现代主义的建筑风格

本判断其所处的年代。例如，维多利亚时代风格就是指 1837—1901 年英国维多利亚女王在位期间的风格，如束腰与蕾丝、立领高腰、缎带与蝴蝶结等宫廷款式（图 10-5），还可以联想到蒸汽朋克、人体畸形展、性压抑、死亡崇拜等一系列主题。维多利亚时代的文艺运动流派包括古典主义、新古典主义、浪漫主义、印象派以及后印象派等。虽然很多设计师和画家都有着自己的个人风格，但是要想迎合大众的口味，他们的创作也不能脱离时代。从百年艺术史上看，风格或时尚可以总结成两个主要的发展趋势：从复杂到简洁，从具象到抽象。

图 10-5　英国维多利亚时代的服饰风格

10.2.2　拟物化界面风格

从大型机时代的人机操控到数字时代的指尖触控，技术的界面越来越智能化，和人的关系也越来越密切。界面最早出现于工业领域，主要体现在一些大型数控机床或重型电子设备的仪表盘界面上，由于其操作界面过于复杂，需要经过专业培训才能操作。20 世纪 70 年代，施乐公司是图形界面最早的倡导者，PARC 的研究人员开发了第一个图形用户界面，开启了计算机图形界面的新纪元。拟物化是一个设计原则，即设计灵感来自于现实世界。苹果公司总裁乔布斯就是拟物化设计的信奉者，他认为这样的设计可以让用户更加轻松地使用软件，因为用户能立刻知道软件是做什么的。第一个采用了拟物化设计的苹果公司软件应该是最初的 Mac 桌面操作系统中的文件夹、磁盘和废纸篓的图标。而且最初的 Mac 桌面上还有一个计算器的应用程序，这个程序看上去和真实的计算器十分相似，它就是由乔布斯亲自设计的。

界面设计风格的变化往往与科技的发展密切相关。例如，2000 年前后，随着计算机硬件的发展，图形图像的处理速度加快，网页界面的丰富性和可视化成为设计师的追求目标。同时，JavaScript、DHTML、XML、CSS 和 Flash 等富媒体技术或工具也成为改善客户体验的利器。到 2005 年，拟物化网页开始出现并成为界面设计的趋势（图 10-6）。网页设计师喜欢使用 Photoshop 制作个性化的界面效果，如 Winamp、超级解霸的外观皮肤。该时期各种仿真的界面和图标设计生动细致、栩栩如生，成为 21 世纪前 10 年主流界面视觉风格，为用户带来了更为生动的视觉感受。2007 年，苹果公司推出的 iPhone 手机代表了一个新的移动媒体时代的来临。早期苹果手机界面同样采用拟物设计风格（图 10-7），延续了乔布斯时代苹果公司在 Mac 计算机桌面上的设计思路：视觉效果丰富的设计美学与简约可用性的统一。苹果手机的组件（钟表、计算器、地图、天气、视频等）都是对现实世界的模拟与隐喻。这种风格无疑是当时最受欢迎的样式，也成为包括安卓手机在内的众多厂商和软件 App 效仿的对象。

图 10-6　曾经在网页设计中流行的拟物化界面风格

图 10-7　早期苹果手机界面的拟物设计风格

10.2.3　扁平化界面风格

虽然广受欢迎，但使用拟物设计也带来不少问题：由于一直使用与电子形式无关的设计标准，拟物设计限制了创造力和功能性。特别是拟物设计语义和视觉的模糊性，使拟物化图标在表达如"系统""安全""交友""浏览器"或"商店"等概念时无法找到普遍认可的现实对应物。拟物化元素以无功能的装饰占用了宝贵的屏幕空间和载入时间，不能适应信息化社会的快节奏。信息越简洁，对于现代人就越具有亲和力，因为减轻了记忆负担。同时，对于设计者来说，运用简洁风格也能节省大量的精力。以 Window 8 和 iOS 7 为代表，拟物设计风格被放弃。Android 5 进一步引入了材质设计（Material Design，MD）的思想，使得界面风格朝向谷歌公司提出的简约化、多色彩、扁平图标、微投影、控制动画的方向发展（图 10-8）。对物理世界的隐喻，特别是光、影、运动、字体、留白和质感，是材质设计的核心，这些规则使得手机界面更加和谐、整洁（图 10-9）。

图 10-8 谷歌提出的简约、多色彩、扁平图标、微投影、控制动画的界面设计风格

图 10-9 材质设计风格有更和谐、整洁的界面

从历史上看，扁平化设计与 20 世纪 40—50 年代流行于德国和瑞士的平面设计风格非常相似。20 世纪 20 年代，奥地利哲学家、社会学家奥图·纽拉特（Otto Neurath）开发了一套通用视觉语言符号系统——Isotype 并影响了 20 世纪的设计思潮。著名的包豪斯学院的图形设计教育以及瑞士国际风格都传承于此。瑞士平面设计风格色彩鲜艳，文字清晰，传达功能准确（图 10-10），在第二次世界大战后曾经风靡世界。同时，扁平化设计还与荷兰风格派绘画（蒙德里安）、欧美抽象艺术和极简主义艺术等有关，包括以宜家家居为代表的北欧极简风格或基于日本佛教与禅宗的哲学，如日

本无印良品（MUJI）百货店（图 10-11）。在这股风潮带动下，无论是时尚、家装、产品设计、流行杂志还是餐馆、酒店、百货店，极简主义风格都有无数的追随者。苹果计算机的设计风格以及当代手机界面流行的扁平化界面风格正是传承了这种美学思想。

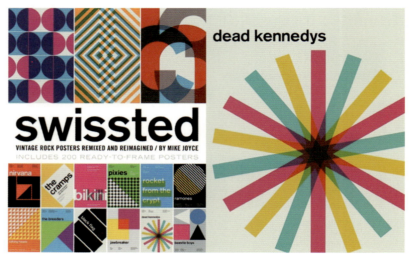

图 10-10　瑞士平面设计风格的海报

图 10-11　日本无印良品（MUJI）百货店的简约风格

从实用角度看，扁平化设计既兼顾了极简主义的原则，又可以应对更多的复杂性，充分体现了可用性设计的思想。通过去掉三维效果和冗余的修饰，这种设计风格将丰富的颜色、清晰的符号图标和简洁的版式融于一体，使信息内容的呈现更清晰、更快、更实用。此外，扁平化设计通常采用几何化的用户界面元素，这些元素边缘清晰，和背景反差大，更方便用户点击，这能大大减少新用户学习操作的成本，是快节奏时代信息构建与呈现的高效性与体验性的结合。但是，作为一种偏抽象的艺术语言，扁平化设计的缺点在于不够人性化。对于设计师来说，风格永远不会一成不变。扁平化设计也在发展之中，例如"伪扁平化设计"的出现，微阴影、假三维、透明按钮、视频背景、长投影和渐变色等各种新尝试，这些努力会推动界面设计迈向新台阶。

10.2.4 新拟态界面设计

从界面风格的发展史可以看出：人的审美是会随着时代、技术与媒体的发展而变化的，每一代人都会有自己偏爱的风格。在社交媒体时代背景下，设计行业的发展速度比其他任何行业都要快。审美趋势的多变性使得设计师必须全面掌握当下的设计趋势。在新冠肺炎疫情席卷全球的2020—2022年，居家办公成为潮流，这个趋势让远程协作、云端资源、在线课堂、在线会议和人工智能等成为后疫情时代人们的生活和工作的新常态。许多原来人们没有的习惯在发现新的工作模式更加有效率后也就继续保留了下来，并成为原有工作与生活方式的补充。在扁平、克制的界面风格盛行后，设计师向往更自由、更有突破性的视觉表达。根据《Behance 2021设计趋势报告》和《腾讯ISUX 2021设计趋势报告》的分析，界面设计在经历了扁平化设计流行之后，界面对物体的拟物风格再次回归，成为新拟态主义（neumorphism），但图标更为立体丰富，色彩更为鲜艳夺目，动画与交互更为流畅（图10-12），而苹果iOS 14推出的小组件管理也影响了界面设计。用户对视觉体验的追求和产品的快速迭代对界面设计师的审美能力、对潮流风格的判断能力以及对新一代设计工具的把握能力都提出了更高的要求。

图10-12　今天的界面设计风格比以往更自由、更灵活多变

新拟态风格又称新拟物风格，由此说明这种风格与乔布斯时代的苹果公司审美风格的渊源。新拟态界面元素是背景本身的一部分并从背景中挤出，如同模子里翻出的石膏一样。这赋予新拟态风格一种深度感和凹凸感。CSS代码、在线编程工具及原型设计软件均可实现这种效果。如果对比一下扁平化风格、投影风格与新拟态风格，就会发现扁平化风格就像是一张纸贴在墙面上，界面元素与背景是同一个平面，视觉层级没有特别强烈的前后关系，元素对背景依赖不大；投影风格像是纸漂浮在背景平面之上，界面元素与背景颜色关系不大；而新拟态风格则像墙面上直接凸起了一块，界面元素与背景高度统一，界面元素与背景对比度较小。此外，新拟态风格还有以下特点：①左上角亮色投影而右下角深色投影（单光源照射效果）；②常常用于按钮组件和卡片之中，而且更加适合大圆角图形；③通过凹凸隐喻按钮状态，凸出代表未选中，凹进表示已选中。如果界面元素本身与画面整体背景有区分，通过色彩就可以划分层级关系。从外观上看，新拟态融合了扁平化、投影和拟物化设计的特点，形成了独树一帜的风格（图10-13）。

新拟态设计还衍生了无色界面风格与毛玻璃界面风格。无色界面风格是指带有细线和黑白或浅色插图的无色用户界面（图10-14）。不少潮流设计师在Dribble上分享了自己的创意设计。毛玻璃界面风格也引发了设计圈的关注，其最典型的特征是毛玻璃（磨砂玻璃）效果：层次感＋鲜艳色彩＋颗粒透明度表现出半透明质感的界面风格（图10-15）。这种把阴影、透明度以及模糊背景相结合的界面风格成为当下许多科技公司的首选。毛玻璃界面风格呈现出介于玻璃和塑料板之间的质感，其表现更丰富、更立体并带有神秘感。特别重要的是，这种界面能够产生轻盈与通透的视觉感受，营造出场景的未来感，很适合传达智能科技的概念，因此成为2021年界面设计风格中的新宠。

图10-13　新拟态风格融合了扁平化、投影和拟物化设计的特点

图10-14　新拟态设计衍生的无色界面风格

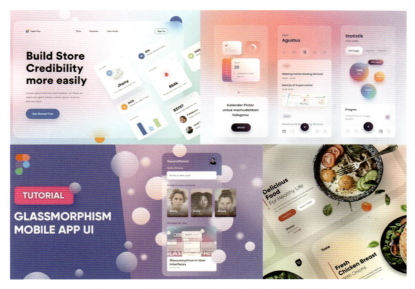

图 10-15　新拟态设计衍生的毛玻璃界面风格

10.3　界面设计原则

10.3.1　可用性十大原则

雅各布·尼尔森（Jakob Nielsen）是毕业于丹麦技术大学的人机交互学博士，也是国际用户体验研究、培训和咨询机构——尼尔森诺曼集团的联合创始人及负责人。他拥有 79 项专利，主要涉及互联网可用性、易用性的方法。尼尔森在 2000 年 6 月入选了斯堪的纳维亚互动媒体名人堂，并在 2006 年 4 月被邀请加入美国计算机学会人机交互委员会，同时获得了人机交互实践终身成就奖。他还被《纽约时报》称为"Web 易用性大师"，被《互联网周刊》称为"易用之王"。通过分析两百多个可用性问题，他于 1995 年 1 月 1 日提出了可用性十大原则，成为用户体验设计的重要参考标准。这十条可用性原则如下：

（1）状态可见原则。用户在网页上的任何操作，不论是单击、滚动还是按键，页面均应即时给出反馈。页面响应时间应该小于用户能忍受的时间。

（2）环境贴切原则。网页的一切表现和表述应该尽可能贴近用户所在的环境（年龄、学历、文化、时代背景），还应该注意使用易懂和约定俗成的表达方式。苹果智能手机所提倡的隐喻设计就是该原则的实践。

（3）撤销重做原则。为了避免用户的误用和误击，设计师应提供撤销和重做功能。

（4）一致性原则。同样的情景和环境下，用户进行相同的操作结果应该一致；不仅功能或操作应保持一致，而且系统或平台的风格、体验也应保持一致。

（5）防止出错原则。设计师通过对网页的反馈设计、提示设计防止用户出错。

（6）减轻记忆原则。又称记忆原则。设计师应该尽可能减小用户的记忆负担，把需要记忆的内容展示出来。

（7）灵活易用原则。中级用户的数量远高于初级用户和高级用户。应该为大多数用户设计，不要低估或轻视用户的感受力，保持页面灵活、高效。

（8）简约设计原则，又称易扫原则。用户浏览网页的动作不是阅读而是扫视。因此，设计师需要突出重点，弱化和剔除与页面无关的信息。

（9）容错原则。设计师需要帮助用户从错误中恢复，将损失降到最低。如果无法自动恢复，则提供详尽的说明文字和指导方向，而非代码（如404等）。

（10）帮助原则，又称人性化帮助文档。帮助文档或提示最好的方式依次是：①无需提示；②一次性提示；③常驻提示；④帮助文档。

10.3.2　界面设计的基本规律

什么是优秀的界面设计？从心理学上说，无论是手机界面还是平面广告，能够打动人心的或者说符合人性的设计就是好的设计。心理学家唐纳德·诺曼认为，体验设计就是要通过更丰富的手段解决用户的情感化诉求。格式塔心理学以及可用性十大原则都是从心理学角度分析用户体验设计的规律。综合前面所提出的设计法则，可以总结出符合人性化、情感化界面设计要求的几个基本规律。

1. 简洁化和清晰化

简洁化的关键在于文字、图片、导航和色彩的设计。近年来扁平化设计风格的流行就是人们对简洁、清晰的信息传达的追求。电商页面普遍采用了网格化和板块式布局，再加上简洁的图标、大幅面的插图与丰富的色彩，使得手机界面更为人性化。亚马逊的界面设计就是较好的范例（图10-16，左上）。从导航角度看，简洁、清晰的界面不仅赏心悦目，而且能够保证用户体验的顺畅与功能透明化（图10-16，左下、右）。

图 10-16　亚马逊和其他以简约、清晰的风格为主的界面设计

2. 熟悉感和响应性

人们总是对以前见过的东西有一种熟悉的感觉，雅各布提出的可用性十大原则表明界面设计使用户产生熟悉感有着重要的意义。在导航设计过程中，设计师可以使用一些源于生活的隐喻，如门锁、文件柜等图标，因为现实生活中，人们也是通过文件夹来分类资料的。例如，生活电商App往往会采用水果图案代表不同冰激凌的口味，这利用了人们对味觉的记忆。响应性代表了交流的效率和顺畅，一个良好的界面不应该让人感觉反应迟缓，通过迅速而清晰的操作反馈可以实现这种高效

率。例如，通过结合 App 分栏的左右和上下滑动不仅可以切换相关的页面，而且使得交互响应方式更加灵活，能够快速实现导航、浏览与下单的流程（图 10-17）。

图 10-17　手机界面上下左右滑动可以实现高效的操作体验

3. 一致性和美感

在 App 设计中保持界面一致是非常重要的，这能够让用户识别出使用的模式，便于快速学习。清晰、美观的界面会让用户有更好的体验，例如，俄罗斯电商平台 EDA 就是一个界面简约但色彩丰富的 App（图 10-18）。各项列表和栏目安排得赏心悦目。该 App 采用扁平化、个性化的界面风格，服务分类、目录、订单、购物车等页面都保持了风格一致，简约清晰，色彩鲜明。

图 10-18　简约但色彩丰富的俄罗斯电商平台 EDA

4. 高效性和容错性

高效性和容错性是软件产品可用性的基础。一个精彩的界面应当通过导航和布局设计帮助用户提高工作效率。例如，全球最大的图片社交分享网站 Pinterest（图 10-19）就采用瀑布流的导航形式，通过清爽的卡片式设计和无边界快速滑动浏览实现了高效性，同时该网站还通过智能联想将搜索关键词、同类图片和朋友圈分享链接融合在一起。一个好的用户界面不仅需要清晰，而且也要提供用户误操作的补救办法，例如，购物提交订单后弹出的提醒页面就非常重要。

10.3.3　界面体验设计要点

从心理学角度看，可以把用户对数字媒体界面的体验分为感官体验、浏览体验、交互体验、阅

图 10-19　Pinterest 通过瀑布流的导航实现了高效性

读体验、情感体验和信任体验。依据近年来国内外研究者对网站用户体验的调研,本书总结了 App 界面设计需要注意的事项(表 10-1)。

表 10-1　App 界面设计注意事项

分类	序号	App 要素	设计注意事项
感官体验	1	设计风格	符合用户体验原则和大众审美习惯,并具有一定的引导性
	2	图标设计	确保标识和品牌的清晰展示,但不占据过大的空间
	3	页面速度	确保页面打开速度,避免使用耗流量、占内存的动画或大图片
	4	页面布局	重点突出,主次分明,图文并茂,将用户最感兴趣的内容放在最重要的位置
	5	页面色彩	与品牌整体形象相统一,主色与辅助色和谐
	6	动画效果	简洁、自然,与页面相协调,打开速度快,不干扰页面浏览
	7	页面导航	导航条清晰明了、突出、层级分明
	8	页面大小	适合苹果和安卓系统设计规范的智能手机屏幕尺寸(跨平台)
	9	图片展示	比例协调,不变形,图片清晰,排列疏密适中,剪裁得当
浏览体验	10	栏目命名	与栏目内容准确相关,简洁清晰
	11	栏目层级	导航清晰,收放自如,快速切换,以 3 级为宜
	12	内容分类	同一栏目下不同分类区隔清晰,不要互相包含或混淆
	13	更新频率	确保稳定的更新频率,以吸引用户经常浏览
	14	信息版式	标题醒目,有装饰感,图文混排,便于滑动浏览
	15	新文标记	为新文章提供不同标识,吸引用户查看
交互体验	16	注册登录	注册和登录流程简洁、规范
	17	按钮设置	对于交互性的按钮必须突出,确保用户准确地点击
	18	点击提示	点击过的信息显示为不同的颜色以区分于未阅读内容
	19	错误提示	若表单填写错误,应指明填写错误并保存原有填写内容,减少重复输入
	20	页面刷新	尽量采用无刷新(如 Ajax 或 Flex)技术,以减小页面的刷新率
	21	新开窗口	尽量减少新开的窗口,设置弹出窗口的关闭功能
	22	资料安全	确保资料的安全保密,对于用户密码和资料加密保存
	23	显示路径	无论用户浏览到哪一层级,都可以看到该页面的路径
阅读体验	24	标题导读	滑动式导读标题 + 板块式频道(栏目)设计,简洁清晰,色彩明快
	25	内容推荐	在用户浏览文章的左右侧或下部提供相关内容推荐
	26	收藏设置	为用户提供收藏夹,便于对喜爱的产品或信息进行收藏

续表

分类	序号	App 要素	设计注意事项
阅读体验	27	信息搜索	在页面醒目的位置提供信息搜索框,便于查找所需内容
	28	文字排列	标题与正文明显区隔,段落清晰
	29	文字字体	采用易于阅读的字体,避免文字过小或过密
	30	页面底色	页面底色不能干扰主体页面的阅读
	31	页面长度	设置页面长度限制,避免页面过长,对于长篇文章设置分页浏览
	32	快速通道	为有明确目的的用户提供快速入口
	33	友好提示	对于每一个操作进行友好提示,以增强浏览者的亲和度
情感体验	34	会员交流	提供便利的会员交流功能(如论坛)或组织活动,增进会员感情
	35	鼓励参与	提供用户评论、投票等功能,让会员更多地参与进来
	36	专家答疑	对用户提出的疑问进行专业解答
	37	导航地图	为用户提供清晰的 GPS 指引或 O2O 服务
	38	搜索引擎	查找相关内容可以显示在搜索引擎前列
信任体验	39	联系方式	准确有效的地址、电话等联系方式,便于查找
	40	服务热线	将公司的服务热线列在醒目的地方,便于用户查找
	41	投诉途径	为用户提供投诉、建议邮箱或在线反馈途径
	42	帮助中心	对于流程较复杂的服务,帮助中心要进行介绍

10.4 界面原型工具

10.4.1 流程图与线框图

制作流程图有很多方便易用的工具。例如,在苹果 Mac 计算机上,利用苹果公司幻灯片制作软件 Keynote 就可以设计出非常漂亮的流程图、组织架构图等(图 10-20)。Keynote 最大的优势就是简洁清晰、实用性强,在功能性和易用性上做到了比较好的平衡,能够让使用者方便、快速地实现自己想要的图表效果。Keynote 还提供了智能吸附的功能,这使得制作流程图更为方便。

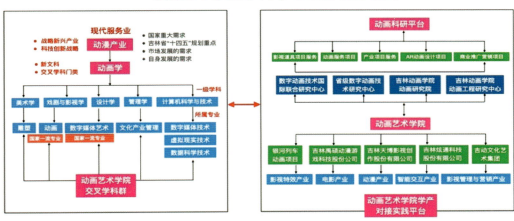

图 10-20 由 Keynote 制作的组织架构图

Axure RP 可以帮助设计师快速实现流程图和原型图的交互设计。Axure RP 无须编程，只通过控件拖曳和图形化人机交互的方式，就能够生成 App 模型。其设计原型除了可以直接在手机上体验外，也可以通过大屏幕向用户进行演示。所有的交互行为，如单击、长按、水平划屏、垂直划屏、滑动、双击、滚动、切换窗口等都可以模拟，就像运行一个真的 App 一样（图 10-21）。此外，Axure RP 还具有六大功能优势（图 10-22），如支持动态内容设计、表单内容设计、动效元素设计等功能，可以应用多个切换动画，如褪色、移动、动态旋转部件或变形部件等。该软件也支持多人协同设计。

图 10-21　Axure RP 的手机 App 原型设计界面

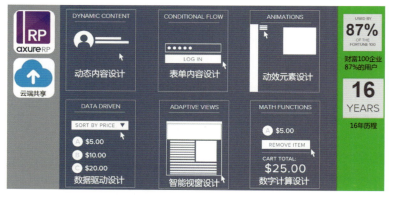

图 10-22　Axure RP 具有的六大功能优势

和 Axure RP 的设计功能类似，国内的在线 App 原型和线框图设计软件墨刀（mockingBot）也定位于向用户提供简单易用的 App 原型设计工具，并提供个人免费版和企业附加收费版。墨刀目前是万兴科技旗下在线产品设计与一体化协作平台，覆盖原型工具、设计师工具、思维导图及流程图 4 款矩阵产品，可帮助用户或团队成员快速掌握在线协作进行 App 原型设计、轻松表达设计想法、一键分享交付设计稿、便捷企业资产管理、离职交接规范化等协作功能。其注册用户已突破 200 万人，是国内首屈一指的在线 App 原型设计平台。墨刀属于轻量级 App 原型设计软件，可以直接绘制 App 原型，同时也支持设计师直接将 Axure RP 文件导入 Sketch 插件的设计稿以制作交互模型。

墨刀具有 App 原型、流程图、思维导图设计的综合功能，操作简洁，界面友好，还有多场景的手机模板，不仅降低了试错成本，也优化了设计的效率（图 10-23）。该软件提供了各种手机客户端平台组件库（包括图标、文字模板、交互模板、框架栏目模板等）（图 10-24）。该软件支持多种设备完美演示，设计师可以将作品分享给任何人，无论在 PC、手机或微信上，他们都能随时查看最新版本。设计师还可以通过开发者模式看到完整的图层信息，并支持以工作流的方式协同工作。墨刀的免费 Sketch 插件可以提升工作效率，让设计师能够更快地制作出可跳转的交互原型。

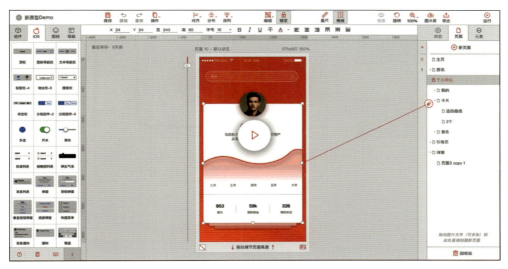

图 10-23　墨刀的 App 原型设计

图 10-24　墨刀的组件库

墨刀最大的优势就是 App 原型设计、交互设计和文档一站式解决，而且上手快捷方便，易学易用。墨刀还实现了多人协作的产品项目开发功能，包括云端协作、一键分享、信息实时同步、多版本记录、随时追溯历史等功能。墨刀也可以实现各种流程图、线框图的设计，不仅具有多款主题，而且线条简洁，绘图方便，通过各种丰富元素传达海量信息。总体来看，该软件能够实现多数 App 常用的交互功能，如上下左右滑动（图10-25）、导航跳转以及自动生成页面之间的线框图（图10-26）。特别是该软件提供了内容丰富的开发社区并有大量的模板、组件、素材可以选用（图10-27），对设计师来说可以减少重复劳动。

图 10-25　墨刀可以实现 App 常用的交互功能

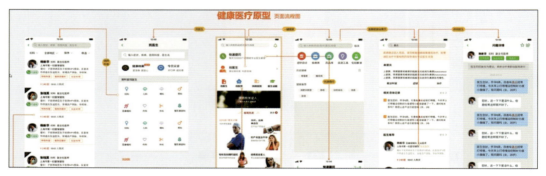

图 10-26　墨刀可以自动生成页面之间的线框图

图 10-27　墨刀内容丰富的开发社区有大量的模板、组件、素材

10.4.2 原型设计工具

2019 年，国外著名的 UXtools.co 网站对全球超过 3000 名交互设计师进行了调研——什么是 2020 年最好的用户体验 / 用户界面设计工具？结果显示 Sketch、Figma 和 Adobe XD 这 3 个软件占据了大部分市场份额（图 10-28，上）。随着移动设备的兴起和 UCD 设计理念的流行，Sketch、Figma 和 Adobe XD 成为界面交互原型设计的主导工具。10 年以前，设计师通常使用 Photoshop，有时是 Illustrator，作为创建网站和应用程序原型的工具。随后 Sketch 异军突起并成为无数用户体验 / 用户界面设计师的首选原型设计工具。虽然 Sketch、Figma 和 Adobe XD 占据了前 3 位，但这并不意味着没有其他出色的原型设计工具。根据效率、性能、易用性、兼容性、价格以及合作性等指标，UXtools.co 网站推荐了交互设计师需要了解或掌握的 10 个软件工具（图 10-28，下）。作为一名设计师，在选择正确的工具时，需要问自己和团队需要解决哪些痛点问题。

图 10-28　用户体验 / 用户界面设计工具排行榜及十大原型设计工具

这些用户体验 / 用户界面设计工具有各自的特点。例如，Figma 以支持远程协作和团队项目见长；Sketch 具有更好的成熟度和大量的插件，能够快速实现设计师的个性化需求；InVision 不仅可以多人合作在线编辑，而且支持动画特效；Balsamiq 可以提供简捷、高效的手绘风格流程图与线框图；Adobe XD 最大的强项就是软件的速度与效率，同时 Adobe 平台的资源分享与免费的模板也成为吸引设计师的手段。从目前来看，市场上并没有一个能够包罗万象并满足各种需求的交互原型设计工具。因此，设计师必须从工作实际出发，思考产品原型所要呈现的功能与交互特征（界面风格、线框图、动效、交互性、嵌套组件等），并根据任务要求选择相应的交互原型设计工具。

在为 10 款交互原型设计工具中，InVision、Origami 和 Balsamiq 各具特色，并有一定的市场占有率。InVision 最大的优势在于能够无缝地与 Sketch 和 Adobe XD 链接，允许设计师自由地设计、测试并与开发人员和其他团队成员共享结果。这个产品最突出的优点是它的项目协作功能，它允许所有用户提供反馈、做笔记并实时看到产品的变化。InVision 还提供了一项完整的手机 App 原型演示功能，能够直接在手机上模拟 App 原型产品的交互操作以及页面动效。InVision 可以快速设计界面草图、线框图和高保真原型（图 10-29，左上）。Origami 是由 Facebook 设计团队精心打造的一款用于界面设计的免费交互原型设计工具。该工具最大的亮点是 Patch 编辑器，允许用户在原型中添加交互动效和触控行为。该工具也是 Sketch 的完美伴侣，用户可以从 Sketch 复制任何内容或图层粘贴到 Origami 中（图 10-29，右上）。Balsamiq 可以提供简捷、高效的手绘风格线框图与流程图。作为一款原型设计和线框图工具，设计师可以利用该工具创建 Web 和 App 原型并分享给客户（图 10-29，左下）。Marvel app 也是海外知名度较高的一款在线平台的原型设计协作工具，支持 Photoshop 和 Sketch 设计稿导入为交互原型，也支持中等保真度的设计（图 10-29，右下）。

图 10-29　常用的 4 款交互原型设计工具

根据 UXtools 针对全球界面设计师的年度问卷调查显示，Figma 在 2018 年异军突起，成为线框图和界面设计项目第二名，并荣登 2019 年最令人期待的设计工具。Figma 以支持远程协作和团队项目为长项，它能同时让设计团队协同工作，允许多人同时查看和编辑同一个文件，这是近年来界面设计工具最独特的功能之一（图 10-30，上）。Figma 是一个基于浏览器的工具，不仅可以跨平台协作，而且可以直接显示完整的流程图与智能动画。该软件还提供了大量的插件（图 10-30，下），大大减轻了界面设计师的工作强度。实际上，Sketch、Figma 和 Adobe XD 这 3 个软件的操作与功能非常相似。这意味着如果设计师熟悉了其中一种工具，那么当操作另一种工具时，就会发现以前积累的大部分知识和技能都可以转移过来。

10.4.3　Adobe XD 界面设计

Adobe XD 是一站式用户体验/用户界面设计平台，在这款产品上，用户可以进行移动应用和网页设计与原型制作。同时它也是一款结合了交互设计与原型制作功能，并同时提供工业级性能的跨平台设计产品。设计师使用 Adobe XD 可以高效、准确地完成静态编译或者从线框图到交互原型的转换。同时，Adobe XD 还提供了基于手机端的版本，可以支持交互浏览或分享等功能。在 Adobe XD 中，设计师可以直接创建交互式动态原型（图 10-31）并投射到其他屏幕（如手机）上与他人共享。Adobe XD 是国内普遍采用的原型设计工具。

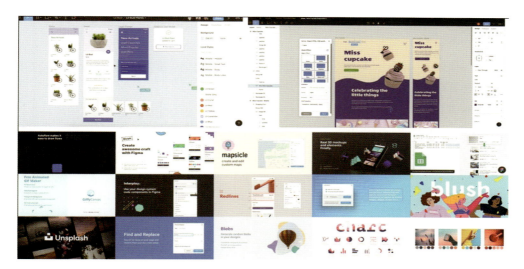

图 10-30　原型设计热门软件 Figma 的界面与插件

图 10-31　Adobe XD 官网下载页面

XD 设计的基本步骤如下：

（1）确定设计目标和用户需求。首先了解设计目标和目标受众的需求是非常重要的。这有助于确定设计的方向、主题和功能。

（2）创建草图。在开始创建高保真设计原型之前，可以先通过手绘或低保真工具创建草图，快速地捕捉和试验设计想法。

（3）创建画板并组织页面布局和元素。该步骤就是第 9 课中的框架层内容。

（4）添加设计元素。在创建画板和布局之后，就可以开始添加设计元素，如文本、图像、按钮、图标、表格等（图 10-32，上）。色彩设计、字体、图标与导航元素设计是重点。

（5）设计交互和动画。在设计元素添加完成后，可以开始设计交互和动画，以增强用户体验。

例如，添加按钮点击效果、页面切换效果、页面滚动效果等（图10-32，下）。第（4）步与本步属于交互设计的表现层。

（6）可以使用Adobe XD内置的共享功能将设计分享给团队成员、客户或其他利益相关者。这有助于收集反馈和进行迭代。

总体来说，Adobe XD是一个功能强大的界面设计工具，具有丰富的功能和易用的界面，可以帮助设计师更快、更高效地完成用户体验设计。

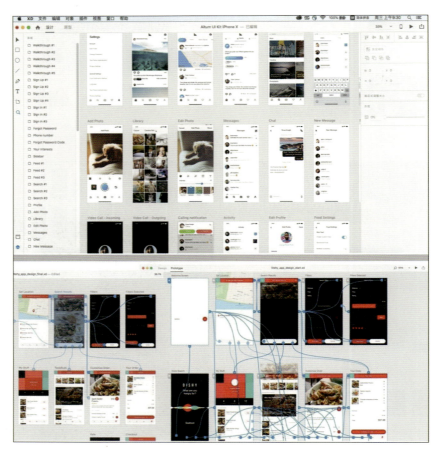

图10-32　使用Adobe XD添加设计元素以及设计交互和动画

Adobe XD的语音识别功能也是该软件的特色之一（图10-33，上）。语音一直被公认为是最自然流畅、方便快捷的信息交流方式。在日常生活中，人类的沟通大约有75%是通过语音完成的。研究表明，听觉存在许多优越性，如听觉信号检测速度快于视觉信号检测速度，人对声音随时间的变化极其敏感，听觉信息与视觉信息相结合可使人获得更为强烈的存在感和真实感，等等。因此，听觉交互是人与计算机等信息设备进行交互最重要的信息通道，它与人脸识别、手势识别等新技术一起成为下一代用户体验交互的主要突破方向之一。语音识别是一种赋能技术，可以把费脑、费力、费时的机器操作变成一件很容易、很方便的事，在许多无法动手操作的场景中，利用语音功能更加方便人的工作和生活。除了语音识别模块外，Adobe XD的其他创新还包括拖曳交互、响应式调整大小和自动动画等功能（图10-33，下）。前两者会自动调整画板上的对象组以适应不同的屏幕，自动动画功能则使得页面之间的过渡更具想象力和丰富性（如缓入、延迟或缓出等），由此可以提升人机交互的自然性与情感性。

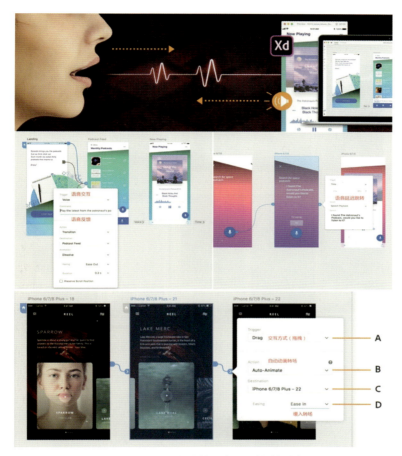

图 10-33　Adobe XD 软件的语音识别和其他创新功能

10.5　列表与宫格设计

　　目前智能手机界面与内容布局逐步走向成熟和规范化。其导航设计方式包括列表式、宫格式、标签式、平移或滚动式、侧栏式、折叠式、图表式、弹出式和抽屉式等。在实际的设计中，可以像搭积木一样组合不同的版式完成复杂的界面设计，例如，手机顶部或底部导航可以采用标签或布局，而主面板采用陈列馆式布局。设计师除了要考虑用户类型外，还要考虑信息结构、重要层次以及数量上的差异，提供最适合的布局，以增强产品的易用性和交互体验。目前，谷歌的安卓材质设计和苹果的 iOS 界面设计都有规范设计手册，为设计师提供了设计指南。

　　列表式是最常用的手机界面布局之一（图 10-34）。手机屏幕一般是列表竖屏显示，文字或图片横屏显示。竖排列表可以包含比较多的信息，列表长度可以没有限制，通过上下滑动可以查看更多内容。竖屏列表在视觉上整齐美观，用户接受度很高，常用于并列元素的展示，包括图像、目录、分类和内容等，其优点是层次展示清晰，视觉流线从上向下，浏览体验快捷。竖向多屏设计也是电商促销广告的主要方式。为了避免列表菜单布局过于单调，许多界面也采用了列表式＋陈列式的混合式设计。电商的产品与服务主页通常采用顶部大图＋列表的布局，列表部分通常采用大图＋分类图标＋大图＋分类图标……的循环布局。

图 10-34　列表式是最常用的手机界面布局之一

宫格式布局是手机界面最直观的方式，可以用于展示商品、图片、视频和弹出式菜单（图 10-35）。同样，这种布局也可以采用竖向或横向滚动式设计。宫格式采用网格化布局，设计师

图 10-35　宫格式布局

可以整齐排列这些网格，也可根据内容的重要性采用不规则排列的形式。宫格式设计的优点不仅在于同样的屏幕可放置更多的内容，而且更具有流动性和展示性，能够直观展现各项内容，方便浏览和更新相关的内容。在手机导航中，宫格式是非常经典的设计布局。其展示形式简单明了。当元素数量固定不变为 8、9、12、16 时，则适合采用宫格式布局。宫格式布局也可以和标签式布局相结合，使得界面的视觉效果更丰富（图 10-36）。标签的导航按钮项数量为 3~5 个，大部分放在底部，而宫格式布局可以通过左右滑动切换到更多的界面。标签式布局适合分类少及需要频繁切换操作的

App，而宫格式布局或陈列馆式布局适合选项更多的 App。

图 10-36　宫格式布局与标签式布局相结合

宫格式布局会使用经典的信息卡片和图文混排的方式进行视觉设计（图 10-37，上）。同时也可以采用不规则的宫格式布局，实现"照片墙"的设计效果。信息卡片和界面背景分离，使宫格更加清晰，同时也可以丰富界面设计。瀑布流布局在图片或作品展示类网站 Pinterest（图 10-37，下）设计中

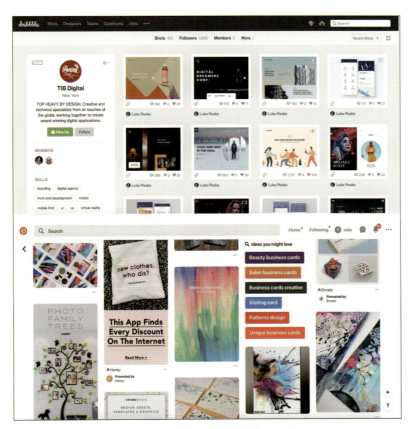

图 10-37　宫格式布局和瀑布流布局

得到应用。瀑布流布局的主要特点是通过展示的图片让用户身临其境，而且是非翻页的浅层信息结构，用户只需滑动界面就可以一直向下浏览，而且每个图像或者宫格图标都有链接可以进入详情页面，方便用户查看所有的图片。宫格式布局的优点是信息传递直观，极易操作，在丰富页面的同时展示的信息量较大，是图文检索页面设计中最主要的设计方式之一。但其缺点在于信息量大，浏览式查找信息效率不高，因此许多宫格式布局也结合了搜索框、标签栏等弥补这个缺陷。

10.6　侧栏与标签设计

　　侧滑式布局也称作侧滑菜单，是一种在移动页面设计中频繁使用的用于信息展示的布局方式。受屏幕宽度限制，手机单屏可显示的内容较少，但可通过左右滑动屏幕或点击箭头查看更多内容。这种布局比较适合元素数量较少的情况，当需要展示更多的内容时可采用竖向滚屏的设计。侧滑式布局的最大优势是能够减少界面跳转并且信息延展性强。该布局方式也可以更好地平衡页面信息广度和深度之间的关系。

　　折叠式布局也叫风琴式布局，常见于二级结构（如树状目录），用户通过侧栏可展开二级内容（图10-38）。侧栏在不用时是可以隐藏或折叠的，因此可承载比较多的信息，同时保持界面简洁。折叠式布局不仅可以提高操作效率。而且在信息架构上也显得清晰。此外，设计师还可以增加一些新颖的交互转场效果，如折纸效果、弹性效果、翻页动画等，让用户在检索信息的同时感受到页面转换的丰富性和趣味性。

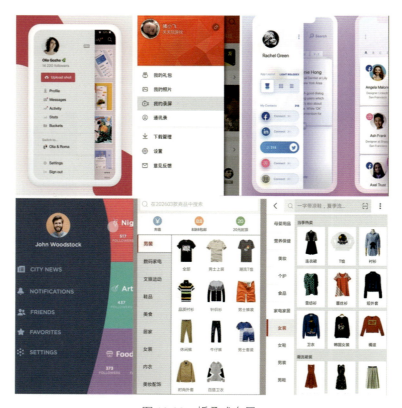

图10-38　折叠式布局

标签式布局又称选项卡式布局，是一种从网页到手机界面设计都会用到的布局方式之一，其优点是对界面空间的重复利用率高，所以在处理大量同级信息时，设计师就可以使用标签式布局。尤其是在手机界面设计中，标签式布局更能够真正发挥其寸土寸金的效用。图片或作品展示类应用（如Pinterest）就提供了颜色丰富的标签，淘宝App同样在顶栏设计了多个标签（图10-39，上）。电商往往需要展示大量的分类信息，标签栏如同储物盒子一样将信息分类放置，使得产品分类清晰化和条理化。此外，从用户体验来讲，菜单式布局往往会比较长（3~4个滚动页面），当从上到下快速浏览页面时，就成为走马观花式浏览。利用标签式布局可以很好地解决这样的问题，为信息传递和页面长度之间的矛盾提供了一个有效的解决方案。

此外，弹出菜单或弹出框也是手机布局常见的方式。这种方式可以把内容隐藏，仅在需要的时候才弹出，从而节省屏幕空间并带给用户更好的体验。这种方式常用于下拉弹出菜单、广告、地图、二维码信息等（图10-39，下）。但由于弹出菜单和弹出框显示的内容有限，所以只适用于特殊的场景。

图10-39　标签式布局和弹出式布局

10.7　平移或滚动设计

平移式布局主要是通过手指横向滑动屏幕查看隐藏信息的一种交互方式，是移动界面中比较常见的布局方式。2006年，微软公司设计团队首次在Windows 8的界面中引入了这种设计方式并称之为"城市地铁标识风格"（Metro Design）。这种设计方式强调通过良好的排版、文字和卡片式的信息结构吸引用户。微软公司将该设计方式视为时尚、快速和现代的视觉规范，并逐渐被苹果 iOS 7 和安卓系统所采用。使用这些设计方式最大的好处就是创造色彩对比，可以让设计师通过色块、图片上的大字体或者多种颜色层次创造视觉冲击力。对于手机界面设计来说，由于交互方式不断优化，用户越来越追求页面信息量的丰富和良好的操作体验之间的平衡，平移式布局不仅能够展示横轴的隐藏信息，从而有效地扩充了手机屏幕的容量，而且使得用户的操作变得更加简便。

智能手机屏幕尺寸容纳信息有限，以三星 S8+ 为例，屏幕为 6.2in，分辨率为 1440×2960 像素。因此，如果需要同时呈现更多的信息，除了在纵向区域借助滑动或滚动分屏浏览外，设计师采用平移式布局，可以通过横向延展手机屏幕呈现更多的信息，有效地提高了屏幕的使用效率。这种设计风格可以降低页面的层级，使得用户操作有更流畅的体验。苹果 iOS 10 和安卓系统都支持平移式布局的左右滑动。在设计平移式布局时，设计师可以采用卡片式设计，例如旅游地图的设计就可以采取左右滚动的方式进行浏览（图 10-40，左上）。对于一些需要快速浏览的信息，如广告图片、分类信息图片和定制信息等，采用平移式布局增强了信息的丰富性和流畅感。平移式布局一般以横向 3~4 屏的内容最为合适，这些图标或图片可以通过用户双击、点击等方式跳转到详情页，实现浏览、选择与跳转的无缝衔接。此外，设计师还可以借助圆角以及投影等效果，让用户体验更加优化（图 10-40，左下及右上）。苹果手机的图片圆角大小建议控制在 5 像素以内，安卓系统的卡片的圆角大小为 3 像素即可。

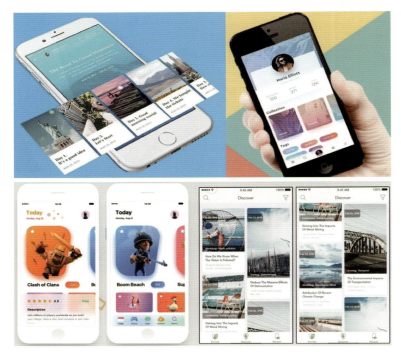

图 10-40　采取左右滚动方式的 App 界面设计

10.8　图文要素的设计

无论是网页设计还是 App 设计，其页面的组成要素均包含 4 个方面：文案（标题与信息文字）、商品/模特、背景（颜色或图案）和装饰点缀物（花边或植物）。其中无论是排版还是图文处理都有一定的规律性。阿里智能设计实验室在 2016 年推出的电商广告自动创意平台"鹿班"就是参考了通栏设计的思路。通栏设计有 3 个问题非常重要：整体画面的气氛是否得当？各设计元素之间的层级关系是否准确和清晰？是否考虑了通栏广告投放的环境？例如，在"双 11 淘宝节"或者周年庆/节假日促销等商家活动期间，为了表现热闹红火的喜庆气氛，除了画面形式比较活泼或者突出动感以外，通栏广告经常采用大面积的红橙暖色渲染热闹氛围，让人感觉喜庆或者兴奋（图 10-41，左）。在夏季主题、开学主题和校园主题等彰显年轻活力的促销场合，设计师采用色彩丰富、饱和靓丽（主色调可以多达四五种）的广告就更为合适。在这种场景的通栏设计中，很重要的一点就是善用大面积的高纯度色彩衬托模特，如聚划算打出的一系列广告（图 10-41，右）就以青春靓丽的女生为主体，并通过动感字体、高纯度色彩背景体现大学生的群体形象。这种界面设计借鉴了街头文化与混搭风格，不仅显得年轻可爱，而且又带有一点特立独行、酷与不羁的味道。

图 10-41　年货促销通栏广告设计和校园潮牌广告设计

家庭产品（如化妆品、日用品）针对的群体属于知性的上班族群体，广告往往采用大面积留白，给人以素雅的感觉，模特+产品更强调舒心的气氛，文字与背景能够给以清新自然美的感觉。通栏设计通常以产品或模特为主或者以活动标题（文字）为主，而背景图案和点缀物往往是配角。以圣诞节促销为例，其界面设计将标题和主题图像（如圣诞树）组合成视觉中心（图 10-42，左），同时结合圣诞节的红绿色彩对比使标题更加醒目。而一款以家庭产品为主的通栏广告则以模特为主角，并通过留白或者大小对比的方式让商品和模特更加醒目（图 10-42，右），蝴蝶、花卉的点缀以及自然景观的衬托形成更丰富的视觉效果，使得清新自然的商品形象更加深入人心。近年来，通栏广告设计的插画风格也非常流行（图 10-43）。这种广告不仅更加清晰美观，而且手机屏幕空间利用率更高，其视觉效果能够吸引更多的用户关注。

图 10-42 节日促销的图形设计和家庭产品的通栏广告设计

图 10-43 带有插画风格的通栏广告设计

在界面设计中，字体、排版、动效、音效和适配性五大因素可谓"一个都不能少"。在进行设计时，需要考虑具体的应用场景和传播对象，从用户角度出发，思考什么样的页面会打动用户。对于手机界面设计来说，淘宝网设计师给出的公式是：满分的设计=25%的选材+25%的背景+40%的文案设计+10%的营造氛围，这可以成为设计师借鉴的指南。页面设计除了采用明亮的颜色和清晰的版式外，大幅照片与别具一格的标题也是必不可少的设计元素（图10-44）。总体来说，界面设计是一个相对复杂的设计过程，不仅需要设计师具备丰富的设计知识和技能，熟练掌握各种设计工具和技术，而且需要设计团队的协同与配合。多参考以往设计师的成功案例，并通过实践不断总结经验，是交互设计师成功的不二法门。

图 10-44　大幅照片和别具一格的标题是重要的设计元素

本课学习重点

开发一个能够吸引用户的 App 或网站需要具备许多条件，拥有美观的用户界面设计与出色的用户体验二者缺一不可。本课在第 9 课中介绍的用户体验设计基础上，对用户界面设计的方法、原则、历史、风格以及软件工具进行深入讲解（参见本课思维导图）。读者在学习时应该关注以下几点：

（1）什么是用户界面设计？它与用户体验设计的关系是什么？

（2）从事交互界面设计的岗位需要哪些知识和技能？

（3）数字产品的界面风格可以分为几个阶段？每个阶段的特点是什么？

（4）雅各布·尼尔森提出的可用性十大原则是什么？

（5）用户界面设计应该遵循哪些原则或方法？为什么？

（6）如何借助网络资源或人工智能获得界面设计的最新知识？

（7）界面设计的路线图是什么？其中包括哪些重要的节点？

（8）用户对界面的体验可以分为几类？每一类的设计要点是什么？

（9）哪些软件可以实现流程图与线框图的设计？

（10）比较原型设计工具 Axure RP 与墨刀的优缺点？

（11）目前国际上最常用的交互原型设计软件有哪些？

（12）说明 Adobe XD 软件在交互设计上的优势。

（13）网页图文设计有哪些要素？应该遵循哪些设计原则？

本课学习思维导图

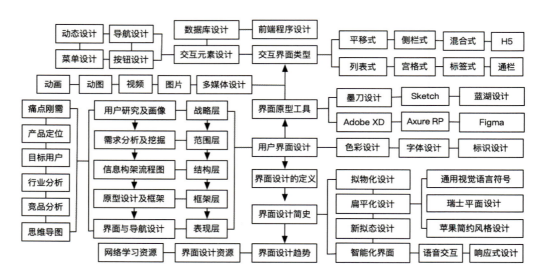

讨论与实践

思考以下问题

（1）举例说明用户体验设计与用户界面设计的联系与区别。

（2）举例说明优秀的用户界面设计风格包含哪些特点？

（3）手机界面的常见布局有哪几种？如何创新界面风格？

（4）界面设计有哪些基本原则？这些原则与可用性设计原则有何联系？

（5）举例说明界面风格发展的主要趋势并说明其原因。

（6）什么是新拟态界面设计风格，其优点和缺点有哪些？

（7）扁平化设计的优势有哪些？说明其主要规范。

小组讨论与实践

现象透视：仪表板设计是信息设计与界面设计的重要领域，其重点在于数据可视化与控件清晰化。数字仪表板设计广泛应用于汽车导航、智能家居和工业控制领域。苹果公司针对仪表板设计制定了一系列规范（图10-45）。

图10-45　苹果公司简约风格的仪表板设计

头脑风暴：调研国产新能源汽车（如比亚迪）的仪表板，思考其设计风格和传统燃油汽车仪表板在功能与界面外观上的区别并说明其理由。

方案设计：通过小组设计实践，利用 Photoshop 和 Illustrator 设计一个手机智能化家居管理 App 的导航条、菜单栏、按钮、图表和信息栏（如温度、湿度）。要求界面元素风格一致，功能标志简洁、清晰、明确、美观、可用性强。

练习与思考

一、名词解释

1. 界面设计

2. 新拟态设计

3. 响应式设计

4. 瑞士平面设计

5. 通栏设计

6. 雅各布·尼尔森

7. 标签式布局

8. 流程图

9. 瀑布流布局

10. Adobe XD

二、简答题

1. 列表归纳和总结手机界面的类型与风格。

2. 界面风格的发展可以分为几个阶段？每个阶段的特点是什么？

3. 如何借助网络资源或人工智能获得界面设计的最新知识？

4. 举例说明什么是扁平化设计和新拟态设计。

5. 网页图文设计有哪些要素？应该遵循哪些设计原则？

6. 界面设计的路线图是什么？其中包括哪些重要的节点？

7. 从事交互界面设计的岗位需要哪些知识和技能？

8. 用户对界面的体验可以分为几类？每一类的设计要点是什么？

9. 为什么进行界面设计需要掌握视觉心理学知识？

三、思考题

1. 为什么手机界面的列表式与宫格式设计最为普遍？

2. 早期的拟物化设计与今天的新拟态设计之间有何异同？

3. 目前国际上最常用的交互原型设计工具有哪些？

4. 哪些交互原型设计工具市场占有率比较高？为什么？

5. 哪些软件可以进行流程图和线框图设计？

6. 比较原型设计工具 Axure RP 与墨刀的优缺点。

7. 时尚风格（如建筑）的发展趋势是什么？与技术发展有何联系？

8. 如何对手机 App 或网页设计原型进行可用性测试？

9. 与传统界面设计比较，网络游戏界面设计有何特点？

第 11 课

虚拟现实技术

11.1 虚拟现实的基本概念
11.2 虚拟现实的技术特征
11.3 虚拟现实系统的组成
11.4 虚拟现实系统的分类
11.5 增强现实技术
11.6 虚拟现实职业标准
11.7 虚拟现实课程体系
本课学习重点
讨论与实践
练习与思考

11.1 虚拟现实的基本概念

虚拟现实（Virtual Reality, VR）技术是涉及计算机图形学、人机交互技术、传感技术、人工智能等技术的集视觉、听觉、触觉为一体的交互式虚拟环境（图 11-1）。用户借助数据头盔显示器、数据手套、数据衣等数据设备与计算机进行交互，得到与真实世界极其相似的体验。根据《中国虚拟现实应用状况白皮书 2018》发布的中国虚拟现实产业地图，我国涉及虚拟现实技术的重点企业数量达 500 家。2019 年第一季度，我国虚拟现实头盔显示设备出货量接近 27.5 万台，同比增长 17.6%。另据 2019 年《虚拟现实产业发展白皮书》预计，中国虚拟现实市场规模到 2023 年将超过 1000 亿元。虚拟现实产业与 5G、人工智能、大数据、云计算等前沿技术不断融合创新发展，进一步促进了虚拟现实技术的应用落地，催生了 5G+VR/AR、人工智能 +VR/AR、数据云 +VR/AR 等新业态和服务。VR/AR 混合现实技术将自然语言识别、机器视觉等人工智能技术融入行业解决方案，从而为教育、医疗、设计、装配、零售等行业带来更深入的人性化体验。

图 11-1　虚拟现实技术打造集视觉、听觉、触觉为一体的交互虚拟环境

在过去的 30 多年中，人们对于虚拟现实的探索经历了从科幻小说、军事工程、电影、3D 立体视觉到沉浸式体验的多个阶段，由此不断深化了对这种技术的认识。早期的虚拟现实还是文学中的模糊幻想。1932 年，英国著名作家阿道司·赫胥黎（Aldous Huxleuy）在《美丽新世界》中以 26 世纪为背景描写了未来社会人们的生活场景。书中提到，头戴式设备可以为观众提供图像、气味、声音等一系列感官体验，以便让观众能够更好地沉浸在电影的世界中。这可以说是对虚拟现实最准确的描述。1981 年，美国数学家和科幻小说家弗诺·文奇（Vernor Vinge）在其小说《真名实姓》中首次具体设想了虚拟现实所创造的感官体验，包括虚拟的视觉、听觉、味觉、嗅觉和触觉等。他还描述了人类思维进入电脑网络，在数据流中任意穿行的自由境界。1984 年，著名科幻小说家威廉·吉布森（Willian Gibson）在《神经漫游者》里，将未来世界描绘成一个高度技术化的世界，裸露的天空是一块巨大的电视屏幕，各种全息广告被投射其上，仿真之物随处可见。世界真假难辨，虚幻与真实的界限已经模糊，而人们可以直接将大脑接入虚拟世界。1992 年，美国科幻小说家尼尔·斯蒂芬森（Neal Stephenson）出版了第一部以网络人格和虚拟现实为特色的赛伯朋克小说《雪崩》。2002 年，电影《少数派报告》描绘了 2050 年的虚拟现实，由汤姆·克鲁斯所扮演的未来警官通过手势和虚拟 3D 投影与远程的妻子进行跨时空交流。从沃卓斯基兄弟的《黑客帝国》（1999 年）到斯皮尔伯格的《头号玩家》（2018 年，图 11-2）和《失控玩家》（2020 年），电影中的各种虚拟现实场景展示了一个个全新的科幻世界，并带给人们极为深刻的情感体验。

图 11-2　电影《头号玩家》电影画面和宣传海报

虽然早在 1989 年，美国 VPL 公司创始人杰伦·拉尼尔（Jaron Lanier）就提出了虚拟现实的概念并通过一个头戴式设备打开了通向虚拟世界的大门，但是当时这个头盔显示器要 100 万美元，这个价格根本无法创造消费市场。30 多年以后，智能手机和 5G 高速网络（预计可以达到 1Gb/s 的实际带宽）推动了虚拟现实技术的提升以及成本的下降，这对高清虚拟现实视频的传输是极大的利好。传统虚拟现实头盔让人晕眩，最主要的原因在于计算与传输能力的瓶颈。得益于专业人工智能芯片和人工智能空间定位算法加上 5G 带来的延时下降，晕眩问题可望能够最终得到解决。随着虚拟现实清晰度的提升以及体验感的增强，将会引起 VR 视频行业的质变。届时，可能各种虚拟现实直播会兴起，人们不再满足于观看各种平面内容，而是沉浸于全景视频的体验中。

2020 年，基于虚拟现实的游戏《半衰期：爱莉克斯》（*Half-Life: Alyx*）成为虚拟现实体验走向真实化的里程碑（图 11-3）。当有怪物向你扑来，你会像现实生活中一样，很自然地举起椅子把怪物隔开。指虎型手柄控制器的设计提供了可识别单个手指动作的功能，现实里手怎么动，游戏里的"手"就怎么动。这些技术为虚拟现实用户走向自然体验和自然交互开启了大门。通过虚拟现实技术，人们可以体验跨越时空、俯视大海、穿越太空的感觉。虽然摘下设备之后，我们可能不记得看到了什么，但是那种经验却是难以忘怀的，这就是虚拟现实的力量。虚拟现实技术通过虚拟世界的社区构建产生了现场的幻觉。我们在虚拟世界中与他人分享经验。虽然这些人是"数字替身"，但是我们却能真切地感受到他们的存在。随着虚拟现实技术的发展，未来人们的工作、学习与生活将会逐渐远程化，在线工作、在线教育与在线社交会成为常态。距离的消失将意味着人类社会运转方式的一次变革。从交通业、房地产业到旅游业，都会产生各种各样新的挑战。同时，新的体验需求会推动科技与艺术更高层次的融合，成为体验设计发展新的机遇。

图 11-3　虚拟现实游戏《半衰期：爱莉克斯》

11.2 虚拟现实的技术特征

作为当代尖端科技的代表，虚拟现实技术融合了数字图像处理、计算机图形学、多媒体技术、计算机仿真、传感器、显示和网络等多种信息技术，是一种由计算机生成的无缝仿真模拟系统。虚拟现实技术生成的视听环境是全面、立体的，人机交互更为和谐友好，由此改变了人与计算机之间枯燥、生硬和被动式的交互。因此，目前虚拟现实技术已经成为计算机领域备受人们关注及研究、开发与应用的热点，也是目前发展最快的一项多学科综合技术。虚拟现实是由英文 virtual reality 翻译而来的。virtual 说明这个世界或环境是虚拟的、不真实的或仿真的，是存在于计算机内部的；而 reality 则是现实的意思，意味着带给人类感官的体验是现实世界的或现实环境的。国内也有人virtual reality 将译为灵境，灵境是虚幻之所在；也有人译为幻真、临境。这些译名都说明虚拟现实是人工创作的，由计算机生成的并存在于计算机内部的环境。用户可以通过自然的方式进入此环境并与周围事物进行交互，从而产生身处真实环境的体验。

在虚拟现实系统中，计算机生成的三维虚拟世界或人机交互环境通常包括 3 种情况：第一种情况是对真实世界中的环境进行再现，如虚拟小区、虚拟博物馆（图 11-4，左）、虚拟实验室等，这种真实环境已经存在或者已经设计好但尚未建成；第二种情况是完全虚拟的环境，如电子游戏中借助三维动画展现的世界（图 11-4，中）；第三种情况是对真实世界中人类不可见的现象或环境进行科学仿真，如生物细胞环境、分子结构和各种物理现象等（图 11-4，右），虽然这种环境是真实的和客观存在的，但是受到人类感官的限制无法看到，可以利用计算机进行仿真，由此实现科学研究内容的可视化。

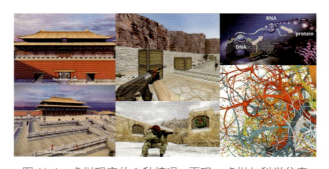

图 11-4　虚拟现实的 3 种情况：再现、虚拟与科学仿真

虚拟现实技术被定义为用计算机技术生成一个逼真的三维视觉、听觉、触觉或嗅觉的感官世界。用户可借助一些专业传感设备（如传感头盔、数据手套等）完全融入虚拟空间，成为其中的一员，实时感知和操作虚拟世界中的各种对象，从而获得置身于相应的真实环境中的现场感和沉浸感。这个虚拟世界包含 3 层含义：

（1）环境。虚拟现实强调环境，而不是数据和信息。简言之，虚拟现实不仅重视文本、图形、图像、声音、语言等多种媒体元素，更强调综合各种媒体元素形成的环境效果。

（2）主动式交互。虚拟现实强调的交互方式是通过专业的传感设备实现的，用户可以由视觉、听觉、触觉通过头盔显示器、立体眼镜、耳机以及数据手套等感知和参与。

（3）沉浸感。虚拟现实强调的效果是沉浸感，也就是使人产生身临其境的感觉。

因此，虚拟现实具有 3 个突出的特性：沉浸感（Immersion）、交互性（Interactivity）和构想性

(Imagination），称为 I^3 特性（图11-5）。

（1）沉浸感是虚拟现实最重要的技术特征，是指用户借助交互设备和自身的感觉系统置身于虚拟环境中所感受到的真实程度。理想的虚拟环境应该使用户难以分辨真假，使用户全身心地投入到计算机创建的三维虚拟环境中。在现实世界中，人们通过视觉、听觉、嗅觉、味觉与触觉实现感知。所以，在理想的状态下，虚拟现实技术应该具有人所具有的一切感知功能。即虚拟现实的沉浸感不仅可以通过人的视觉和听觉感知，还可以通过嗅觉和触觉等多维度地感知。例如，视觉设备需具备分辨率高、画面刷新频率快的特点，并提供具有双目视差、覆盖人眼可视的整个视场的立体图像；听觉设备能够模拟现实中的各种声音，并能根据人耳的机制提供可以判别声音方位的立体声；触觉设备能够让用户体验抓握等操作的感觉，并能够提供力反馈，让用户能够感受到力的大小和方向；等等。

图11-5　虚拟现实I^3特性：沉浸感、交互性与构想性

（2）交互性是指用户通过专门的输入输出设备实现与虚拟事物的自然交流。虚拟现实技术借助传感设备（头戴式显示器、耳机、数据手套等），让用户能够使用语言、身体的运动等对虚拟环境中的对象进行操作，而且计算机能够根据用户的头、手、眼、语言及身体的运动调整系统呈现的图像及声音。例如，用户可以用手直接抓取虚拟环境中的虚拟物体，不仅有握着物体的感觉，并能感觉物体的重量，视场中被抓取的物体也能立刻随着手的移动而移动。

（3）构想性又称创造性，是虚拟世界的起点。设计者发挥想象力构思和设计虚拟世界并体现出设计者的创造思想。采用虚拟现实技术进行仿真不仅简明生动、一目了然，而且能够充分调动用户的五感，使他们能够全身心感受设计者的意图与设计思想，所以有些学者称虚拟现实技术为放大人们心灵的工具或人工现实（artificial reality）。虚拟现实的I^3特征说明了虚拟现实不仅是对现实世界三维空间和一维时间的仿真，而且是对自然交互方式的模拟。具有I^3特性的完整的虚拟现实系统不仅让人获得身体上完全的沉浸感，而且精神上也是完全投入其中的。

11.3　虚拟现实系统的组成

虚拟现实技术是融合了计算机图形学、人工智能、传感器和网络等技术的综合性技术。虚拟现实系统主要由专业图形处理计算机、输入设备输出设备和数据库应用软件系统组成。

计算机在虚拟现实系统中处于核心地位，是系统的"心脏"和虚拟现实的"引擎"，主要负责从输入设备中读取数据，访问与任务相关的数据库，执行任务要求的实时计算，从而实时更新虚世界的状态,并把结果反馈给输出设备。虚拟世界是一个复杂的场景,需要实时刷新媒体数据,这对计算机的配置提出了极高的要求。目前,虚拟现实系统中的计算机往往采用高端图形加速卡以满足虚拟现实的实时绘制能力的需求。

输入设备是虚拟现实系统的输入接口,其功能是通过传感器检测用户的输入信号并输入计算机。输入设备除了包括传统的鼠标、键盘外,还包括用于手姿输入的手柄控制器、数据手套(图11-6)、身体追踪器、语音交互的麦克风等,以实现多个感觉通道的交互。

图 11-6 虚拟现实的手柄控制器与数据手套

输出设备是虚拟现实系统的输出接口,提供对输入信号的反馈。由计算机生成的信息通过传感器传给输出设备,输出设备将这些信息转换为不同的感觉通道(视觉、听觉、触觉)信号反馈给用户。输出设备除了包括虚拟现实头戴式显示器(如 Oculus Rift 或 HTC Vive)外,还包括声音反馈的立体声耳机、力反馈的数据手套以及大屏幕立体显示系统等。

数据库用来存放整个虚拟世界中所有对象模型的相关信息。在虚拟世界中,场景需要实时绘制,大量的虚拟对象需要保存、调用和更新,所以需要利用数据库对对象模型进行分类管理。

虚拟现实的应用软件系统是实现虚拟现实技术应用的关键,提供了工具包和场景图,主要完成以下任务:虚拟世界中对象的几何模型、物理模型、行为模型的建立和管理,三维立体声的生成,三维场景的实时绘制,虚拟世界数据库的建立与管理。游戏引擎是虚拟现实应用开发的核心工具,可以实现虚拟场景的建模、物理模拟、动画渲染等功能,方便开发者进行虚拟现实应用的开发和调试。常见的游戏引擎包括 Unity3D、Unreal、CryEngine 等。国内也有一些比较好的虚拟现实应用开发软件,例如中视典公司的 VRP 软件等。

11.4 虚拟现实系统的分类

虚拟现实系统主要分为桌面式和沉浸式两大类。

11.4.1 桌面式虚拟现实系统

桌面式虚拟现实系统是基于 PC 平台的虚拟现实系统(图 11-7)。用户使用个人计算机或图形工作站产生仿真效果,计算机显示器作为观察虚拟环境的窗口。用户坐在显示器前,戴着立体眼镜并利用位置跟踪器、手柄控制器、数据手套或者6自由度的三维鼠标等设备操作虚拟场景中的各种对象。但即使戴上立体眼镜,显示器的可视角也达不到180°,仍会受到周围现实环境的干扰。有时为了增强视觉效果,桌面式虚拟现实系统还会借助于专业的投影机,达到增大显示范围和供多个人观看的目的。虽然缺乏独立头戴式显示器的沉浸效果，但桌面 VR 系统的优点是成本较低，针对性强，可以用于计算机辅助设计、建筑设计、桌面游戏、军事模拟和科学可视化等领域。

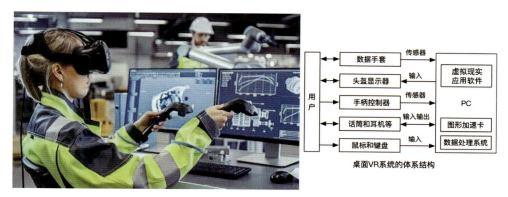

图 11-7　桌面式虚拟现实系统

11.4.2　沉浸式虚拟现实系统

沉浸式虚拟现实系统包括头显式、洞穴式和座舱式 3 种。

头显式虚拟现实系统包括 PC 式、移动式和独立式 3 种。PC 式虚拟现实系统需要连接至 PC 或游戏主机，通常具有强大的计算能力和较高的图像质量，如 Oculus Rift、HTC Vive、Windows Mixed Reality 等。移动式虚拟现实系统使用手机或平板电脑作为虚拟现实设备，通常更加便携，如三星 Gear VR 和 Oculus Go 等。独立式虚拟现实系统不需要连接至其他设备，头戴式显示器将计算、显示、输入输出等功能融于一体，如 Oculus Quest、HTC Vive Focus 和 Pico Neo 等。目前常见的头戴式显示器品牌包括 Oculus、HTC、索尼、三星等。

洞穴式虚拟现实系统是一种基于多通道视景同步和立体显示技术的房间式投影交互环境（图 11-8），其中四面立方体投影空间可供多人参与，所有参与者均完全沉浸在一个被立体投影画面包围的全景式虚拟仿真环境中，借助虚拟现实交互设备（如数据手套、力反馈装置、位置跟踪器等）获得一种身临其境的高分辨率三维视听影像和 6 个自由度的交互感受。

座舱式虚拟现实系统非常接近飞机驾驶舱的环境（图 11-9）。当用户进入座舱后无须佩戴头戴式显示器就可以通过座舱窗口观看一个虚拟场景。该窗口由一个或多个显示器展示虚拟场景。这种座舱给参与者提供的沉浸感类似于头戴式显示器。虚拟现实座舱可以模拟真实飞行中的各种场景和情况，如起飞、着陆、飞行中的紧急情况等。使用虚拟现实模拟器训练可以大大降低实际飞行的风险和成本，并且可以提高飞行员的技能和反应能力。该系统可以让飞行员在虚拟现实环境中进行观看和体验真实的飞行场景，更好地理解飞行过程中的意外情况和应对方法。

沉浸式虚拟现实系统与桌面式虚拟现实系统相比具有以下特点：

（1）具有高度的实时性。即当用户转动头部改变观察点时，空间位置跟踪设备及时检测并输入计算机，由计算机经过计算后快速地输出相应的场景。为使场景快速平滑地连续显示，系统必须具有足够小的延迟，包括传感器的延迟、计算机计算延迟等。

（2）具有高度的沉浸感。沉浸式虚拟现实系统必须使用户与真实世界完全隔离，不受外界的干扰，依据相应的输入和输出设备，完全沉浸到环境中。

图 11-8　洞穴式虚拟现实系统

图 11-9　座舱式虚拟现实系统

（3）具有先进的软硬件。为了提供真实的体验，尽量减少系统的延迟，必须尽可能利用先进的硬件和软件。

（4）具有并行处理的功能。这是虚拟现实的基本特性，用户的每一个动作都涉及多个设备的综合应用，例如手指指向一个方向并说"去那里！"，会同时激活 3 个设备：头部跟踪器、数据手套及语音识别器，产生 3 个同步事件。

（5）具有良好的系统整合性。在虚拟环境中，硬件设备互相兼容，并与软件系统很好地结合，相互作用，构造一个灵敏的虚拟现实系统。

11.5　增强现实技术

增强现实（Augmented Reality，AR）是一种可以将虚拟元素叠加到现实世界中的技术。增强现实系统通常包括摄像头、传感器和计算机等硬件设备以及相应的软件和算法。增强现实技术可以用于游戏、教育、零售、医疗等多个领域，例如在游戏中叠加虚拟角色和道具、在教育中展示三维模型和图像、在零售中展示商品和促销信息、在医疗中辅助手术和诊断等。增强现实技术与虚拟现实技术相似，但不同之处在于，增强现实技术可以将虚拟元素与现实世界结合，而虚拟现实技术则使用户完全沉浸在虚拟环境中。混合现实（Mixed Reality，MR）系统将真实世界和虚拟世界融为一体，用户可以与两个世界进行交互，方便工作。例如，工程技术人员在进行机械安装、维修、调试时，通过头盔显示器可以将原来不能呈现的机器内部结构以及它的相关信息、数据完全呈现出来。2021 年 3 月，微软公司发布了混合现实协作平台——微软网格（Microsoft Mesh，图 11-10）。该平台为开发人员提供了一整套由人工智能驱动的工具，用于创造虚拟形象、会议管理、空间渲染、远程用户同步以及在混合现实中构建协作解决方案的 3D 虚拟传送技术。借助微软公司的智能眼镜

HoloLens 以及微软网格服务平台，用户能够在虚拟现实中举行会议和工作聚会并可以通过全息场景进行交流。

图 11-10　微软公司发布的混合现实协作平台——微软网格

从用户体验上看，虚拟现实是利用计算设备产生一个三维的虚拟世界，提供关于视觉、听觉等感官的模拟，有十足的沉浸感与临场感，但用户看到的一切都是计算机生成的虚拟影像。增强现实指的是现实中本来就存在，只是被虚拟信息增强了的影像或界面。混合现实则是虚拟现实技术的进一步发展，将真实世界和虚拟世界混合在一起产生新的可视化环境，这个环境中同时包含了物理实体与虚拟信息。在微软公司的发布会上，智能眼镜 HoloLens 负责人艾利克斯·基普曼以虚拟分身出现。与此同时，著名导演詹姆斯·卡梅隆和 Niantic 首席执行官兼创始人、增强现实手机游戏《精灵宝可梦 GO》制作人约翰·汉克也同时以虚拟分身的形式参加了大会。汉克还演示了如何利用微软网格平台实现与玩家共享游戏体验的场景（图 11-11）。

图 11-11　汉克演示如何利用微软网格平台与玩家共享《精灵宝可梦 GO》游戏体验的场景

2013 年，谷歌公司以 1500 美元售价推出了命名为"探险者"的智能眼镜，该眼镜可以通过声音控制拍照、视频通话，还可以辨明方向以及上网冲浪、处理文字信息和电子邮件等。该眼镜主要结构包括在眼镜前方悬置的一个摄像头和一个位于镜框右侧的宽条状的计算机处理器，配备的摄像头像素为 500 万。2017 年，谷歌公司发布了新一代智能眼镜，即谷歌眼镜企业版。该产品主要面对医疗及高科技企业用户（图 11-12）。在配置上，除了摄像头像素依旧是 500 万并支持 720 像素画面的摄影、摄像外，还支持 5G、WiFi 与蓝牙连接，拥有 2GB 的内存与 32GB 的硬盘容量。其功能包括气压计、磁力感应计、眨眼感应计、重力感应计和 GPS 等。电池容量 780mAh，足够支撑一整天的工作时间。在工厂里,谷歌眼镜可以协助工程师观察机械结构并协助工程师维修或操作复杂机器。在医疗领域,谷歌公司与远程医疗服务公司 Augmedix 合作推广新版谷歌眼镜。该眼镜用户主要是门诊医师。他们可以佩戴谷歌眼镜和患者进行交谈,无须现场记笔记或者写病历,而谷歌眼镜摄像机会将医生与患者的语言与互动影像传给公司的"智能病历助手",该程序借助语音识别与图像识别,会自动生成患者的病历并返回给医师参考,由此减少了医生在繁忙工作中花费的时间,受到了医生们的好评。

与早期谷歌眼镜定位不同,谷歌眼镜企业版的设计旨在提高工作效率。它可以与谷歌服务集成,例如谷歌日历、Gm 人工智能 1 和谷歌驱动器等,可以通过语音命令轻松访问这些服务。此外,该产品还支持第三方应用程序,例如微软公司的 Office 365 和 Salesforce 等。除了提高工作效率,谷歌眼镜企业版还具有其他一些功能。例如,它可以帮助用户更好地与同事和客户进行沟通,可以通过视频会议和共享屏幕等功能进行远程协作。此外,该产品还具有头部追踪功能,可以在用户移动头部时自动调整显示内容。

图 11-12　谷歌眼镜企业版主要面对医疗及高科技企业用户

11.6　虚拟现实职业标准

后疫情时代,随着全球经济的放缓,人类社会生活和生产方式面临新的挑战。与此同时,作为新一代信息技术融合创新的典型领域,虚拟现实技术的发展迎来了新的机遇。继 2016 年(虚拟现实产业元年)与 2019 年(5G 云虚拟现实元年)过后,虚拟现实产业开始进入起飞阶段。虚拟现实用户体验对融合创新的需求迅速提升,技术体系初步成型:Micro-LED 与衍射光波导成为近眼显示领域探索的热点;云渲染、人工智能与注视点技术引领虚拟现实渲染 2.0;强弱交互内容多元融合,内容制作支撑技术持续完善;自然化、情景化与智能化成为感知交互的发展方向;5G 与 F5G 双千兆网络构筑了虚拟现实应用的基础支撑。"虚拟现实+"创新应用向生产和生活领域加速渗透,云增强现实数字孪生描绘了人机交互深度进化的未来蓝图。当前,我国虚拟现实/增强现实产业发展取得了积极成果。工业和信息化部、教育部等五部门联合发布的《虚拟现实与行业应用融合发展行动计划(2022—2026 年)》明确提出,到 2026 年,我国虚拟现实产业总体规模(含相关硬件、软件、应用等)将超过 3500 亿元,虚拟现实终端销量将超过 2500 万台。国家将培育 100 家具有较强创新能力和行业影响力的骨干企业。市场研究机构 IDC 发布的研究报告显示,2022 年全球虚拟现实和增强现实头戴式显示器全球出货量为 970 万台,2023 年出货量将同比增长 31.5%。预计虚拟现实和增强现实头戴式显示器在未来数年将持续增长 30% 以上,到 2026 年的出货量将达到 3510 万台。

虚拟现实/增强现实产业的发展需要大量工程技术人员与设计师的参与。2020年，人力资源部联合工业和信息化部组织有关专家，制定了《虚拟现实工程技术人员国家职业技术技能标准（2021年版）》。该标准基于"以职业活动为导向、以专业能力为核心"的指导思想，在充分考虑科技进步、社会经济发展和产业结构变化对虚拟现实工程技术人员专业要求的基础上，对虚拟现实工程技术人员的专业活动内容进行了规范、细致的描述，明确了各等级工程技术人员的工作领域、工作内容以及知识水平、专业能力要求。该标准将虚拟现实职业分为初级、中级、高级3个等级，同时规范了两个职业方向——虚拟现实应用开发、虚拟现实内容设计的具体内容。从职业发展方向上，该标准将虚拟现实职业明确划分为虚拟现实系统（软件）开发（技术类）、虚拟现实内容设计（艺术类）、虚拟现实效果优化（技术/艺术类）和虚拟现实项目管理（技术/艺术类）四大类，并分别对应虚拟现实产品开发/测试工程师、虚拟现实系统架构师、虚拟现实数据工程师、三维高级建模师、虚拟现实视频/特效设计师以及虚拟现实产品/项目经理等相关职业，为行业人员的准入资格证书与专业水平考试制定了相关的标准。

从虚拟现实应用技术人才的职业发展路径上看（图11-13），上述职业分别对应3条发展路径：软件开发（技术类）、三维资源制作（虚拟现实内容设计，艺术类）和视频/特效制作（艺术类）。根据该标准，虚拟现实从业人员应该具备相关的美术知识，如平面设计、三维设计、构图与造型、视觉传达等。需要掌握的虚拟现实基础知识包括：①虚拟现实引擎技术；②虚拟现实硬件结构、原理与技术指标；③人机交互基础；④虚拟现实系统的典型应用。上述相关知识在本书中均有详细的介绍。特别需要指出的是，虚拟现实设计师/工程师与游戏设计、动画设计、交互设计领域的知识结构高度重合，本书前面所涉及的游戏引擎、影视编辑与特效、动画设计、三维数字建模、交互设计等知识也是虚拟现实系统设计的基础。对于数字媒体技术专业来说，其技术和艺术相融合的特征在虚拟现实领域有着集中的体现。

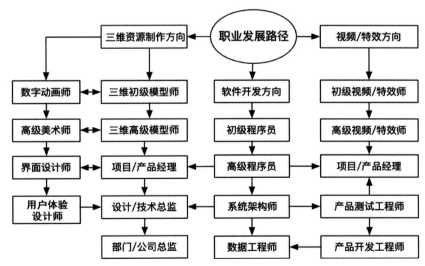

图11-13　虚拟现实应用技术人才的职业发展路径

11.7　虚拟现实课程体系

与网络游戏类似，虚拟现实的设计开发是技术和艺术的统一，也是团队合作和项目策划、管理的劳动成果。其中，游戏企划师构思虚拟现实游戏创意与文档编写，设计故事情节、游戏任务和游戏元素等。游戏设计师负责实现游戏企划师的创意，包括游戏规则制定、平衡、AI 设计、游戏关卡设计、界面与操作功能设计和游戏系统设计等。游戏设计又细分为游戏系统设计、战斗系统设计、道具系统设计、格斗系统设计等内容，每一项工作都由专门的游戏设计人员负责。角色设计师负责设计游戏中出现的角色和场景，这一部分工作和数字媒体技术与艺术有最密切的联系。游戏特效师负责制作游戏场景的光效和动画特效等，这也是数字媒体技术与艺术的主要应用领域。表 11-1 是某游戏公司的招聘岗位信息，虽然它和虚拟现实设计制作的需求不完全一致，但由此仍可以了解到虚拟现实设计领域的人才需求和技能要求。虚拟现实的核心优势是沉浸感，而用户的真实感受至关重要。虚拟现实产品需要借助游戏吸引更多用户体验虚拟现实产品，从而培养用户习惯。借助虚拟现实、增强现实等技术打造临场体验是未来游戏的发展方向之一（图 11-14）。玩家可以带上头戴式显示器或者增强现实眼镜，利用手持交互控制器进行射击、格斗等游戏，而且还可以进行空中绘画、仿真建模以及和虚拟宠物进行交流。未来的游戏场景可能和以往不同，玩家将沉浸在全方位的体感游戏中。游戏的故事也不是完全设定好的情节，而是由每一个参与者创造属于自己的故事。

表 11-1 某游戏公司的招聘岗位信息

招聘岗位	工作内容	任职要求
原画设计师	设计游戏中的角色原画造型；设计游戏中的场景原画造型；设计游戏海报及宣传线稿；设计游戏图形界面	非常热爱游戏事业，能吃苦耐劳，有团队精神。美术类学校毕业，专科以上学历；有比较深厚的美术修养，创意十足；有丰富的游戏制作经验最佳
三维场景美术师	制作游戏场景中的地图组件三维模型以及贴图、渲染；制作游戏迷宫中的迷宫组件三维模型以及贴图、渲染；制作场景动画；制作三维低多边形场景模型	大学本科以上学历，有比较深厚的美术修养，创意十足；有丰富的游戏制作经验，能熟练运用 3ds max 或 Maya 进行创作；美术功底扎实；能够设计、制作游戏场景中建筑三维模型并完成贴图、渲染等工作
特效美术师	制作游戏中的法术效果；制作游戏中的场景动画光效等特殊效果；制作 CG 动画中的特效	美术类学校毕业，专科以上学历；有比较深厚的美术修养，创意十足；有丰富的游戏制作经验最佳；熟练使用 3ds max 或 Maya 等三维软件以及后期合成软件；对三维制作中的贴图、粒子以及动力学有一定的感觉
游戏策划师	根据策划主管制定的各种规则进行公式设计，建立数学模型；对游戏中已经开始使用的数据根据情况进行相应的计算和调整；设定游戏关卡，包括的内容有地图、怪物、NPC 的相应设定/文字资料；设定各种魔法；制定相关细节规则	具有逻辑学、统计学以及经济学理论知识基础；具有游戏经验和良好的创造能力；具有一定的程序设计概念；具有可量化、体系化游戏配平数据调谐能力；熟悉中国文化，对中国历史有深入了解，对中国神话体系等有全面了解；或者熟悉欧美历史，对魔幻体系以及基本世界观有全面了解；有很强的文字组织能力
音效师	修改、微调相关的音效策划文案，完成游戏音效的制作；整合音效到游戏中；进行背景音乐的切片、缩混与整合；及时查找出现错误的原因，优先解决样本和声音引擎的问题	精通各种常用的音频软件；精通至少一种乐器，和弦乐器更好；不特别偏好某一类音乐；能看懂 C/C++ 语言编写的程序；从事游戏制作行业至少一年以上；能够负责角色的动作音效、界面音效、环境音效的制作和游戏引擎的小范围调整

招聘岗位	工作内容	任职要求
高级应用工程师（客户端）	编写用户交互界面、客户端寻路等人工智能算法、网络数据接收发送模块；调用绘图底层功能绘制游戏世界的地图人物；正确实现网络数据的图像表现	精通 C/C++，有一定的编程经验；有丰富的 Visual C++ 项目经验；有 VSS 实际使用经验；计算机或相关专业大学本科以上学历；有游戏软件实际开发经验者优先考虑；对脚本引擎（如 Python）有一定了解者优先考虑
高级软件开发工程师（服务器与网络引擎）	游戏逻辑的编写；通信模块的编写或优化；各应用模块的流程制作和文档编写；通信协议的制定与处理	精通 C/C++，有 3 年以上的 C/C++ 编程经验；有丰富的 Windows 或 Linux 环境下的编程经验；有网络通信、P2P 编程经验者优先考虑；熟悉数据库编程者优先考虑；有 Python 编写经验者优先考虑计算机或相关专业大学本科以上学历
高级软件开发工程师（图形引擎）	开发行业领先的通用图形引擎以及相关工具	精通 C/C++，有丰富的 Visual C++ 项目经验；熟悉 DirectX、Direct3D 或 OpenGL 的开发；计算机或相关大学本科以上学历

图 11-14 借助虚拟现实和增强现实等技术打造临场体验是未来游戏的发展方向之一

早在 2018 年，教育部就将虚拟现实应用技术列入《普通高等学校高等职业教育（专科）专业目录》中，至今已有 157 所高职院校设立了虚拟现实应用技术专业，实现了虚拟现实应用技术人才培养的先行，为虚拟现实技术的普及奠定了基础。2020 年 2 月，教育部公布了新一批国家紧缺和新兴专业本科专业，虚拟现实技术专业被纳入《普通高等学校本科专业目录（2020 年版）》。目前，包括北京航空航天大学计算机学院、江西科技师范大学软件动漫学院、吉林动画学院虚拟现实学院、江西理工大学软件工程学院等在内的数十所高校成立了虚拟现实技术专业或虚拟现实技术学院。从整体上看，国内高校的虚拟现实技术专业一般设立于计算机相关学院之下，部分设立于软件工程学院、动漫学院、产业学院和人工智能学院。相比较而言，国外高校的虚拟现实技术专业一般属于媒体艺术相关学院，例如知名的萨凡纳艺术设计学院数字媒体学院、德雷塞尔大学媒体艺术与设计学院等都有虚拟现实技术相关的专业方向。可以看出，数字媒体与虚拟现实技术之间具有高度的重合性。

从课程看，国内高校虚拟现实技术专业更注重计算机科学类课程的设置，如计算机图形学、人机交互、编程与算法等。而国外高校除了设置计算机科学类课程，还注意数字媒体类、视觉传达类的课程，特别是沉浸式媒体的相关课程。从培养方向上看，国内高校的虚拟现实技术专业培养的是偏技术应用型人才，而国外高校不仅培养技术应用型人才，还培养艺术设计型人才，同时也有侧重于游戏设计与开发的课程。此外，在非核心课程设置上，国外高校还会设置一些艺术欣赏、美学、绘画、写作等课程，通过这些课程提供历史、文学、艺术等方面的知识，让学生的发展更为全面。国内虚拟现实技术专业的主要课程如表 11-2 所示。

表 11-2 国内虚拟现实技术专业的主要课程

课程		课程主要内容
虚拟现实内容设计课程（艺术类）	原画设计基础	动漫美术概述，美术透视，构图，形式美法则；结构素描与造型训练，人物动态速写，明暗素描的形体塑造；Photoshop 基本工具，滤镜，色彩原理，色彩设定方法，图片效果制作；Illustrator 基本工具操作应用，矢量图的绘制
	道具与场景设计	动漫道具，静物写生，道具原画设计与绘制；场景原画创意与绘制；Photoshop 场景原画的色彩设定与场景绘制，Precrate 板绘实践
	三维建模基础知识	3ds max 概述与基本操作，窗口操作与工具条的使用；模型创建基础，灯光与材质编辑器的使用，UV 展开与 UV 编辑器的使用
	三维道具与场景设计	三维卡通游戏道具建模，UV 与贴图绘制；三维卡通场景建模，材质球在场景中的编辑技巧；三维游戏场景建模，UV 展开与贴图绘制；3ds max 基础操作和游戏道具制作；辅助建筑创建，主要建筑创建，虚拟游戏场景实现，Zbrush 初级运用，灯光烘焙技术的运用；掌握游戏场景制作技术，完成三维游戏场景；掌握游戏场景设计，完成场景整合
	三维角色制作	三维卡通动物、怪物、人物角色的创建，角色材质编辑器的运用；三维游戏动物、怪物、人物角色的创建，UV 展开与贴图绘制；熟练使用 Zbrush 软件完成法线贴图制作，掌握角色布线法则和游戏角色制作技能；法线贴图制作，Bodypaint3d_r2 的使用
	三维动画和特效设计	3ds max 中的骨骼创建及蒙皮的绑定设计；创建 IK 控制骨骼，权重处理，表情设计，人体、动物骨骼安装和使用；动画编辑曲线的应用，动画类型与动作规律的使用；特效实现，特效编辑器的使用
	Maya 道具、材质、灯光制作	Maya 概述，NURBS 及 Polygon 建模，细分与 NURBS 及 Polygon 模型的关系；材质节点，二维与三维纹理贴图，多边形 UV 编辑及 UV 贴图。三维布光与摄像机，灯光类型，场景、道具和灯光综合设计
	Maya 角色绑定	Maya 骨骼，骨骼的基本应用，IK 和 FK，角色蒙皮，权重的绘制；各种变形器及角色表情的绘制
	Maya 动画设计	第一阶段：了解动画界面和动画要素，关键帧动画和路径动画；第二阶段：基础动画训练，了解力的原理及迪士尼动画规律，走路，跑步；第三阶段：重量及柔软度训练，角色动作及情绪的表达，骨骼的动作实现，三维游戏角色动作的制作
	Maya 特效设计	maya 基本粒子知识，粒子制作动画，刚体及柔体，利用粒子系统制作烟、云、火、雾；利用 Realflow 制作水的特效，Paint Effects 的应用，布料及毛发的制作
	Unity3D 引擎建模与动画	Unity3D 引擎入门，美术资源工作流程，组件的应用，虚拟交互功能的实现，创建地形山脉，创建配景效果，完善光照系统，创建和烘焙灯光，法线贴图，特效雾和水特效，虚拟摇杆与按钮等，测试和发布场景
	Unity3D 引擎脚本与物理引擎	Unity3D 脚本和基础语法、编程方法与全局变量，实例化游戏对象，InputField 控件及其事件，按钮的碰撞检测，编写材质、动画控制脚本，刚体，碰撞器，粒子系统，车轮碰撞器，布料，角色控制器，地形引擎，三维拾取技术，创建场景和摄影机控制脚本，第一人称控制器的系统搭建

续表

课　程		课程主要内容
虚拟现实技术开发课程（技术类）	计算机程序设计	Python 概述，Python 语言基本语法规则，Python 基本数据类型、表达式和内置函数，程序控制结构，组合数据类型，函数，字符串和正则表达式，文件，Python 面向对象编程，科学计算与可视化
	人机交互技术	人机交互技术（HCI）涉及心理学、人机工程学和计算机科学等。内容包括界面设计、交互技术、用户体验等。HCI 可以被应用于虚拟场景中，实现用户和虚拟环境之间的交互和沟通，包括手势识别、语音识别、头部追踪等技术，是虚拟现实技术实现用户沉浸式体验的重要基础
	数据结构导论	常见的数据结构（数组、链表、栈、队列、树、图等）；数据的逻辑结构（线性结构、树形结构、图形结构等）
	计算机图形学与数字图像处理	几何建模，渲染算法，图像处理，计算机视觉
	数据库原理与应用	关系模型、SQL 语言、数据完整性、索引和查询优化

本课学习重点

虚拟现实/增强现实技术是人机交互未来的发展方向之一，也是数字媒体技术专业的重要职业发展领域。虚拟现实技术与游戏、动画、影视和用户界面设计存在着高度的知识重合。本课对虚拟现实技术的概念、特征、组成、分类以及职业标准、课程体系进行了重点介绍（参见本课思维导图）。读者在学习时应该关注以下几点：

（1）什么是虚拟现实技术？什么是增强现实技术？

（2）从事虚拟现实内容设计的岗位需要哪些知识和技能？

（3）什么是虚拟现实的 I^3 特征？如何实现高度的沉浸感？

（4）虚拟现实系统由哪几部分组成？

（5）虚拟现实技术可以分为几种类型？划分的依据是什么？

（6）举例说明虚拟现实和增强现实的主要应用领域。

（7）虚拟现实技术的从业人员如何分类？职业标准是什么？

（8）虚拟现实应用技术人才的职业发展路径有哪几个方向？什么是技术型/艺术型人才？

（9）虚拟现实技术有哪些支持软件？Unity3D 可以实现哪些功能？

（10）从事虚拟现实软件开发需要掌握哪些知识与技能？

（11）增强现实、混合现实与虚拟现实有哪些不同？

（12）虚拟现实技术专业主要包含哪些技术类和艺术类课程？

（13）虚拟现实系统的主要开发平台有哪些？它们的优势是什么？

本课学习思维导图

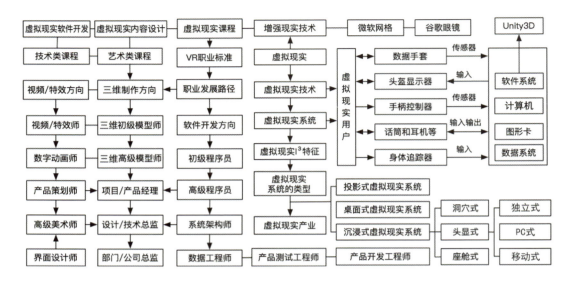

讨论与实践

思考以下问题

（1）什么是虚拟现实技术？什么是增强现实技术？

（2）从事虚拟现实内容设计的岗位需要哪些知识和技能？

（3）什么是虚拟现实的 I^3 特征？如何实现高度的沉浸感？

（4）虚拟现实系统由哪几部分组成？

（5）虚拟现实技术可以分为几种类型？划分的依据是什么？

（6）独立式、PC 式和移动式这 3 种头显式虚拟现实系统的优点和缺点有哪些？

（7）除了谷歌眼镜外，还有哪些便携式 AR 设备？

小组讨论与实践

现象透视：如果在睡梦中看见漂浮的建筑物，它会是什么样子？动画师提出了这个问题并以动画形式给出了他们的答案……建筑投影艺术也属于裸眼虚拟现实技术，通常以令人惊叹的超现实主义风格将一座普通建筑的立面变成了一部栩栩如生的互动电影中的银幕（图 11-17）。

头脑风暴：调研建筑投影艺术，思考制作的技术路线、方法、设备以及投影与建筑物相互融合的表现风格，思考如何为校庆设计一个建筑投影艺术体验活动。

方案设计：小组设计一部 5 分钟的建筑投影动画短片以展现学校的历史及文化。要求能够产生三维超现实效果或裸眼虚拟现实的互动体验效果。

图 11-15　超现实主义风格的建筑投影艺术

练习与思考

一、名词解释

1. 虚拟现实技术

2. 沉浸式体验

3. 桌面式虚拟现实系统

4. Oculus Quest

5. 谷歌眼镜

6.《神经漫游者》

7. 洞穴式虚拟现实系统

8.《半衰期：爱莉克斯》

9. 飞行训练舱

10. 数据手套

二、简答题

1. 举例说明目前最热门的虚拟现实游戏有哪些。

2. 虚拟现实技术的发展可以分为几个阶段？每个阶段的特点是什么？

3. 举例说明虚拟现实技术在军事、国防及工业领域的应用。

4. 比较移动式头显虚拟现实系统与独立式头显虚拟现实系统在技术、体验及成本方面的差异。

5. 为什么说游戏设计与虚拟现实技术之间存在高度重合的知识结构？

6. 与虚拟现实技术相比，增强现实技术的主要优点有哪些？

7. 与桌面式虚拟现实系统相比，沉浸式虚拟现实系统有哪些优点？

8. 虚拟现实技术专业主要包含哪些技术类/艺术类课程？

9. 虚拟现实系统的主要开发平台有哪些？它们的优势是什么？

三、思考题

1. 举例说明虚拟现实和增强现实的主要应用领域。

2. 虚拟现实技术的从业人员如何分类？职业标准是什么？

3. 虚拟现实应用技术的职业发展路径有哪几个方向？什么是技术型/艺术型人才？

4. 虚拟现实技术有哪些支持软件？Unity3D 可以实现哪些功能？

5. 从事虚拟现实软件开发需要掌握哪些知识与技能？

6. 增强现实、混合现实与虚拟现实有哪些不同？

7. 列表归纳虚拟现实产业上游、中游与下游的厂商、品牌与产品。

8. 近年来虚拟现实/增强现实产业的发展遇到了哪些技术瓶颈？如何才能突破它们？

9. 实现裸眼 3D 有哪些技术？3D 电影是如何实现立体视觉的？

第 12 课
数字媒体设计师

- 12.1 通用型人才标准
- 12.2 互联网新兴设计
- 12.3 素质与能力培养
- 12.4 观察、倾听与移情
- 12.5 团队协作和交流
- 12.6 概念设计与可视化
- 12.7 趋势洞察与设计
- 12.8 数字媒体作品的标准

本课学习重点
讨论与实践
练习与思考

12.1 通用型人才标准

根据腾讯公司在 2019 年的预测：到 2024 年，智能手机视频流量可以达到移动数据总量的 74% 或者更高，由此会推动短视频、网络品牌营销、视频游戏、手机动漫、影视综艺和虚拟现实沉浸式体验等新媒体及相关产业的发展。产业的变革不仅会影响设计师的岗位，同时也使得设计师面临专业重构与知识体系的挑战，用户体验设计成为未来最重要的新兴设计行业之一。从中国互联网 20 多年的发展历史上看，用户体验大致经历过 3 个时期：PC 时代、移动互联网时代和目前的物联网时代。随着人工智能技术的快速发展，未来以数据为核心的智能互联网会全面推动服务的进步，并使得服务体验达到新的高度。

从互联网发展的历史上看，PC 时代解决了信息不对称的问题，所以就有很多信息门户出现，如搜狐、百度、新浪、腾讯等。到了移动互联网时代，由于手机可随身移动的便利特性，解决了线上线下的对接问题，这使得与人们生活息息相关的各种 App 出现，如美团、滴滴、支付宝和微信等，扫描支付已成为中国人生活中的主要支付手段（图 12-1）。特别是在 2020 年新冠肺炎疫情流行的日子里，如果不带手机出门可以说是寸步难行，大数据已经成为保护人们安全的重要因素。智能万物互联和自由共享的时代能是一个智慧大爆发的时代，人们所期待的一些商业产品和服务将成为主流，例如无人驾驶、智慧门店，还有天猫精灵（语音交互体验下的生活助手）和虚拟现实购物等。10 年以后，每秒超过 1GB 的下载速度使得线上用户体验更加无缝平滑，任何人（Any person）在任何时间（Any time）或任何地点（Any where）都可以享受到线上线下无边界的智慧服务（3A）。

图 12-1　扫码支付已经成为中国人生活中的主要支付手段

2017 年，在杭州举办的 2017 国际体验设计大会（IXDC）上，阿里巴巴 B2B 事业群用户体验设计部负责人汪方进先生做了《面对新商业体验，设计师转型三部曲》的主题报告。他指出：随着互联网技术与生态的快速更新，设计师将会面临着一个全新的商业环境。之前的设计师为终端消费者提供体验设计方案，未来则要延伸到整个商业生产与流通环节，从原材料流通到品牌生产、加工、分销、销售以及终端零售，这些都是设计师需要发力的地方。因此，设计师将面临更复杂的多场景体验设计诉求（图 12-2），这使得未来 3A 场景设计与无边界的智慧服务更为普遍，如智慧门店、智慧家居、智慧车载应用等。从 PC 时代的鼠标、键盘和屏幕之间的交互设计，到今天移动媒体时代指尖交互的流行，用户体验设计思想与相关工具与方法在不断进化。线上沉浸式体验会和线下生活方式全面融合，新技术（如语音交互、虚拟现实、体感输入等）将会改变目前人们对智能手机的依赖，这也意味着通用型设计师会有更好的工作机遇。

从社会发展看，多场域、跨媒体、整合设计与服务设计等多任务的工作会成为常态，对设计师的要求会变得更高，传统的交互设计、视觉设计、用户研究可能只是基本能力而并非一个岗位。设

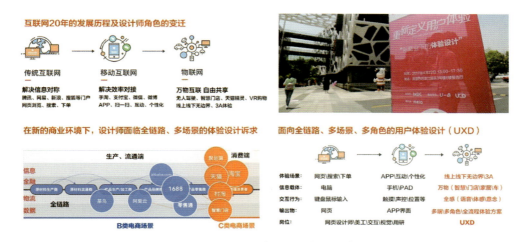

图 12-2　面临更复杂的多场景体验设计诉求

计师需要具备多样化的专业能力，其工作内容覆盖面广，综合要求高，岗位价值大。例如，按照阿里巴巴的职级和薪酬标准，交互设计师的岗位是从 P7 级开始的，也就是刚入职的员工需要从交互设计、视觉设计和用户研究的基础工作开始（P4~P6 级），随后才能进入用户体验设计师的岗位（图 12-3）。P9 级的用户体验设计师则需要具备 P6+ 或 P7 级的视觉能力与 P7 级的团队管理能力及坚实的设计开发能力。这个职业成长历程就是阶梯式的能力增长过程。同样，谷歌公司用户体验设计团队负责人斯蒂芬·盖伊（Stephen Gay）指出："如果一个交互设计师擅长交互设计，同时也热爱视觉设计，那么他可以培养自己的复合能力，努力成为通才型设计师。我认为全世界的公司都在寻找不同类型的设计师，初创企业想要更多的复合型设计师，而大型企业可能需要寻找某一领域的专家。当然，最重要的是根据你的设计能力和水平，深入、专注、出色地完成手上的工作。"

图 12-3　阿里集团的职级和薪酬标准（P4~P9）及能力金字塔

12.2　互联网新兴设计

2019 年 12 月，腾讯公司携手 BOSS 直聘研究院联合推出了《互联网新兴设计人才白皮书》，对新兴设计人才市场的供需两端进行。研究数据主要来自招聘大数据，其中需求数据主要来自 2019 年 9 月各大招聘网站、中国 500 强企业和世界 500 强在华企业发布的公开招聘数据，共计

28万多条；求职数据主要来自BOSS直聘研究院求职者大数据的抽样调查。参与本次问卷调查的有3445位从事设计工作的人员，他们来自腾讯、阿里、百度、华为、富士康、爱奇艺、亚马逊中国、微软、携程、小米、小红书、唯品会、网易等1000多家大中小型企业，研究重点为互联网设计，关注用户体验、交互过程，服务于数字化产品及服务的研发、运营、推广的综合性设计。该白皮书中主要抽取各大招聘网站中与互联网新兴设计相关的职位数据进行分析，如界面设计、视觉设计、交互设计、用户体验设计、服务设计和信息设计等。该白皮书资料翔实，它提供的数据可以反映当前我国互联网新兴设计行业的概貌（图12-4）。

互联网新兴设计主要指以应用互联网技术为特征，基于人本主义思想，关注用户体验、交互过程，服务于数字化产品及服务的研发、运营、推广的综合性设计。如界面设计、视觉设计、交互设计、用户体验设计等。有别于传统工业设计，互联网新兴设计的内容和媒体从有形、直观的实物产品转变到无形、抽象的交互过程、体验感受和服务内容，设计的职能从单纯的产品研发逐步延伸至产品的前期规划、后期运营等整个环节。该白皮书的数据显示，在2019年互联网企业招聘的设计岗位中，互联网新兴设计成为主流（占85.4%），其中包括品牌及运营设计、交互设计、视觉设计、游戏设计、用户研究等与用户体验相关的岗位。这些岗位市场需求量大，招聘量占比近九成，远超其他设计岗位的招聘量。数据显示，品牌及运营设计的工作内容与平面或美术设计较为相关，主要涉及公司/品牌/网店的宣传推广、后期视效、视觉美化等设计工作，如界面设计师、动画设计师和插画师等。目前品牌及运营设计人才的需求量最大，占互联网新兴设计人才的需求的比例最高（43.3%）。从薪资对比上，交互设计、用户研究-研究类和游戏设计等岗位对设计师能力要求较高，设计师的薪资也较高。交互设计师的平均薪资约1.28万元/月，用户研究-研究类的平均薪资约1.19万元/月。这些数据表明，用户体验设计行业的整体薪资超过1万元/月。在一线和二线城市，拥有本科以上学历和3年以上工作经验的设计师的平均薪资高于总体平均薪资。其中硕士、博士学历的平均薪资分别为总体平均薪资的1.8倍和2.3倍，有5~10年工作经验的设计师的平均薪资分别为总体平均薪资的1.7倍和2.3倍。

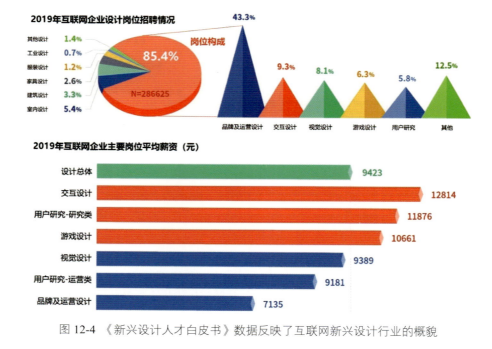

图12-4 《新兴设计人才白皮书》数据反映了互联网新兴设计行业的概貌

中国互联网络信息中心（CNNIC）报告显示，截至2022年6月，我国网民规模为10.51亿人，覆盖度超过70%。随着互联网的快速崛起，互联网新兴设计产生了大量的岗位，其中游戏设计、用户体验设计、交互设计、视觉设计岗位竞争最为激烈。因此，快速提升自己的能力，从单一走向综合，从"动手"转向"动脑、动口与动手"（创造性、沟通性与视觉表现力），是交互设计师提升自己的必由之路。从长远上看，未来用户体验设计会从重视技法转向重视产品与行业的理解。具有心理学、社会学、管理学、市场营销学和交互技术专业知识背景的复合型设计师更受市场青睐。例如，租车行业的设计师就需要深入了解该行业的盈利模式和用户痛点。在世界上更加成熟的互联网企业中，单一的视觉设计师已经不存在了，产品型设计师（界面设计＋交互设计＋产品设计）、代码型设计师（界面设计＋程序员）和动效型设计师（界面设计＋动效/3D设计）初成规模。用户体验设计正在朝向全面、综合、市场化和专业化的方向发展（图12-5）。例如，截至2019年，拥有8年以上工作经验的交互设计师基本上属于某个特定设计领域的专家，其月薪可达3~5万元人民币。规模较大的科技公司有可能会聘请多名首席设计师，而中小型公司则可能只会聘请一名首席设计师甚至没有这个岗位。由于用户体验设计仍然是一个比较新的领域，所以很难找到拥有10年以上商业设计经验的人。因此，如果设计师拥有设计开发与管理商业App的丰富经验，在一些公司中就会被安排到首席设计师的岗位。

图12-5　用户体验设计正在朝向全面、综合、市场化和专业化的方向发展

12.3　素质与能力培养

12.3.1　双脑协同，综合实践

美国著名心理学家戴维·麦克利兰（David McClelland）于1973年提出了能力冰山模型，对人的专业能力、通用能力和核心能力进行了划分（图12-6）。他将人的心理因素与学习实践能力划分为显性的"海面以上部分"和深藏的"海面以下部分"。显性的能力包括知识和技能，是外在表现，是容易了解与测量的部分，相对而言也比较容易通过学习和培训改变；而深藏的能力包括价值观、性格和动机，是人内在的、难以测量的部分，它们不太容易通过外界的影响而得到改变，却对人的行为与表现起着关键性的作用，所谓"江山易改，本性难移"就是指这个部分。一个人的核心

能力往往与其先天因素、家庭因素与成长因素有关，因此也就更为企业所重视，如沟通能力、项目管理能力、团队合作能力与创新能力都属于这个层面。例如，许多IT企业在招聘人才时，除了对技能和知识进行考查以外，往往还需要考察应聘者的求职动机、个人品质、价值观、自我认知和角色定位等。麦克利兰认为，人的通用能力是可迁移的，也是可以通过学习与实践不断增强的。因此，设计师不仅需要提升相关专业知识与技能（如软件与编程），而且需要进一步提升自己的通用能力，同时注重改善自己的核心能力。

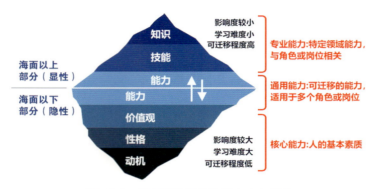

图12-6 麦克利兰提出的能力冰山模型

数字媒体技术不仅属于交叉学科，而且也是针对产品开发与服务的应用领域。以从事界面设计与软件开发的设计师为例，他们的工作包含用户研究与界面设计两部分内容。用户研究的具体任务清单有11项内容，涉及市场研究、信息设计、图形设计的，因此几乎所有的工作都会涉及视觉思维或者设计表达能力，根据国内对知名互联网企业的调查，对交互设计师的要求侧重于沟通、需求理解、产品理解和设计表达能力。在工具技能上，交互设计师要有一定的编程知识并掌握统计、设计和办公类软件。用户研究岗位要求设计师会使用SQL、Python和SPSS等编程语言和统计类软件处理数据，具有数据可视化的能力；界面设计的工作则侧重于团队合作、设计表达和创造力。由于在实际环境中，交互设计师往往会同时涉及上述两种不同性质的工作，这就要求设计师要有多面手的综合能力。

12.3.2 见微知著，关注细节

交互与体验专家教授丹·塞弗在2013年出版了《微交互：细节设计成就卓越产品》一书并由心理学家唐纳德·诺曼作序。诺曼指出：微交互中的"微"表明关注细节。微交互关注的是那些至关重要的细节，它决定了用户体验是友好的还是令人皱眉的。正如丹·塞弗指出的，虽然设计师倾向于把握大的方向，然而，如果细节处理不当，结果还是失败。无论是手机购物、GPS导航还是学习网课，正是细节决定了每时每刻的体验。网络卡顿，流程烦琐，界面灰暗，信息冗余……这些细枝末节的设计问题导致了整个产品交互不流畅。不好用的交互体验导致了用户的挫折和沮丧，对产品或服务产生负面的看法。因此，设计师必须有极强的观察能力，看看别人如何互动，再看看自己的交互习惯，由此找到突破口。要想设计出优秀的微交互，就要了解产品的最终用户，知道他们的目标与途径。因此，观察用户的能力以及在设计中融入交互细节的能力至关重要。

阿里巴巴集团对体验设计的重要性有深刻的洞察，提出交互设计师要从专业型转变为通用型，其目标在于通过设计驱动产品发展，为产品增值，更全面地体现设计师的价值。因此，交互设计师

用户研究的任务	界面设计的任务
• 现场调研（走查） • 竞争产品分析 • 与客户面谈（焦点小组） • 数据收集与数据分析 • 用户体验地图（行为分析） • 服务流程分析 • 用户建模（用户角色） • 设计原型（框架图） • 风格设计（用户情绪板研究） • 产品关联方专家咨询 • 深度访谈（一对一面谈）	• 图形设计（标识，图像） • 界面设计（框架，流程，控件） • 视觉设计（文字，图形，色彩，版式） • 框架图设计，高清界面设计 • 交互原型（手绘、板绘、软件） • 图表设计，信息可视化设计 • 图形化方案，产品推广，广告设计 • 手绘稿，PPT设计 • 包装设计 • 动画设计（转场特效、动效） • 插画设计（H5广告、banner、推广海报）

共同的任务
- 交互设计（根据用户研究的结果，提供交互设计方案）
- 高保真效果图（展示给终端客户的效果图和交互产品原型）
- 低保真效果图（提供或分享给工程师团队的工作文件）
- 撰写项目专案（产品项目汇报）
- 情景故事板设计（产品应用场景分析）
- 可用性测试（A/B测试）
- 项目头脑风暴（小组，提供产品设计的初步构想）
- 信息构架设计，信息可视化设计
- 演讲和示范（语言、展示与设计表达）
- 与编程工程师的对接（产品测试与开发，用户反馈，寻找与技术的对话方式）

图 12-7 用户研究与界面设计的任务清单

需要具有更全面的能力，从产品设计之初就加入项目团队，和产品经理、研发人员一起从最初探索产品形态，从用户角度出发分析产品策略，进行用户研究，并通过分析用户得到设计策略，再进行交互设计，甚至直接完成最终的视觉设计。因此，可以说交互设计师需要具备极强的综合能力和多样化的专业能力，从商业、技术和设计的维度全面、综合地思考问题。交互设计师个人能力包括设计策略及用户流程图、交互设计原型稿和视觉设计稿，涉及的软件工具包括 PPT、Keynote、Sketch、Photoshop 等。表 12-1 是国内某知名互联网企业交互设计师的职业素养。

表 12-1 国内某知名互联网企业交互设计师的职业素养

职 业 素 养	具 体 描 述
相互尊重	从同事群体中时刻吸收各种观点和灵感
动笔思考	经常绘制草图会让思路和灵感更容易
不断学习	通过设计圈和分享平台不断完善和提高自己
有取有舍	优先级的判断力，能够按轻重缓急合理安排工作
重视自己	倾听内心的声音，自己满意才能说服别人
乐观进取	和团队保持融洽的工作气氛
技术语言	理解网络基础语言知识（HTML5、Java、JavaScript）

续表

职业素养	具体描述
软件工具	能够利用软件绘制线框图、流程图、设计原型和界面
专业技能	能够用工程师的语言交流（数据和精度）
同理心	能够感受到用户的挫败感并且理解他们的观点
价值观	简单做人，用心做事，真诚分享
说服力	语言表达和借助故事、隐喻等说服别人
专注力	勤于思考，喜欢创新，工匠精神
好奇心	学习新东西的愿望和动力，改造世界的愿景
洞察力	观察的技巧，非常善于与人沟通
执行力	先行动，后研究，在执行过程中不断完善创意

12.3.3 软件编程，数据挖掘

目前，针对数字媒体设计有许多工具或语言，但这些工具或语言是根据不同的任务开发的，主要用于绘制线框图、流程图、设计原型、演示和界面。部分工具和语言也用于开发软件、建立网站、编写 App 以及进行交互设计，例如 Arduino 编程开放源代码和硬件套装、HTML/CSS/JavaScript 语言、Processing 和 MAX/MSP 动态编程、jQuery Mobile 等。部分工具，如苹果 Sketch、Adobe XD、Interface Builder 和 Unity3D 5 等，也都是非常专业的开发软件。针对交互设计，第 9 课和第 10 课都有详细的介绍。同样，针对数字媒体领域的图文设计、视频设计、动画设计、游戏设计，本书也在相应的课中提供了软件的介绍，可供读者参考。此外，通用型软件，如微软公司的 PowerPoint、Visio，苹果公司的 Keynote，还有 Adobe 公司的 Photoshop 等，都是常用的演示和创意工具。表 12-2 是设计师应该掌握的工具。

表 12-2 设计师应该掌握的工具

工具	主要用途
Snagit 12，HyperSnap7	抓屏，录屏
Microsoft PowerPoint 2020	演示，展示，原型设计
Keynote	流程动画，展示，原型设计（苹果设备）
墨刀，Figma	在线原型设计
Adobe Photoshop 2020	图像创作，照片编辑，高保真建模
HTML/CSS/JavaScript	网页编辑，原型设计
Axure RP 7/8，Adobe XD 2020	线框图绘制，原型设计
Processing，MAX/MSP	交互装置，智能硬件
Arduino	交互原型工具，开放源代码硬件和软件环境
易企秀，兔展，应用之星	HTML5 快速在线设计工具
Unity3D 5，VVVV，UE4，TD	三维动画，游戏引擎，交互编程，智能硬件
JustinMind Prototyper 7	线框图绘制，手机原型设计
Microsoft Visio 2017	流程图绘制，图表绘制
Adobe Illustrator 2020	矢量图形绘制，线框图绘制
Balsamiq Mockups 3	线框图绘制，快速原型设计
Xcode，Interface Builder	苹果 iOS 应用程序（App）开发
PIXATE，InVision，Form	交互原型设计

续表

工 具	主 要 用 途
LEGO mindstorms NXT	乐高可编程积木套件，原型设计
Maya 2019、Cinema4D（C4D）、Blender	三维建模及动画设计
Adobe InDesign 2020	网页设计，排版
Sketch+Principle	苹果计算机交互原型+客户端展示+动效设计
jQuery Mobile	移动端 App 开发，HTML5 应用设计
iH5，Epub360，Adobe Edge	专业级 HTML5 在线设计
Adobe Dreamweaver 2020	网页设计，布局
Skitch	抓屏，分享，注释
Adobe Animate 2020、Adobe After Effeds 2020	动画，手机动效，App 原型设计，影视特效
Mindjet MindManager 15，XMind	流程图绘制，图表绘制，思维导图绘制
Google Coggle	艺术化思维导图在线绘制
Flurry，Google Analytics，Mixpanel	网络后台数据分析工具（网站和 App）
友盟，TalkingData，腾讯移动统计	网络后台 App 数据分析工具

在大数据时代，对相关设计资源的收集与整理是设计师的必修课。除了掌握第一手资料外，网络数据挖掘或者个人数据库（网盘）的构建是实现高质量创意设计的前提条件。资料收集、检索和整理分析就是设计师前期的主要工作。如果时间充裕，设计小组也可以通过专家访谈、图书馆资料检索、现场走访调查获得第一手资料。通过谷歌或百度搜索、专业论坛搜索、分类图片搜索、知乎问答以及中国知网等，都可以寻找或者挖掘出有用的资源、素材或者数据。设计师也可以从国内外的信息资源网站中搜索关键的图片、文字或相关视频资料，很多网站都提供了关键词搜索、标签栏搜索。还可以通过"以图找图"的方式，通过谷歌图片搜索、百度图片搜索发现相关的资源。与此同时，国内外大量的设计师社区，如 Pinterest、Tumblr、DevianArt、站酷、dribbble、Belance、MANA 等，也提供了大量的分类资源或创意素材（图 12-8）。

图 12-8　知名设计师社区 Behance 和国内新媒体资源社区 MANA

12.4 观察、倾听与移情

欧特克高级用户体验设计师伊塔马·梅德罗斯（Itamar Medeiros）指出：一名优秀的设计师一定要努力使世界发生真正意义上的改观。这个人首先要做到的就是时刻保持学习的态度并持之以恒。一名优秀的设计师必须具备4项关键的技能和特征：

（1）观察。如果不能学会观察，就不能学会任何东西，也就不会被激励着去改变世界。

（2）聆听。如果不能学会聆听，也将学不到任何东西，也无法从更深层次理解用户所遇到的问题。

（3）移情。如果不能学会换位思考与同理心，就无法体会到用户的困难与困惑，就无法站在用户的立场上看待产品。

（4）目标。即使学会了观察、聆听和移情，但是设计目标不清晰，也就不能设计出真正好的产品。

因此，能够了解研究对象，包括他们的文化、社会、经济、行为、需求、价值观和愿望是设计师的一项核心能力。优秀的设计师要能够换位思考，从"他者"的角度看待世界。设计师必须掌握与人沟通的方法与技巧以解决复杂问题。例如，借鉴人种学和民族志研究的方法（图12-9），设计师可以与被研究对象同吃同住，让自己沉浸在服务对象的情境与文化环境中。在这个过程中，通过聆听、交谈、记录以及推心置腹地与用户交朋友，才能真正理解用户并发现他们的需求。设计师深入生活并与服务对象建立友谊，不仅对于发现问题和解决问题非常重要，而且也是让用户参与设计的途径。设计师应该避免让自己的个人假设和偏见影响判断。因此，设计师需要走出去并谦虚地与用户交谈，这对于培养同理心至关重要。

图 12-9　设计师需要借鉴人种学和民族志的研究方法

毛泽东同志一生对调查研究极其重视，他提出了许多影响深远的著名论断，如"没有调查，没有发言权""做领导工作的人要依靠自己亲身的调查研究去解决问题""调查就像'十月怀胎'，解决问题就像'一朝分娩'。调查就是解决问题"等等。这些论断指出了调查研究的意义和重要性。对于设计师来说，这些论断也是需要参考并遵循的重要法则。

设计师在研究他人的生活体验时，应考虑以下4个基本的伦理原则：

（1）清晰告知受访者谈话目的并获得受访者的许可，避免误导受访者。

（2）将研究对象（用户）视为设计项目的协作方而非盘查对象。

（3）保护他人的利益和隐私，确保访谈不会产生有害后果，并确保受访者的授权以及对受访者个人信息（隐私）的保护。

（4）站在完全客观的立场，避免掺杂个人判断影响受访者。

12.5　团队协作和交流

虽然创造力是设计过程的关键要素，但设计师不应该单打独斗。数字媒体设计项目通常会涉及服务提供商、用户、投资者和其他利益相关者。因此，促进大家同舟共济、彼此合作、团结一致地完成设计目标是设计师的一项关键技能。随着参与式设计、以用户为中心的设计以及头脑风暴会议、共创会议等设计形式的普及，团队协作已经成为设计师的核心工作之一（图12-10）。这项工作的重要性在于：数字媒体设计是团队协作项目，有协作就需要沟通，有分歧就需要表达与说服。一个成功的设计师除了具备专业能力以外，必须具备表达与说服能力以及组织能力。

图 12-10　团队协作已经成为设计师的核心工作之一

例如，在设计项目时，利益相关者和设计师往往通过在同一个房间内集体讨论，各抒己见，并通过争辩、质疑与反思达成共识，最终产生新的服务理念。与此同时，这些会议明确了目标和挑战，促进了相互理解并减少了后续实施过程中的障碍。设计师让利益相关者参与设计和创造过程不仅可以增加各方对项目的信心，而且可以增强团队的凝聚力，为长期合作打下基础。在项目会议中，设计师的角色不应该是法官或者裁判，而应该是协调员和各方利益关系的润滑剂。设计师应该努力避免影响参与者的决策，而是推动参与各方求同存异、平等协商，形成一致的战斗力。

在一个社区居家养老服务项目中，设计师深入走访了社区的老人护理机构，并对利益相关者进行了调研走访。设计师和志愿者通过深入社区，亲身体验，提出了以"互联网+"和大数据为基础，建立社区智能化居家养老服务体系的设想（图12-11）。在日立解决方案（中国）有限公司的支持下，该方案通过智能技术使社区养老服务规范化、制度化、系统化，通过社区智能化居家养老服务系统为不同的社区提供养老服务，提高了居家老人的生活品质。

以下是设计师在组织共创会议时需要注意的事项：

（1）会议组织。清晰传达会议目标和议程，最好在会议开始之前通过微信、QQ等方式传达给参与者。

（2）激励机制。确保每个人的参与和贡献，通过演示、表演或者游戏打破僵局，有效控制会议的时间与节奏。

（3）聚焦主题。虽然会议开始时可能是发散性和探索性的，但设计师必须能够引导参与者进行归纳和综合。

（4）材料准备。共创会议的目标在于创新服务体验，相关的表达材料如便利贴、卡片、乐高人物、实物道具、图片、黑板以及图表等，对主题演示非常有帮助。

（5）促进交流。积极倾听，自由发言，主动提问，认真归纳各方的观点。会议应避免漫无边际的清谈，而要通过头脑风暴产生碰撞的火花，由此激发创意的灵感。为了促进交流，会议可以通过提供茶点、酒水以及相关辅助材料，让参与者保持热情与激情。

图 12-11　社区智能化居家养老服务体系

12.6　概念设计与可视化

设计的本质是设想一个更美好的未来或者憧憬一些比现在更好的新事物。图像和故事是捕捉想象力并与他人分享的最佳工具。因此，故事和视觉叙事、概念设计与可视化不仅是帮助人们创造和讨论未来愿景的重要工具，而且也是推进设计过程的基本手段。事实上，编故事本身就是发明与创新想法的催化剂。例如，在影视与动画行业，导演需要通过故事板向剧组成员或制作团队阐述创作意图与故事情节。故事板中的所有要素，如角色、环境、对白与道具等，都可以平滑无缝地移植到设计流程中。事实上，用户旅程地图就是一个抽象的故事线，其中的人与产品、人与环境的交互代表了服务流程中的因果关系与故事。

信息可视化和思维可视化是设计师向用户和利益相关者阐述或分享概念设计必不可少的工具。可视化图表（流程图、思维导图、时间轴线图、系统结构图、服务蓝图、利益相关者地图、生态系统地图、概念设计图、地理信息图）以及故事板都是设计表达或信息传达的视觉要素（图 12-12）。这些图表或故事不仅容易分享或传播，而且更容易引起用户的共鸣，在情感层面加深团队成员之间的联系。概念设计与可视化可以帮助他人"看到"设计目标并有助于形成一致的工作方案。可视化故事还能帮助设计师将研究阶段的成果充分展示，并通过分享让用户与利益相关者建立共识。因此，设计师可以通过故事板预测用户的行为与动机，并思考这种创新服务对用户的意义和价值。流程图与故事板的形式是表达概念设计的最佳工具。它不仅能够表达人们的感受、情感和动机，同时还可以清晰展示产品使用的情境和设计构想。在设计的前期、中期和交付设计原型之前，故事板可以帮助我们批判性地评估产品与服务的可用性。在数字媒体设计过程中，可视化与原型设计是密不可分的相互迭代过程。无论是低保真还是高保真的形式，设计原型都是设计师与利益相关者的交流工具。设计原型不仅用于在真实环境中检验设计的可用性，而且可以提供进一步改进的设想。原型设计、图表设计和手绘草图设计等技能对设计师至关重要。

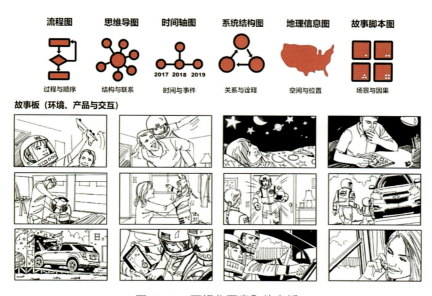

图 12-12　可视化图表和故事板

12.7　趋势洞察与设计

同济大学设计创意学院院长娄永琪教授指出：目前，全球的设计专业正在经历一个从造物设计到思维设计的转变。基于人的需求，通过创意、科技和商业的结合实现的设计驱动的创新正成为创造可持续、包容增长以及创意型社会的新引擎。在全世界范围，服务经济正在逐步取代制造业成为经济的主体，"产品即服务"已经成为全球企业家、政治家与经济学家的共识。如果说服务社会经济需求是设计学科和行业的使命之一，那么社会和经济发生了变化，设计的角色、价值、对象、方法也应该与时俱进。数字媒体设计正是设计趋势的体现。

对趋势的研究与洞察是设计师的核心能力之一。中国古代哲人也告诉人们：审时度势、道法自然，顺应时代的脚步是成功的必要条件。媒介理论家麦克卢汉说：艺术家是社会的天线和雷达，他们对媒介（技术）的变化有着更敏锐的感知。因此，设计师更需要关注技术、洞察趋势，才能保持一颗童心，为社会创造更大的价值，同时也让自己在激烈的市场竞争中把握大局，立于不败之地。例如，全球的新冠肺炎疫情加速了远程办公的渗透，大量人员居家办公并导致远程办公、移动化办公规模迅速提升。在线设计、在线教育、网络视频与在线协作共创等新的设计与办公模式已经成为社会的趋势（图12-13）。此外，千禧一代的成长环境伴随着智能设备和互联网，因此他们更容易接受分享、共创和环境友好型生活方式等理念。对用户习惯的把握、对国家发展战略和政策的关注、对技术发展趋势的洞察是设计师的必修功课。

图12-13　在线模式已经成为社会的新趋势

　　5G时代的到来加速了在线服务的趋势，而疫情的影响使得许多设计师开始适应灵活办公模式的便利（图12-14），甚至不愿再回归工作室。青蛙设计公司副总监马里亚诺·库奇（Mariano Cucchi）指出："技术将会被融入到设计中，从而让视频会议更人性化、更轻松，并最终实现虚拟空间的共享。"在线设计不仅实现了线下的沟通与协作，而且推动了各种线上协作设计平台（如蓝湖设计、墨刀设计、Figma原型设计等）的火爆，各种设计资源社区和插件也为设计创造出了更多的可能性。然而，当家与公司间的界限不复存在时，我们不得不更加谨慎地审视我们在追求工作效率提升的过程中可能对人们心理和社交方面造成的负面影响。虽然身临其境的远程技术能缓解不少员工的孤独感，但这也意味着他们必须在虚拟环境里工作更长的时间。技术环境的改变对设计师的要求也会越来越多。例如，在外地出差的设计师使用手机、平板计算机进行交流、拍摄与分享，但渲染视频、编辑照片、三维设计等工作仍需要笔记本计算机和台式计算机，这就需要设计师熟悉在线与离线的各种设备之间的无缝连接和工作流程的转换。

　　在这个风险与机遇并存的时期，不确定性已经成为新常态——从俄罗斯与乌克兰的战争冲突、中美科技竞争、美国债务危机、互联网红利下降带来变化莫测的商业动向、日新月异的人工智能新技术、亚文化群体催生的复杂圈层文化，到眼下席卷全球的各种黑天鹅或灰犀牛事件……任何一个新事物的悄悄冒头，都有可能在未知的将来影响设计市场。设计师能做的就是，在起初感受到微微震动时便沿着震感逐步寻找源头，思考其未来的走向，并赶在变化降临前抢先拥抱变化。例如，随着智能时代的到来，过去机械的单向人机互动模式被打破，智能机器渐渐演化成会主动"观察"真实场景、"感受"用户情感、预判用户意图并自动完成任务的贴心助手。智能机器在为人们提供更智慧、更便捷的服务的同时，也对设计师的职业形成了挑战。因此，未雨绸缪，审时度势，知己知彼，不断学习，这将成为今天设计师所必须具有的文化素质与职业素养。

图 12-14　在线界面设计和体验设计

12.8　数字媒体作品的标准

12.8.1　艺术与技术的统一

从创意设计的方法论角度，所有的数字媒体设计作品，其创作思路都是围绕着 3 条主线或者 3 个角度的思维叠加展开的（图 12-15，上）。首先就是创作者对作品主题的思考，这方面可以延伸的内容包括社会主义核心价值观、家国情怀、民族文化、科学普及、人文关怀以及民族认同感、共同信仰等，其核心就是作品的思想性或价值体现。其次就是故事与情感体现，包括艺术语言、文化符号、表现性、时代感、趣味性、丰富性、体验感与代入感，这部分内容以艺术表现为核心，体现创作者的艺术素质与艺术语言能力。最后就是技术的表现，如沉浸感、奇观体验、新颖性、镜头感、画面感、交互性以及作品的完整性等，创作者对数字媒体软件或艺术编程的掌握是技术性表现的关键。

上述模型说明了数字媒体作品创意是思想性、艺术性与技术性的统一。其中，思想性结合艺术性代表价值体验，艺术性结合技术性代表沉浸体验，而技术性与思想性结合产生奇观体验。三者的结合部分为综合体验。代表了作品表现能力达到最佳状态，也是国内数字媒体类学科竞赛一等奖的作品标准。如果用雷达图（图 12-15，下）体现这些指标，可以从量化分析得到其各自的权重。思想性通常占 20%~25%；叙事性和画面感均体现了艺术指标，各占 20%；流畅性占 20%~25%；表现力是思想性、艺术性与技术性的综合体现或作品的整体印象，偏主观评价，占比约 10%。该雷达图强调了叙事性与流畅性的意义，说明了情感体验是科技艺术的核心。

科技艺术作品如何才能体现思想性、艺术性与技术性的统一？我们可以从 2022 年北京冬奥会开幕式 8 分钟倒计时片头动画得到一些启示。北京冬奥会开幕当天，恰逢二十四节气中的立春。立春这个节气代表了仍在冰天雪地的季节里的人们憧憬和期待春天即将到来的时节。将这个天寒地冻的日子命名为春天的起点，是因为中国人认为，寒冬常常孕育着新的生机。"随风潜入夜，润物细无声。"唐代诗人杜甫的《春夜喜雨》是一首描绘春夜细雨、表现喜悦心情的名作。伴随着与时节相应的古诗，二十四节气短片以自然而充满东方哲理之美的方式为冬奥会开幕倒计时（图 12-16）。

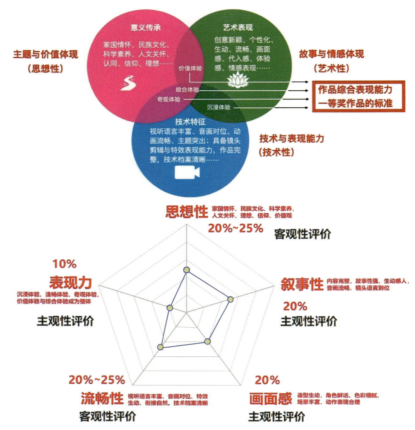

图 12-15 数字媒体设计作品标准和作品评分雷达图

图 12-16 2022 北京冬奥会开幕式倒计时短片

开幕式总导演张艺谋受访时透露，冬奥会这一天由于是立春，就带来了灵感。"我突然想到，立春是非常好的一个文化寓意，所以我们就选择了二十四节气，从 24 开始倒计时，这个就会很特别。这其实就是非常好的一个机会，我们面向全社会去讲中国的传统文化。所以我们用一个短片来讲中国人古老的农历，它的计算单位是 24，立春就是严寒的最后，万物复苏的第一天，所以很有寓意。用这样一个方式，我们大家都很兴奋，其实这是一个非常好的文化的表现。"北京冬奥会开幕式倒计时短片中，精美多样的视频内容，配合隽永优美的古诗词，从雨水开始，到立春结束，每一帧都是电影大片级别，中国式浪漫令人惊叹。从科技艺术角度，我们可以感受到，该短片无论是在弘扬民族文化、宣传奥运拼搏精神上，还是在叙事性、画面感与流畅性上，都达到了很高的艺术水准，带给所有观众美的享受、心灵的启迪与发自内心的民族自豪感。

12.8.2 新媒体与文化传承

面对信息时代和智能时代，艺术与设计的创新实践不仅与新媒体、新技术紧密联系，而且也成为弘扬民族精神，塑造中国形象与传播中华文化的重要渠道。新媒体是今天发展艺术与文化的时代语境。我们需要重新思考技术对于生命个体、当代文化、人类社会、自然环境、生态系统的深远影响。特别是需要将中华传统优秀文化通过新媒体技术重新诠释与再现，从而创新大众对文化的体验。2019 年，中央美术学院费俊教授团队为北京大兴国际机场设计了大型交互式壁画《飞鸟集》（图 12-17），将中国古代花鸟画与航班大数据相结合，创造了乘客与自然花鸟交互的场景。这个壁画的意义在于让传统优秀文化融入当代语境，让艺术与科技成为人与自然交互的界面与桥梁。

数字媒体技术的出现和发展为传统文化传承和创新带来了许多机遇和挑战。新媒体不仅为文化传承提供了新的手段和方法，而且还为文化创新提供了更加广阔的空间和平台。例如，许多博物馆、图书馆和档案馆利用数字媒体技术将珍贵的文化遗产资源数字化，并通过互联网和移动设备向公众开放。数字媒体技术还为文化教育和文化旅游带来了新的体验和机会。例如，利用网络技术，人们可以在家中通过互联网参观博物馆、参加文化课程、体验虚拟文化旅游等，可以推动非遗保护和普及。在文化创新方面，数字媒体技术为文物保护与传播提供了新的动力和机会，这不仅包括新的手段和工具，而且新媒体传播和营销对公众是更有效的渠道。例如，博物馆可以借助虚拟现实、增强现实等技术创造全新的文化体验和文化产品，同时也可以通过大数据、人工智能等技术挖掘和分析游客的需求，为旅游文化创新提供新的思路和启示。

2018 年 9 月，清华大学美术学院主办的"万物有灵：数字文化遗产保护与创新成果展"就是借助数字媒体技术推进文化遗产保护与创新的范例。该展览通过"文化＋艺术＋科技"的表现手法，以设计思维和用户视角将数字展演、数字互动融于一体，带来有温度、可感知、可分享的文化体验。该展览通过对敦煌飞天（图 12-18，上）、故宫端门、《韩熙载夜宴图》等文化记忆的激活，以数字科技带动文化体验，成为推进文化遗产深入挖掘的一次创新探索。在数字媒体时代，这种可沉浸、可体验、可传播、可分享的艺术交流方式不仅打破了人们以往对传统文化的认知局限，而且能够使人们对消失的传统文化有身临其境的感觉。其中，新媒体交互装置《骷髅幻戏图》（图 12-18，中、下）以中国传统文化为创作主题，延展了南宋李嵩原画（图 12-18，中，局部）中蕴含的生死观和中国传统文化的思维方式。观众通过团扇进入幻境，大骷髅控制着悬丝，小骷髅随着乐律跳动。人们可以通过交互技术对大小骷髅进行实时操控，通过即时的交互体验感受操控与被操控的关系，也能够理解和感受作品背后所塑造的生死梦幻感和诙谐之趣。

综上所述，智能时代的设计师需要具备多方面的能力和素质。首先，设计师需要具备深厚的设

图 12-17 大型交互式壁画《飞鸟集》

计专业知识和技能，能够通过数字媒体技术创造出美观、实用、易用的产品和服务。其次，设计师需要具备开放的思维和创新的能力，不断地学习和探索新的数字媒体技术和设计方法，不断地创造出更加智能、可持续和人性化的产品和服务。再次，设计师需要具备团队合作和沟通的能力，能够与其他专业人员合作，共同创造出优秀的产品和服务。最后，设计师还需要具备家国情怀、社会责任感和伦理意识，能够关注数字媒体技术对人类社会和文化的影响和作用，创造出更加有益于人类的产品和服务。

图 12-18 "万物有灵"展览和根据宋代绘画《骷髅幻戏图》创作的新媒体交互装置

本课学习重点

随着人工智能技术的快速发展，传统设计师的知识结构与能力受到了挑战。本课聚焦于互联网时代新兴设计人才的标准，解析了新形势下设计师应该具备的专业素质、学习能力以及团队合作能力（参见本课思维导图）。读者在学习时应该关注以下几点：

（1）什么是互联网新兴设计？哪些人才会受到青睐？

（2）为什么阿里巴巴强调通用型的设计人才标准？

（3）腾讯公司与BOSS直聘研究院公布的《互联网新兴设计人才白皮书》提供了哪些关键的人才数据？

（4）如何理解设计师的专业型与通用型之间的关系？

（5）麦克利兰提出的能力冰山模型说明了什么问题？

（6）为什么数字媒体的设计与技术人才要强调"双脑协同"？

（7）互联网企业提出的设计师的职业素养包括哪些内容？

（8）进行数字媒体设计的基础型与专业型软件工具有哪些？

（9）哪些软件可以实现交互演示、思维导图、流程图与线框图的设计？

（10）毛泽东同志说过"没有调查，没有发言权"，请谈谈你对此的理解。

（11）为什么说团队协作是设计师的一项关键技能？团队协作有哪些形式？

（12）请说明概念设计与可视化在设计流程中的重要性。概念图有哪些形式？

（13）趋势的研究包括哪些方面？如何洞察科技发展的轨迹？

本课学习思维导图

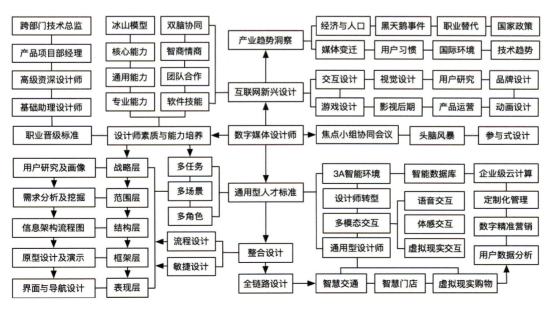

讨论与实践

思考以下问题

（1）交互设计师的职业特征是什么？未来职业前景如何？

（2）什么是通用型设计师，阿里巴巴集团如何规范设计师岗位？

（3）通用型人才标准有哪些？什么是能力冰山模型？

（4）什么是互联网新兴设计？主要包含哪些岗位？

（5）从设计师的大数据中可以得到哪些启示？

（6）设计师的能力主要包含哪几方面？工作性质如何？

（7）趋势的研究包括哪些方面？如何洞察科技发展的轨迹？

小组讨论与实践

现象透视：市场调研与用户访谈是设计师了解用户需求、产品和市场的重要方法（图12-19）。访谈的内容可以涉及竞品研究、用户体验、个人感受和趋势分析等话题。为了保持一致性，避免随意聊天，访谈员需要一个剧本式的提纲作为指导。

图12-19　市场调研与用户访谈是设计师了解用户需求、产品和市场的重要方法

头脑风暴：如果设计团队想开发一款针对儿童早期教育娱乐的家庭游戏。那么首先应该调研什么内容？找哪些潜在客户？市场有哪些咸鱼产品与竞争者？要开发的这款游戏卖点如何？是否抓住了市场空白与用户痛点？

方案设计：针对上述问题，各小组可以首先撰写一个采访大纲，可以咨询资深的手机游戏设计师或者游戏市场专家，或聘请他们参与产品项目开发前期规划，同时结合用户访谈、竞品分析及市场研究，确定这款游戏的产品定位和市场前景。

练习与思考

一、名词解释

1. 智慧服务（3A）
2. 互联网新兴设计
3. 信息可视化
4. 全链路
5. 视觉思维
6. 冰山模型
7. 微交互
8. 系统结构图
9. 共创会议
10. 在线设计

二、简答题

（1）什么是全链路设计？设计师在项目团队中的角色如何定位？

（2）如何从数字科技发展的视角理解设计师的能力变迁？

（3）为什么说团队协作是设计师的一项关键技能？团队协作有哪些形式？

（4）请说明概念设计与可视化在设计流程中的重要性。概念图有哪些形式？

（5）趋势的研究包括哪些方面？如何洞察科技发展的轨迹？

（6）腾讯公司与BOSS直聘研究院公布的《互联网新兴设计人才白皮书》提供了哪些关键的人才数据？

（7）什么是共创会议？进行共创会议前应该做好哪些准备？

（8）如何理解设计师的专业型与通用型之间的关系？

（9）请对比研究数字资源网站，如价格、丰富性、可用性和下载速度等。

三、思考题

1. 智能时营商业环境发生了哪些改变？对设计师构成了哪些挑战？
2. 麦克利兰提出的能力冰山模型说明了什么问题？
3. 为什么数字媒体的设计与技术人才要强调"双脑协同"？
4. 互联网企业提出的设计师的职业素养包括哪些内容？

5. 进行数字媒体设计的基础型与专业型软件工具有哪些?

6. 哪些软件可以实现交互演示、思维导图、流程图与线框图的设计?

7. 毛泽东同志说过"没有调查,没有发言权",请谈谈你对此的理解。

8. 如何判断与分析近期与未来的科技发展趋势?从哪里能够得到数据?

9. 如何借助新技术和新媒体改善博物馆或艺术馆的服务体验?

参 考 文 献

[1] 宗绪锋，韩殿元. 数字媒体技术基础[M]. 北京：清华大学出版社，2018.

[2] 丁向民. 数字媒体技术导论[M]. 3版. 北京：清华大学出版社，2016.

[3] 万忠. 数字媒体技术应用[M]. 2版. 北京：电子工业出版社，2022.

[4] 刘清堂. 数字媒体技术导论[M]. 2版. 北京：清华大学出版社，2016.

[5] 闫兴亚，刘韬，郑海昊. 数字媒体导论[M]. 北京：清华大学出版社，2014.

[6] 詹青龙，董雪峰. 数字媒体技术导论[M]. 北京：清华大学出版社，2014.

[7] 韩雪，于冬梅. 多媒体技术及应用（微课版）[M]. 2版. 北京：清华大学出版社，2022.

[8] 徐恪，李沁. 算法统治世界：智能经济的隐形秩序[M]. 北京：清华大学出版社，2017.

[9] 李放. 数字媒体技术导论（微课视频版）[M]. 北京：清华大学出版社，2021.

[10] 赵杰. 新媒体跨界交互设计[M]. 北京：清华大学出版社，2017.

[11] 林福宗. 多媒体技术基础[M]. 4版. 北京：清华大学出版社，2020.

[12] 刘成明，石磊. 多媒体技术及应用[M]. 3版. 北京：清华大学出版社，2021.

[13] 朱云. 数字媒体创意设计思维[M]. 上海：同济大学出版社，2020.

[14] 雷·库兹韦尔. 人工智能的未来[M]. 杭州：浙江人民出版社，2016.

[15] 尤瓦尔·赫拉利. 未来简史[M]. 北京：中信出版社，2017.

[16] 马歇尔·麦克卢汉. 理解媒介——论人的延伸[M]. 北京：商务印书馆，2000.

[17] 凯文·凯利. 必然[M]. 北京：电子工业出版社，2016.

[18] 西恩·埃德. 艺术与科学[M]. 北京：中国轻工业出版社，2019.

[19] Costellos V. Multimedia Foundations[M]. 2nd ed. London: Routledge，2016.

[20] Strosberg E. Art and Science[M]. 2nd ed. New York: Abbeville Publishers，2015.

[21] Richardson A. Data-Driven Graphic Design[M]. London: BloomSbury，2016.

[22] Paul G. Digital Art[M]. 3rd ed. New York: Thames & Hudson World of Art，2016.

[23] Paul C. A Companion to Digital Art[M]. New York: Thames & Hudson World of Art，2018.

[24] Armstrong H. Big Data，Big Design[M]. New York: Princeton Architectural Press，2021.

[25] Manovich L. Software Take Command[M]. London: BloomSbury，2013.